Prise de son

Stéréophonie et son multicanal

Christian Hugonnet et Pierre Walder

Prise de son

Stéréophonie
et son multicanal

EYROLLES

Éditions Eyrolles
61, bd Saint-Germain
75240 Paris Cedex 05
www.editions-eyrolles.com

Préface

Tout musicien tente d'offrir au public une interprétation expressive, généreuse et sensible d'une œuvre. Dans le cas d'un enregistrement, la communication directe entre l'artiste et l'auditoire n'existe plus. L'ingénieur du son assure ce lien essentiel, tout en étant le garant de l'homogénéité de restitution de l'œuvre – respect des timbres, des registres instrumentaux – et de l'enveloppe acoustique du lieu d'enregistrement.

En tant que chef d'orchestre, j'ai toujours cherché à allier ces trois points (communication, équilibre des timbres, qualité acoustique des lieux), afin de transmettre au public par le disque comme en salle de concert, la chaleur et la plénitude des œuvres interprétées, le plaisir des couleurs et des vibrations sonores.

L'ouvrage que j'ai le plaisir de préfacer répond à ces exigences. Il favorise tout d'abord une entente, une compréhension mutuelle entre artistes et techniciens du son, et précise le rôle de chacun dans toute production.

En s'adressant en tout premier lieu à des ingénieurs du son, ce livre constitue un outil de travail remarquable : il prodigue explications et conseils en des termes simples mais rigoureux, en référence constante au milieu professionnel. Par des exemples précis et vivants, l'ouvrage n'élude pas les difficultés du métier et propose au lecteur une méthodologie constructive et renouvelée. Il insiste avec raison sur l'utilité d'une solide culture générale.

Cet ouvrage éclaire aussi les artistes sur cet univers souvent abstrait qu'est la prise de son. Par un rappel opportun sur la perception sonore naturelle et stéréophonique, on se surprendra à mieux écouter, à mieux analyser une œuvre enregistrée. On prendra également conscience que si la technique ne peut remplacer la qualité artistique, elle peut en revanche la mettre en valeur ou l'estomper.

En ce sens, les enregistrements actuels, tout comme les enregistrements anciens, portent en eux la mémoire de l'art fugitif qu'est la musique à travers son exécution.

En refermant ce livre, on se réjouit du bien-fondé de l'équipe que forment les artistes et les ingénieurs du son lorsqu'ils dialoguent vraiment pour une même cause qui est celle de la transparence, de la plénitude d'un ouvrage et de son interprétation.

Charles Dutoit

Ancien directeur de l'Orchestre symphonique de Montréal,
de l'Orchestre national de France, de la NHK à Tokyo,
de l'Orchestre de Philadelphie

Réalisation de près de 200 CD, essentiellement avec Decca

Remerciements

Nos remerciements s'adressent à :

- nos collègues des radios et télévisions françaises et suisses, de l'Institut national de l'audiovisuel, qui nous ont incités à écrire ce livre ;
- nos collègues des studios de production discographique ;
- nos élèves du Conservatoire national supérieur de musique de Paris, du Conservatoire supérieur de musique de Genève et de l'École nationale supérieure Louis-Lumière qui nous ont également motivés et encouragés ;
- Jacques Chardonnier, Claude Gygi, †Armand Panigel, †Michel Philippot, Jörg Wuttke, qui nous suivent dans nos travaux ;
- les musiciens et comédiens qui nous ont permis de faire essais et recherches, et les stagiaires de l'école CFT Gobelins.

Correction et critique des manuscrits :

- Catherine de Boishéraud, Gita Devanthéry, Françoise Walder ;
- Nicolas Huguenin, Jacques Jouhaneau, Guy Laporte, Albert Laracine, Jean-Pierre Molliet.

Lecture et critique du manuscrit final :

- Jean-Marc Lyzwa, du Conservatoire national supérieur de musique et de danse de Paris ;
- Frédéric Walder, de la société ZAP audio de Genève ;
- les éditions Eyrolles, à Paris, et en particulier Stéphanie Poisson pour son aide précieuse et indispensable.

Documents et iconographie mis à disposition par :

- le musée de Radio France ;
- le service des archives de la Radio Suisse Romande ;
- Jacques Bonzon et Jacques Chardonnier, Didier Pruvot ;
- les sociétés AKG, Brüel & Kjaer, Neumann, Schoeps et Studer, Bell Labs, DPA, Soundfiel, Trinnov, Orange Labs et Yamaha.

Avant-propos

Preneur de son, ingénieur du son, cette profession fait appel à une somme et à une diversité de connaissances que nous avons abordées pas à pas dans ce livre avec un maximum de méthode. Nous avons évité d'être didactiques et d'imposer un quelconque système au lecteur ; au contraire, nous avons cherché à lui donner suffisamment d'éléments de réflexion, d'informations scientifiques et techniques qui relèvent de l'objectivité, afin qu'il puisse faire face avec sérénité aux problèmes subjectifs liés à la prise de son. Si la musique est largement représentée dans cet ouvrage, les autres secteurs d'activité également évoqués – théâtre, fiction, bruits de la nature, sport, reportage – s'inspirent également des mêmes techniques de prise de son.

Les démonstrations mathématiques ont été évitées toutes les fois que les sujets étaient traités dans des ouvrages de physique ou de mathématiques courants. En revanche, nous nous sommes étendus sur certaines notions théoriques directement applicables à la prise de son et non encore exposées dans les ouvrages spécialisés.

Chaque chapitre traitant d'un sujet spécifique, nous avons été quelquefois contraints d'anticiper certaines questions, mais la relecture de certains passages n'est jamais inutile.

Nous avons opté pour une description systématique des principaux systèmes de prise de son, sans esprit de chapelle. Nous nous sommes abstenus de donner des recettes et avons privilégié des lignes directrices basées sur des critères d'évaluation où chacun, muni d'un bagage solide, peut progresser avec méthode et s'adapter à toute situation nouvelle de studio ou d'extérieur. Nous avons essayé d'être concis, avec un langage simple et clair emprunté aux secteurs artistiques, acoustiques et techniques, en donnant des exemples concrets tirés de l'exploitation de tous les jours.

Nous souhaitons que le lecteur acquière une certaine logique dans la préparation de son travail en évitant (certains) tâtonnements et pertes de temps au profit de l'expérimentation constructive. Un ingénieur du son, quel que soit son degré de qualification ou son mode d'approche, devrait y trouver matière à réflexion. Chacun pourra élaborer sa propre philosophie – se situer ou même s'écarter de certaines habitudes – pour trouver la solution la mieux adaptée à une situation particulière. Tout est possible : on apprend beaucoup en faisant des erreurs, à condition de savoir analyser ce que l'on a fait et en tirer les conséquences.

Avertissement

Cet ouvrage est une mise à jour augmentée du livre *Théorie et pratique de la prise de son stéréophonique*. Pour y introduire le son multicanal, nous avions le choix entre deux options :

- compléter chacun des chapitres de l'ancienne édition,
- consacrer une nouvelle partie à ce vaste sujet.

Nous avons finalement opté pour l'ajout de trois nouveaux chapitres :

- le chapitre 11, « La perception, du xve siècle au multicanal »,
- le chapitre 12, « Les systèmes d'écoute, de la monophonie au son multicanal »,
- le chapitre 13, « Les systèmes de prise de son multicanal »,

et réactualisé l'ouvrage, complété d'un index et d'un lexique français-anglais et anglais-français.

Signification des pictogrammes

Les déplacements des sources sonores face à un microphone sont notifiés du centre vers la droite. Par symétrie, les explications sont identiques pour un déplacement du centre vers la gauche.

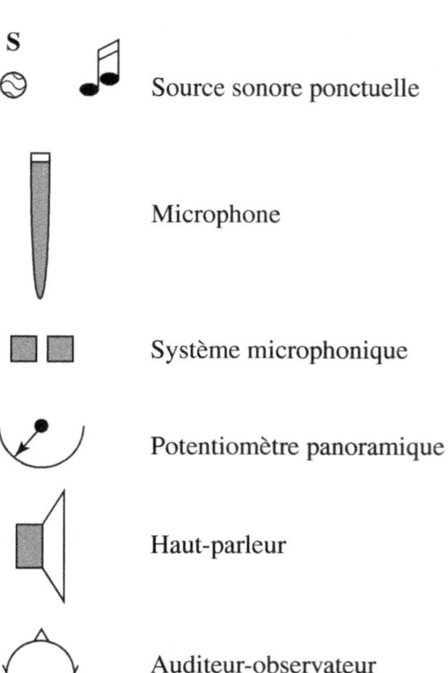

Source sonore ponctuelle

Microphone

Système microphonique

Potentiomètre panoramique

Haut-parleur

Auditeur-observateur

Abréviations utilisées dans l'ouvrage

Δt	différence de temps
ΔI	différence d'intensité
dB	décibel
s	seconde
m	mètre
Ω	ohm
A	ampère
Hz	hertz
N	newton
Pa	pascal

Sommaire

Chapitre 4 – Perception de l'espace sonore 57

Chapitre 5 – Préparation d'une séance de prise de son 77

Chapitre 6 – Les microphones 93

Chapitre 7 – La prise de son stéréophonique « mono dirigée » multimicrophonie 115

Chapitre 9 – Corrections acoustiques et recours aux microphones d'appoint 179

Chapitre 10 – Démarche méthodologique de la prise de son 201

Chapitre 11 – La perception, du XVe siècle au multicanal

Chapitre 1

De l'ère mécanique
à l'ère numérique

Sans remonter aux débuts fantaisistes de *L'aventure du son*, il est bon de situer dans le temps les étapes historiques qui ont contribué au développement des principaux concepts et matériels de prise de son. Nous ne pouvons cependant pas résister au plaisir de citer un extrait du *Courrier véritable* d'Amsterdam du 23 avril 1632. Le capitaine Vosterloch rapporte « qu'ayant passé par un détroit en dessous de celui de Magellan, j'ai rencontré des hommes, parlant de près à des éponges qu'ils envoyaient à leurs amis ; les ayant reçues, ces derniers, en les pressant tout doucement, font sortir ce qu'il y avait dedans de paroles et savent par cet admirable moyen tout ce que leurs amis désirent ».

Dans le domaine sonore sérieux, les recherches ont été menées dans deux directions complémentaires :

- amplifier les phénomènes sonores pour augmenter leur portée ;
- capter les sons pour pouvoir les restituer à loisir.

Jusqu'au XIXe siècle, seul le premier point trouve des débuts de solution, avec des systèmes qui concentrent l'énergie sonore : mégaphones, tubes acoustiques, téléphones à ficelles. Il faut attendre la seconde moitié du XIXe siècle, particulièrement inventif, pour dégager deux méthodes de base de captation mécanique et électrique, et en pousser les développements jusqu'à les rendre commercialisables à grande échelle.

1. L'ère mécanique

Le système mécanique remonte aux premières captations de son par une conque acoustique qui déformait une membrane. Sur cette dernière était fixé un stylet qui traçait, sur un tambour tournant recouvert de noir de fumée, des lignes « plus ou moins compliquées », écrit Scott de Martinville en 1857, dans la description de son **phonautographe**.

Figure 1.1 – *Le phonautographe de Scott de Martinville.*

Mais le premier enregistrement mécanique, permettant une réécoute, est réalisé par Thomas Edison en 1877 lorsque, parlant devant un diaphragme rudimentaire, il réussit à enregistrer sa voix sur un cylindre et à la reproduire en utilisant le même appareillage, appelé « **phonographe** », le diaphragme jouant alors le rôle de diffuseur. Le même procédé a été, fait curieux, imaginé et décrit la même année par l'inventeur et poète Charles Cros sous le nom de « paléophone ».

Puis apparaissent, pour améliorer la **captation** des sources sonores, des cornets acoustiques devant lesquels les artistes s'égosillent à longueur de journée, des pavillons plus ou moins élaborés, certains de plusieurs mètres, destinés à obtenir un meilleur rendement, une meilleure qualité de gravure du cylindre.

Figure 1.2 – *Séances d'enregistrement sur cylindres dans les studios d'Edison à la fin du XIXᵉ siècle.*

Lors des séances d'enregistrements, il est même possible de mélanger acoustiquement les sons de deux ou trois pavillons orientés vers les artistes, en fonction de leur intensité sonore ou de leur rôle de soliste : prémices de deux concepts fondamentaux de la prise de son, le **mixage** et la **balance** sonore.

Précisons que chaque cylindre est, à l'époque, un original unique. Un chanteur à succès doit interpréter une mélodie autant de fois que l'on souhaite obtenir de cylindres : Enrico Caruso aurait réussi à produire jusqu'à 30 cylindres en une même journée, et Charlus avoue avoir chanté tout au long de sa vie 80 000 fois devant le **cornet**. La gravure et le pressage mécanique de disques plats (qui rendent possible la duplication) et l'appareil de lecture, le **gramophone**, sont inventés en 1887 par Emile Berliner.

Quant au premier livre de prise de son, il fut publié par Edison (qui, commerce oblige, avait créé son propre studio d'enregistrement et de production), avec un souci de précision d'implantation des musiciens qui fait sourire aujourd'hui !

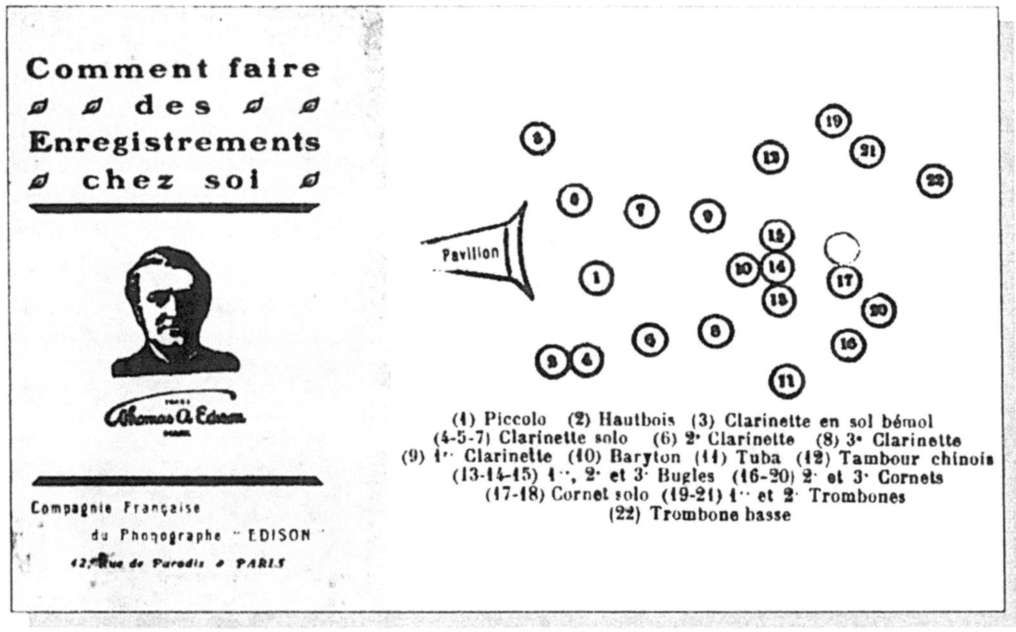

Figure 1.3 – Premier ouvrage de prise de son : on remarquera la précision des emplacements de musiciens face au pavillon, et que la clarinette (3) est certainement en si bémol !

2. L'ère électrique

Graham Bell réussit le premier à transmettre la voix à distance par un procédé électrique, en 1877. Ce procédé est décrit par Reiss à la même époque dans un brevet.

L'invention du microphone à charbon par l'Anglais David Edward Hughes en 1877 donne naissance au **téléphone**, puis à la **radiodiffusion**, en 1922, par la modulation d'un émetteur de télégraphie sans fils, la TSE, en diffusant uniquement des points et des traits selon l'alphabet Morse. Il convient de préciser que le développement du téléphone, qui s'était toujours contenté d'une qualité juste suffisante à la transmission de la parole, n'a pas servi au développement des techniques de prise de son. En revanche, la radiodiffusion va introduire l'électronique (amplificateur à lampes, haut-parleurs), c'est-à-dire les moyens, pour le son, d'être véhiculé sous forme d'une **modulation électrique**. Il ne faut pas oublier que la modulation électrique avait également été appliquée en 1894 déjà par François Dussaud à la gravure et à la reproduction des disques, et que le principe d'un haut-parleur à bobine mobile avait été déposé par Olivier Lodge en 1898.

Cette nouvelle technique rend le microphone transportable et ouvre le champ à des prises de son plus créatives, plus libres, en allant chercher le son **sur place**. Pourtant, deux microphones ne peuvent pas être utilisés simultanément mais successivement par commutation (par coupure sèche), le mélangeur et le potentiomètre n'existant pas encore.

Figure 1.4 – *Microphone unique avec ses accumulateurs et ses amplificateurs pour les annonces et concerts (Radio Genève 1925).*

Les premiers radio-concerts de Genève, transmis en direct dès 1925 par un émetteur d'aviation, furent réalisés au moyen d'un seul microphone, celui du *speaker* : il annonçait une pause permettant au technicien de transporter l'unique microphone et ses accumulateurs, d'un poids d'une trentaine de kilos, jusqu'à un kiosque à musique, en bordure du lac. À la fin du concert, une nouvelle pause permettait de rapatrier le microphone et de continuer le programme en studio (à l'époque une simple chambre d'hôtel).

Par l'apport des procédés électriques :

* Alfred Cortot réalise en 1925 le premier enregistrement dit « électrique », c'est-à-dire mettant en œuvre un microphone, un système amplificateur et un graveur 78 tr/min : un impromptu de Chopin ;
* le cinéma devient sonore en 1926, avec une œuvre musicale interprétée par l'orchestre philharmonique de New York en direct et en parfaite synchronisation entre la salle de concert et la salle de projection ;
* la Deutsche Grammophon expérimente en 1927 le procédé Brunswick de captation sonore : un minuscule miroir en cristal pesant 5 µg est mis en vibrations par les ondes sonores. Un faisceau lumineux incident sur ce miroir est capté par une cellule électrique et transformé en signal électrique ;
* la première prise de son stéréophonique avec une tête artificielle date de 1927. C'est le mannequin Oscar, développé par Barlett Jones, à Chicago.

De par leur mode de fonctionnement, les premiers microphones captaient les sons provenant de toutes les directions. Pour répondre aux vœux des utilisateurs, les constructeurs cherchent, dès 1930, à réaliser des microphones captant surtout les sons directs, les sons d'une seule direction, même à grande distance.

On voit alors apparaître sur le marché des **microphones directifs** faisant appel aux principes électrodynamiques, soit à ruban (inventé par l'américain Harry Olson en 1931), soit à bobine mobile (construit la même année par E. C. Wente et A. L. Thuras).

Le principe électrostatique est dû à l'Américain Edward Wente en 1927. Produit en série par Georg Neumann en 1928, le CMV3 a une telle avance technologique qu'il reste le microphone des stations de radio jusqu'en 1945 !

Figure 1.5 – *Microphone Western Electric à charbon (1927).*

Figure 1.6 – *Microphone à charbon Reisz M 104 de la Radiodiffusion allemande (1928).*

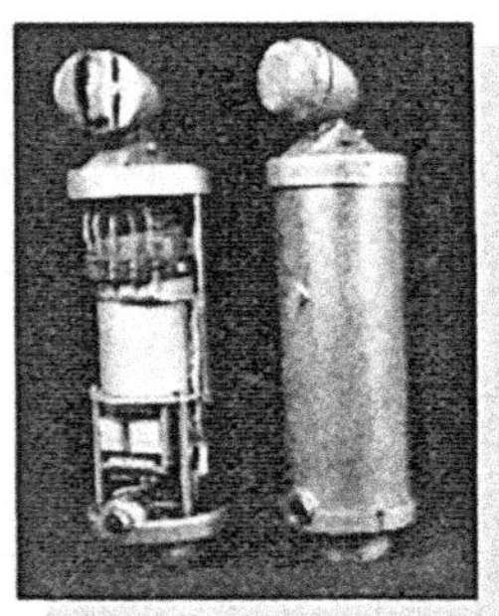

Figure 1.7 – *Microphone électrostatique CMV3 dit « la bouteille » et son amplification-alimentation (1930).*

Figure 1.8 – *Microphone dynamique à ruban Mélodium (1938).*

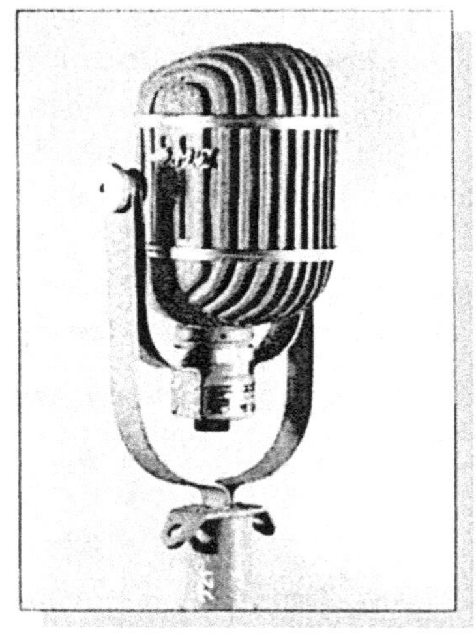

Figure 1.9 – *Microphone dynamique à ruban et bobine mobile commutable Western 639 A (1938).*

Des essais sont également tentés, dès 1935, pour réaliser des haut-parleurs selon le même principe.

Avec la mise au point de commutateurs puis de potentiomètres rotatifs et linéaires, on réalise enfin la surimpression, le mélange, la superposition de deux ou plusieurs sources microphoniques. Tout comme le fondu enchaîné de deux images au cinéma, la diminution d'un premier signal avec l'apparition d'un second signal peut s'effectuer progressivement et sans heurt.

Le chef d'orchestre Léopold Stokowski reconnaît, après le succès triomphal de la piste sonore du film *Fantasia* de Walt Disney en 1941, que la prise de son est un art en soi, qui exige des techniques spéciales de la part des musiciens et des artistes.

3. L'ère de la « haute fidélité »

Dès 1948 apparaissent de nouveaux équipements électroniques aux performances accrues ; ils conduisent à une meilleure fidélité de l'enregistrement et de la reproduction sonore. Avec le **disque microsillon** et la radio en **modulation de fréquence**, cette **haute fidélité** (!), Hi-Fi, terme énoncé en 1927 par H. A. Hartley, conduit à une meilleure restitution :

- des fréquences basses et élevées, malheureusement quelquefois avec excès ;
- de la dynamique : diminution du bruit de fond et de la distorsion.

L'enregistrement magnétique, inventé par Vladimir Poulsen en 1898, s'impose dès 1944 suite à de nombreuses améliorations technologiques apportées principalement par von Braunmühl : le support papier, très fragile, et le fil d'acier, peu pratique, sont remplacés par un support polyester. Le ruban magnétique devient un support malléable qu'on peut enregistrer, couper, coller, effacer, réenregistrer, et qui donne naissance à de nouvelles techniques sonores : le **doublage**, le **montage**, le *play-back*.

Les possibilités infinies de ce procédé ont été démontrées avec brio pour la première fois par un guitariste, Les Paul, qui, en 1947, par copies successives avec deux magnétophones, a enregistré seul les éléments rythmiques, les accompagnements et les différentes voies mélodiques de nombreux airs à succès.

Dès 1948, les précurseurs des nouvelles écoles musicales font appel aux nouvelles technologies dans les domaines des musiques **concrètes** (Pierre Schaeffer et Pierre Henry à Paris), des musiques **électroniques** (Kurt Eimert à Cologne, Luciano Berio et Bruno Maderna à Milan) ou des musiques **électro-acoustiques** (Hermann Scherchen à Gravesano). Ils réclament des améliorations technologiques, des magnétophones à vitesse variable, des filtres plus sophistiqués.

Le magnétophone permet enfin un enregistrement de qualité en studio et également en extérieur, puisqu'il devient mobile : c'est le célèbre Nagra, développé par Stefan Kudelski dès 1952.

À cette époque, deux tendances de prise de son se dégagent :

- certains cherchent à n'employer qu'un seul microphone à un emplacement idéal, sans traitement particulier ;
- d'autres préfèrent placer plusieurs microphones à proximité des sources sonores, ajouter une ambiance acoustique (réverbération) et modifier le spectre sonore par des filtres.

Toutes sortes de trucages apparaissent, qui conduisent quelquefois à des excès, des orchestres noyés dans une réverbération excessive d'où un soliste émerge avec peine, procédé qui tranche avec la sonorité mate des enregistrements de l'époque.

4. L'ère de la stéréophonie

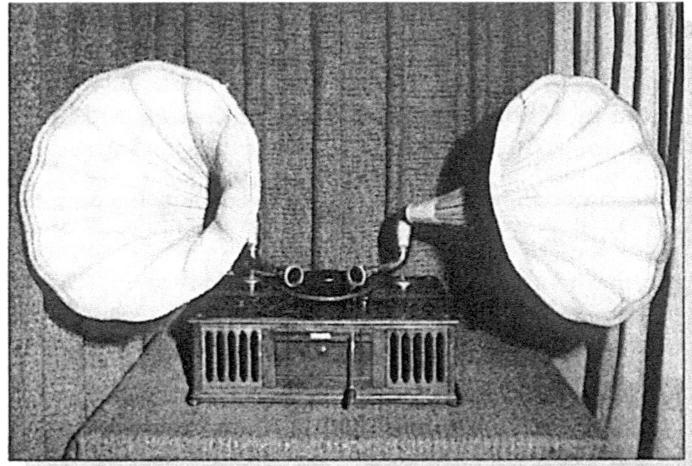

Figure 1.10 – *Gramophone stéréophonique.*

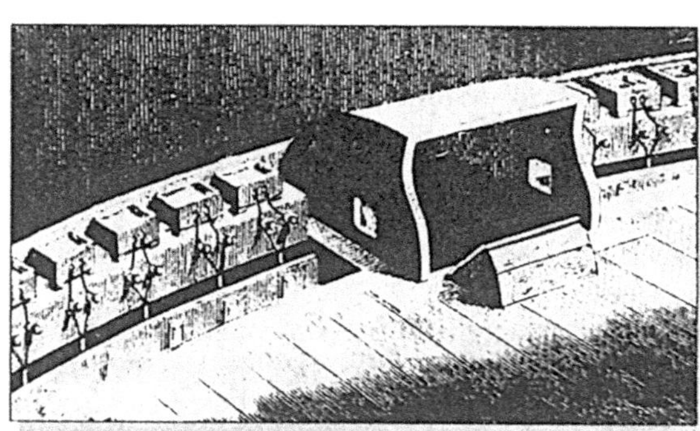

Figure 1.11 – *Vue des microphones de scène.*

Tout a commencé en août 1881 avec l'une des attractions les plus populaires de l'Exposition internationale de l'électricité à Paris : le **théâtrophone** de Clément Ader. L'événement consistait à diffuser en écoute téléphonique binaurale, dans le palais de l'Industrie, un spectacle donné simultanément à l'Opéra de Paris. La photo montre les dix microphones placés en bordure de scène, chacun relié à un récepteur téléphonique.

Quarante personnes avaient ainsi à leur disposition deux récepteurs connectés aux micros 1 et 6, 2 et 7... La possibilité était ainsi donnée à l'auditeur de suivre le mouvement des comédiens grâce à ce procédé tout à fait révolutionnaire.

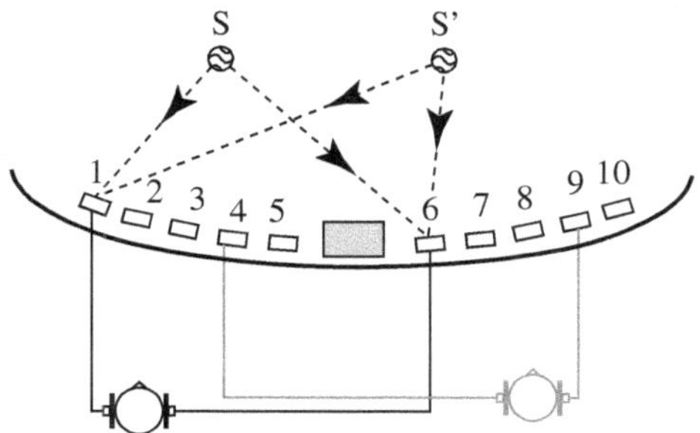

Figure 1.12 – *Position des paires microphoniques à charbon installées par Ader sur la scène de l'Opéra de Paris et leurs liaisons à des écouteurs situés au palais de l'Industrie.*

Paradoxalement, il faut attendre l'explosion du cinéma parlant dans les années 1928-1929 et l'envie de retraduire **stéréophoniquement** le déplacement des acteurs sur l'écran pour que l'industrie poursuive l'expérience d'Ader.

Dès les années 1930, les travaux s'engagent dans différentes directions. Les plus importants sont menés dans les laboratoires de la Bell Telephone aux USA ainsi que dans ceux d'EMI en Angleterre. Harvey Fletcher et son équipe de la compagnie Bell accréditent l'idée que seul un système capable de recréer le champ acoustique original peut assurer une stéréophonie correcte. Ils envisagent alors de disposer un rideau de microphones omnidirectionnels en front de scène et de relier chaque microphone à un haut-parleur. Un second rideau de haut-parleurs disposé de manière similaire dans une salle d'écoute peut ainsi restituer le front d'ondes original.

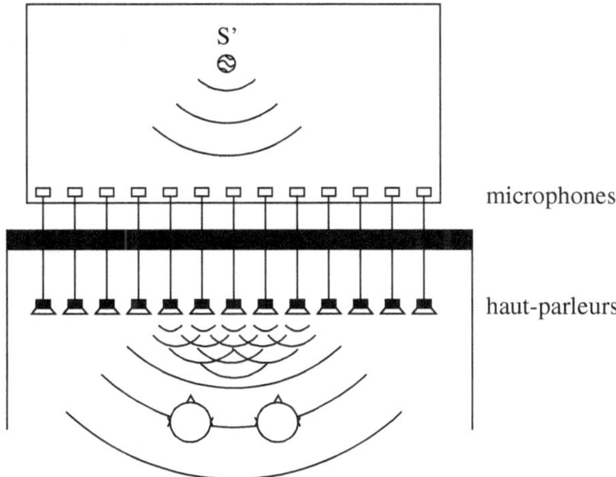

Figure 1.13 – *Rideau de microphones relié à un rideau de haut-parleurs pour restituer le front d'ondes original.*

Ce mode de reproduction avait l'avantage de ne privilégier aucune position d'écoute particulière. Malheureusement, lorsqu'il fallut (pour des raisons de coût) limiter la restitution à trois puis à deux canaux, les performances se sont rapidement dégradées, et la création d'un front d'ondes n'a eu dès lors plus guère de sens. Nous trouvons encore aujourd'hui quelques rares défenseurs d'une similitude de placement de deux microphones omnidirectionnels et de deux enceintes sonores.

En Angleterre, au début des années 1930, Alen Blumlein étudie les mêmes problèmes aux laboratoires EMI dans une optique cinématographique. Il réalise que la restitution d'un front d'ondes avec deux canaux et deux enceintes n'est guère possible et s'intéresse plutôt au champ acoustique recréé au niveau d'un auditeur placé en écoute stéréophonique, c'est-à-dire face à deux haut-parleurs qui forment avec la tête un triangle équilatéral. Il découvre qu'une différence d'intensité entre les signaux des deux haut-parleurs suffit à recréer une image **virtuelle** entre ces derniers. Cette configuration d'écoute stéréophonique sur deux seuls haut-parleurs sera finalement adoptée comme standard international. Selon Emile Leipp, elle offre la pratique de l'écoute attentive ou **sélective** que certains baptisent « écoute intelligente ».

Blumlein dépose en 1931 un brevet dans lequel il décrit les règles de ce que l'on nomme aujourd'hui la « stéréophonie d'intensité ». La prise de son s'effectue par deux microphones directionnels, différemment orientés, aux capsules théoriquement **coïncidentes**. Il définit ainsi trois systèmes de prises de son d'intensité : les systèmes **stéréosonic**, XY et MS (voir chapitre 8).

En 1940, de Boer décrit un système stéréophonique qui utilise, pour la prise de son, une tête artificielle à deux microphones. L'intérêt de cette étude se situe surtout dans les courbes expérimentales qui décrivent la localisation de la source virtuelle en fonction de différences de niveaux et de temps d'arrivée des signaux. Vers la fin des années 1950, les stations de radiodiffusion européennes étudient des systèmes de prise de son n'utilisant qu'une paire de microphones espacés de 15 à 30 cm, procédé qui fait intervenir une différence d'intensité et une différence de temps. Pour des raisons pratiques d'installation et de prix, la stéréophonie doit se contenter finalement de deux canaux.

Très rapidement, comme en monophonie, plusieurs écoles s'affrontent et donnent naissance à diverses doctrines de prise de son, plus ou moins divergentes :

* les unes visent avant tout à un maximum d'espace et de réalisme des sources sonores dans l'acoustique du lieu ;
* les autres cherchent un compromis entre des effets d'espace et une excellente compatibilité monophonique ;
* d'autres recherchent une présence maximale au détriment de l'effet de profondeur et d'espace.

Toutes ces variantes sont rendues possibles avec l'apparition de consoles de prises de son plus complètes, l'introduction de magnétophones multipistes, le développement et la multiplicité d'appareils et d'effets spéciaux nommés « périphériques ».

En 1952, le cinéma introduit l'enregistrement et la reproduction par six pistes sonores, le **Cinérama**. Chaque piste est reproduite par son propre haut-parleur dissimulé derrière l'écran, sur les côtés ou dans le fond de la salle. La radio diffuse dès 1959 des programmes en stéréophonie par multiplexage d'un émetteur à modulation de fréquence. Dans les années 1970, les laboratoires Dolby introduisent au cinéma le son matrice Dolby stéréo sur quatre canaux.

Dès 1978, la télévision japonaise diffuse ses premiers programmes en stéréophonie. En Europe, la télévision peut transmettre (en système PAL) depuis 1984 un programme soit en **stéréophonie**, soit en **bicanal** (commentaire en deux langues ou film en version originale et version doublée).

La tétraphonie fera une timide apparition dans les années 1970, peu de temps après le démarrage laborieux de la stéréophonie. Ce procédé ne rencontrera pas de succès commercial, suite à de nombreuses difficultés que nous exposerons dans le chapitre 11. Comme nous le verrons dans les chapitres 12 et 13, le son **multicanal** sur cinq canaux sera plus prometteur, avec l'expérience cinématographique du procédé Dolby stéréo.

5. L'ère numérique

Derniers-nés dans la chaîne ininterrompue des progrès, l'enregistrement et la reproduction du son numérique se caractérisent par un important recul du bruit de fond, une excellente dynamique, une linéarité en fréquence ainsi qu'une meilleure résistance à l'usure. Ce procédé met en relief les qualités mais également les défauts de toute prise de son.

Car le son numérisé demande à être manipulé avec précaution : tout dépassement du « niveau sonore maximal permis » se traduit par un écrêtage violent et irrécupérable donnant lieu à saturation. Par ailleurs, les différentes fréquences d'échantillonnage, les valeurs de quantification choisies, la nature des convertisseurs analogiques/numériques et numériques/analogiques, de même que la stabilité des horloges de synchronisation, sont autant de facteurs qui conditionnent la qualité d'enregistrement, de stockage et de reproduction des informations. L'évolution des algorithmes de réduction de débit, destinée à augmenter les capacités de stockage, doit être suivie avec intérêt : des réductions successives d'un même signal peuvent donner lieu à des phénomènes sonores parasites non encore maîtrisés.

L'outil numérique professionnel a d'abord concerné les enregistreurs à bande stéréophoniques et multipistes, le disque enregistrable et la cassette DAT, les effets spéciaux puis les consoles de prise de son ainsi que tous les bancs de montage, l'enregistrement direct et le montage sur disque dur ou magnéto-optique, le *Direct to Disc* et la mémoire flash. Le son numérique, en plein développement, s'offre aujourd'hui au grand public après le minidisque, le CD *(Compact Disc)*, le vidéodisque – avec ou sans réductions de débit – avec le disque interactif CD-Rom, le DVD *(Digital Versatil Disc)* et le Blu-ray.

Au XXIe siècle, l'informatique a poursuivi son intégration dans tous les domaines du son et se substitue à toute la technologie traditionnelle, ainsi qu'aux schémas commerciaux, avec le transfert des supports physiques vers le téléchargement et le *streaming*. L'ordinateur joue à la fois le rôle de table de mixage, d'amplificateur, d'enregistreur multicanal sur disque dur, de mélangeur et, grâce à un processus d'éditeur de disques, de *mastering* mono/stéréo/multicanal, de copie et d'échange grâce à une force de stockage d'informations énorme : il s'agit bien d'une évolution spectaculaire avec ce « **tout en un** ».

L'écoute stéréophonique domestique ***surround*** sur cinq haut-parleurs différenciés (+ un haut-parleur d'extrêmes graves) est aujourd'hui possible grâce aux procédés de codage-décodage numériques (codec) d'abord initiés par Dolby (AC3) et l'institut Franhoffer (MPEG). Après le vidéodisque, le DVD audio, le DVD vidéo et le Blu-ray prennent le relais pour restituer chez le particulier toujours plus d'informations en sons et en images.

Au cinéma, trois systèmes de restitution spatiale se sont livré une bataille acharnée : le Dolby SRD *(Spectral Recording Digital)* sur 5 + 1 canaux , le DTS *(Digital Theater System)* sur 5 + 1 canaux et le SDDS *(Sony Dynamic Digital Sound)* sur 7 + 1 canaux. Nous verrons au chapitre 11 que la distribution filmographique par téléchargement provoquera la disparition progressive des formats de codage au profit de canaux sonores linéaires (sans réduction de débit).

Pour les musiciens et les comédiens, le numérique aura également développé un nouveau cadre de travail et de recherches sonores : le *home studio*. Les artistes disposent aujourd'hui d'un support sonore qui n'a jamais été aussi proche de celui du preneur de son. Il leur reste à trouver les équipements de reproduction les mieux appropriés et des conditions d'écoute (traitement acoustique) les plus adaptées. Car tant à l'enregistrement qu'à la reproduction du son, le numérique nous force aujourd'hui à prendre en considération les conditions acoustiques du lieu.

Il s'agit bien encore là d'un réel progrès.

Chapitre 2
La prise de son

La prise de son est une « opération par laquelle on règle la modulation microphonique, la qualité du son pour le transmettre ou l'enregistrer » (dictionnaire Le Robert),
et un « ensemble de procédés ayant pour but de créer des perceptions dans l'espace
par captation des sources sonores et l'utilisation d'appareillages électro-acoustiques »
(AFNOR).

Le lecteur qui aura ajouté à ses connaissances générales et assimilé les bases théoriques du phénomène sonore et du matériel électro-acoustique ne sera pas au bout
de ses peines. Lorsque l'on veut décrire la prise de son, elle se révèle d'une grande
complexité par les multiples facteurs quelle comporte. On pourrait faire un parallèle
avec un futur automobiliste qui, maîtrisant le code de la route, prend le volant pour
la première fois…

1. Schématisation de la prise de son

Une prise de son rassemble autour d'un producteur :

- des artistes : comédiens, musiciens, avec leurs voix, leurs instruments, et réalisateurs avec leurs scénarios ;
- des lieux : studio d'enregistrement radio, télévision, salle de concert, théâtre, église,
  plein air ;
- des preneurs de son : avec leur équipement de prise de son et d'enregistrement,
  de transmission, de sonorisation. Ils collaborent éventuellement avec une équipe
  vidéo ou cinéma, qui a sa propre conception artistique.

On peut schématiser une prise de son en plaçant dans un premier cercle les éléments
artistiques d'une interprétation, dans un second l'acoustique du lieu d'interprétation
et, dans un troisième, les facteurs liés à la prise de son. L'intersection des trois cercles
offre l'assurance d'une prise de son réussie, à condition, bien sûr, que chaque facteur
atteigne une qualité optimale.

Lorsque l'un des éléments est défaillant, il détériore la qualité finale de la prise de son, donc de l'enregistrement final.

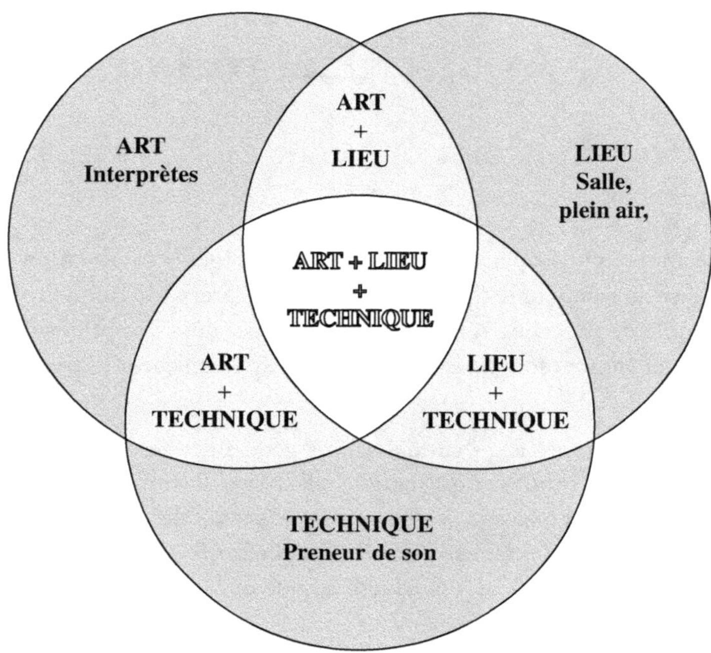

Figure 2.1 – *Une prise de son réussie suppose que les interprètes, le lieu d'interprétation et la technique soient de grande qualité.*

En outre, il est intéressant de noter que :

- l'intersection « art et lieu » caractérise un spectacle, un concert non enregistré : l'interprétation (toujours unique) ne laisse pas de traces ;
- l'intersection « lieu et technique » recouvre la phase préparatoire d'un enregistrement : installation technique, pose des microphones, réglages et essais. C'est également le lieu des prises de son naturelles : bruits de la nature, vagues, vent, eau, tonnerre, chants d'oiseaux, bruits industriels mécaniques et électromécaniques, etc. ;
- l'intersection « art et technique » correspond au domaine des musiques créées à l'aide de synthétiseurs sonores et d'ordinateurs, musiques électroniques et électro-acoustiques. Leur enregistrement ne présuppose pas le passage par une phase acoustique ; il suffit de connecter les appareils à la console de prise de son.

2. Prolongement de l'événement sonore

La prise de son est le premier maillon d'une chaîne multimédia destinée à prolonger l'événement artistique :

- instantanément :
  - par des émetteurs de radiodiffusion (FM et RNT) et des émetteurs de télévision (TNT) ou satellitaires. La qualité de la transmission n'est cependant pas garantie. Des détériorations peuvent intervenir en fonction des procédés : émission-réception, multiplexage, codage, et de la distance émetteurs-récepteurs ;
  - par des stations satellites, des fibres optiques, des câbles et par la télédistribution : le codage numérique des signaux garantit alors une transmission avec des pertes de qualité minimes, même à très grande distance ;
- en différé : par différents canaux de distribution. La qualité du son dépend alors du mode d'enregistrement, de conservation, de reproduction et du procédé choisi : bandes magnétiques, cassettes, disques analogiques et numériques, films, vidéos, mémoires de masse…

Figure 2.2 – *Cabine de prise de son du plateau d'orchestre du Conservatoire national supérieur de musique et de danse de Paris : console Studer 32 voies, série 990, enceintes acoustiques Génélec 1035, magnétophone numérique Sony 24 pistes.*

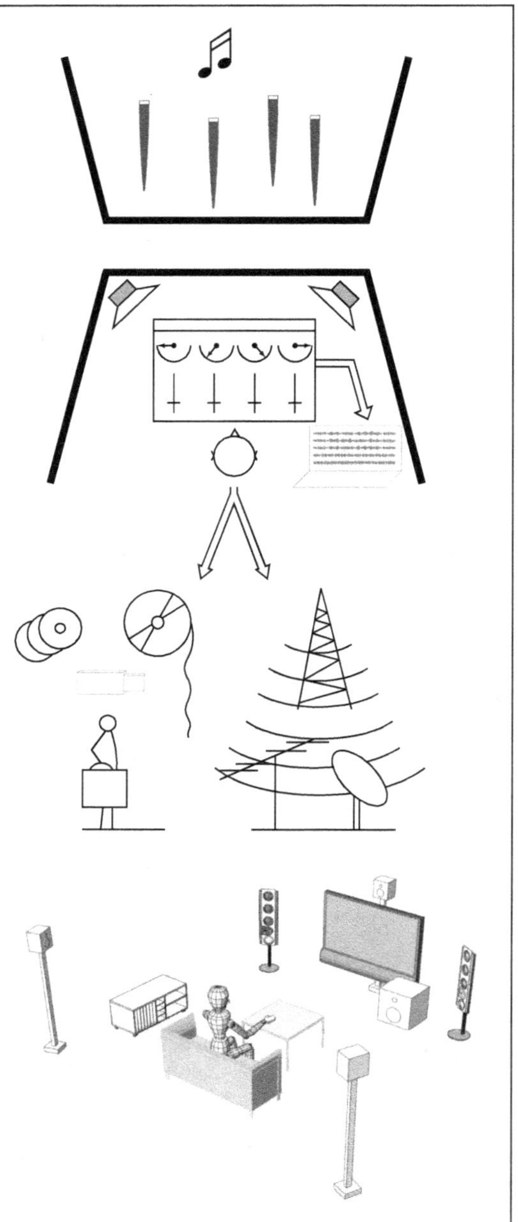

3. Critères d'appréciation

La réflexion et le travail du preneur de son doivent être guidés par quatre types de critères : techniques objectifs, esthétiques objectifs, esthétiques subjectifs, identification sémantique.

Critères techniques objectifs

Ils se rapportent à tout ce qui peut se mesurer :

* courbe de réponse ;
* niveau ;
* dynamique ;
* rapport signal/bruit ;
* clicks dus à des écrêtages, des erreurs de quantification et de synchronisation ;
* bruit de quantification ;
* altération et détérioration (distorsions) du signal.

Il faut que tous les éléments de la chaîne électro-acoustique soient de qualité : l'élément le plus médiocre, le maillon le plus faible détériore la qualité globale. On inclut dans ces éléments médiocres les erreurs de concordance visuelle et sonore : personnage passant de jardin à cour (expression théâtrale pour distinguer la gauche et la droite d'une scène depuis la salle), le son audible passant lui de cour à jardin ; un artiste situé à droite d'un écran, mais audible sur le haut-parleur de gauche, etc.

Critères esthétiques objectifs

Ils se rapportent à l'évaluation de l'image sonore que nous développerons dans les chapitres suivants :

* équilibre spectral ;
* niveaux et dynamique sonore ;
* localisation en profondeur et espace sonore ;
* localisation latérale ;
* clarté (transparence et intelligibilité).

Critères esthétiques subjectifs

* musicalité ;
* émotion ;
* transparence du jeu instrumental ;
* appréciation personnelle.

C'est en particulier cette perception esthétique qui rend la profession de preneur de son si attrayante, si diversifiée.

Identification sémantique

Il s'agit de la conservation fidèle de l'information. Elle concerne :
- l'œuvre d'un écrivain, d'un compositeur, d'un scénariste, d'un orchestrateur, d'un arrangeur ;
- l'intégralité du texte, de la partition (mots, phrases, notes, mesures, mouvements) ;
- la présentation conforme des éléments et de leur ordre : l'inversion de deux mouvements d'une exécution musicale, ou la diffusion d'une fiction en diffusant le 3e acte avant le 2e, altère la compréhension et l'intérêt de l'écoute !
- les indications et les intentions du metteur en scène, du chef d'orchestre (nuances, intensité dramatique, pathétique, romantique).

> La prise de son est l'art de stimuler, par une chaîne de reproduction sonore la meilleure possible, l'imagination de l'auditeur qui pourra façonner sa propre image sonore et mentale d'un événement littéraire ou musical.

Un événement sonore (ou audiovisuel) est de nature séquentielle, c'est-à-dire lié à la marche du temps. Comme on ne peut le figer, son analyse demande une attention constante et soutenue : il faudra donc plusieurs auditions pour élaborer son appréciation. Il suffit pour s'en convaincre de noter les différences entre l'audition d'une œuvre en direct et son écoute à travers une prise de son ou un enregistrement.

L'auditeur perçoit un message sonore issu d'un haut-parleur dans un environnement acoustique et visuel qui n'a rien de commun avec le lieu de la prise de son. Sans support visuel, l'auditeur doit davantage faire appel à son imagination. Chaque individu aura une vision personnelle de la scène qu'il entend : la prise de son pourra le **diriger** dans l'espace, le faire **remonter** dans le temps. Ceci est flagrant pour une fiction. En audiovisuel, la prise de son tient compte également de l'apport sémantique de l'image.

À l'avènement de la haute-fidélité, on a affirmé au mélomane qu'il recevrait l'orchestre chez lui. Cet argument publicitaire non réaliste ne tient pas compte, par exemple, du niveau sonore de la salle de concert, inconfortable, voire insoutenable dans la pièce de séjour d'un appartement, à la fois pour l'auditeur et pour son voisinage.

Parmi les autres facteurs de complexité d'une prise de son, il faut également noter :

- la participation d'artistes de niveaux très différents (professionnels, semi-professionnels ou amateurs) avec des productions de tout genre ;
- un produit final s'adressant à des publics très divers : auditeurs occasionnels ou mélomanes, audiophiles, téléspectateurs, cinéphiles ;
- des publics qui vivront l'événement sonore dans des lieux divers : à domicile (disques, radio, télévision), en public (cinéma, diffusion sonore, sonorisation) ou encore une écoute en voiture, en moto ou avec un baladeur.

Chapitre 3

Le phénomène sonore

1. Propagation du son

De manière extrêmement simplifiée, la figure 3.1 montre le mouvement des particules d'air soumises au mouvement alternatif d'une membrane de haut-parleur :

- les colonnes 1 à 6 représentent le mouvement alternatif des particules dans le temps pour chaque distance spécifique ;
- les lignes t_1 à t_6 représentent le mouvement alternatif des particules dans l'espace pour chaque instant spécifique (élongations maximales).

Sous l'effet du déplacement avant de la membrane du haut-parleur, une particule vient, au temps t_1, « frapper » une particule voisine au point 1 pour revenir et atteindre une élongation maximale arrière au temps t_2. La particule en 1 frappe à son tour la particule 2, et ainsi de suite.

Il y a formation et propagation d'une onde sonore : le « choc » des deux particules d'air en position 1 au temps t_1 se trouve ainsi transmis à deux autres particules en position 6 au temps t_6. Au temps t_6, on remarque que les particules élémentaires, qui étaient équidistantes, sont maintenant soit rapprochées (zone de pression), soit éloignées (zone de dépression). Il y a création d'un champ sonore ou champ acoustique.

Quand nous parlons, pour simplifier, de particules élémentaires d'air, il s'agit en fait de masses élémentaires d'air très petites, contenant elles-mêmes des millions de molécules qui se déplacent autour de leur position d'équilibre sur de très faibles distances (inférieures au millimètre).

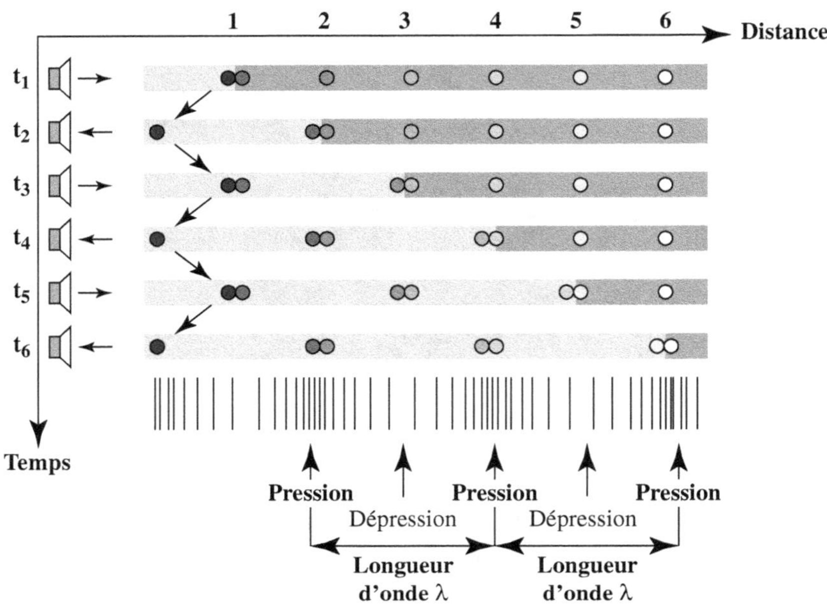

Figure 3.1 – *Propagation du son par les particules élémentaires d'air.*

2. Définitions et unités de base

La longueur d'onde, la période, la fréquence

À un temps donné, la distance qui sépare deux zones de pression ou deux zones de dépression est la **longueur d'onde** λ (mètre). Pour un observateur, le temps qui s'écoule entre deux zones de pression ou de dépression est la **période** T (seconde). La vitesse à laquelle se propagent ces zones de pression ou de dépression est appelée « **célérité** » (c). C'est le rapport entre la longueur d'onde et la période, qui est sensiblement égale à 340 m/s à 20° C dans l'air.

$$c = \frac{\lambda}{T} \quad (m/s)$$

La **fréquence** (f) est le nombre de périodes perçues par unité de temps. Son unité est le hertz (Hz). La bande des fréquences audibles généralement adoptée s'étend de 20 à 20 000 Hz.

$$f = \frac{1}{T} \quad (Hz)$$

La longueur d'onde (λ) est liée à la célérité et à la fréquence par la formule :

$$\lambda = \frac{c}{f} \quad \text{(m)}$$

d'où les équivalences présentées dans le tableau suivant.

Fréquence f	20 Hz	1 000 Hz	20 000 Hz
Période T = 1/f	50 ms	1 ms	0,05 ms
Longueur d'onde λ = c/f	17 m	0,34 m	0,017 m

Ces équivalences sont d'une extrême importance pour aborder tous les mécanismes d'acoustique architecturale et instrumentale. On peut, par exemple, en déduire que tout objet (table, chaise, console) représente, selon ses dimensions, un obstacle ou non à la propagation du son. La comparaison entre longueur d'onde et dimension de l'objet doit devenir un réflexe.

La pression et l'intensité acoustique

Toute source en vibration génère une onde sonore dont la pression s'additionne et se retranche alternativement à la pression atmosphérique ; il s'agit de la **pression acoustique**. Cette pression acoustique excite le tympan. Sa périodicité nous renseigne sur la fréquence du signal et son amplitude sur la valeur du niveau sonore. Elle se mesure en pascals (Pa).

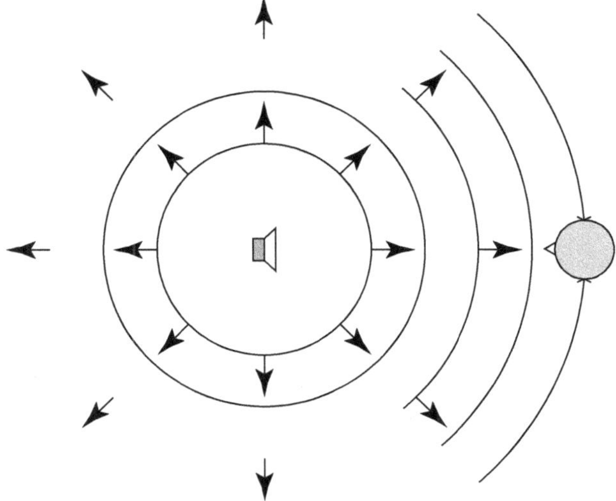

Figure 3.2 – *Propagation de l'onde de pression.*

En première approximation, cette onde de pression est supposée sphérique, car la taille de la source est souvent petite par rapport à la longueur d'onde du signal rayonné. Cependant, un observateur ou un microphone placé au-delà d'une certaine distance (environ 1/6 de la longueur d'onde) percevra cette source sous forme d'une onde plane, car le rayon de courbure de l'onde sera alors très faible.

La **puissance acoustique** (en watts), concentrée près de la source, se répartit sur des sphères de plus en plus grandes au fur et à mesure que l'onde progresse. Le niveau sonore perçu par un observateur sur l'une de ces sphères sera d'autant plus faible que la surface considérée est grande. Il correspond à la puissance rayonnée par unité de surface. C'est l'**intensité acoustique** (Ia) mesurée en watts/m^2.

$$\mathbf{Ia = \frac{W}{4\pi r^2}} \quad (\text{W/m}^2)$$

où W = puissance acoustique (W),
$4\pi\, r^2$ = surface d'une sphère de rayon r (m^2).

L'intensité acoustique est proportionnelle au carré de la pression acoustique, et décroît en première approximation avec l'inverse du carré de la distance à la source.

La vitesse particulaire

C'est la vitesse de chaque particule lors de son faible déplacement autour de sa position d'équilibre. Elle s'exprime en mètres/s. Selon la figure 3.1 (temps t_6), on remarque qu'à un maximum de déplacement particulaire correspond un maximum de pression (particules rapprochées). À cet instant, avant de revenir à son état d'équilibre, la vitesse particulaire est forcément nulle. À l'instant précis où une onde sonore vient frapper une paroi parfaitement réfléchissante, la vitesse est également nulle et la pression est maximale.

> À chaque maximum de pression acoustique d'une onde plane correspond une vitesse particulaire nulle. La pression sonore est toujours maximale sur les parois réfléchissantes.

Conséquences pratiques :

- un microphone posé sur une paroi réfléchissante de grandes dimensions capte une pression maximale à toutes les fréquences ;
- un microphone proche d'une paroi ne capte une pression maximale qu'aux fréquences basses (grandes longueurs d'onde), car les ondes incidentes et réfléchies restent encore en phase.

L'impédance acoustique

L'impédance acoustique (Za) peut être définie comme la résistance que présente le milieu de propagation au déplacement des particules élémentaires. Plus l'impédance est élevée, plus le déplacement des particules est freiné, et plus la vitesse particulaire est faible.

$$Za = \frac{p}{v} \quad (Nsm^{-3})$$

où p = pression acoustique (Pa),
v = vitesse moléculaire (m/s).

Une paroi réfléchissante est un cas particulier de la notion d'impédance infinie qui entraîne une vitesse particulaire nulle.

3. Caractéristiques d'une source sonore et perception

Hauteur

Définition

L'oreille humaine perçoit, en moyenne, des fréquences qui s'étendent de 20 Hz à 20 000 Hz. À la valeur physique de la fréquence est liée la sensation physiologique de hauteur sonore.

Lorsque l'on multiplie (ou divise) une fréquence par deux, on définit un intervalle appelé « octave » : la différence de hauteur perçue entre 200 Hz et 400 Hz est la même qu'entre 400 Hz et 800 Hz, alors que la différence de fréquences est deux fois plus élevée dans le second intervalle que dans le premier. Cette constatation est surtout valable dans la zone sensible de l'oreille (200-4 000 Hz).

En fait, ce n'est pas la différence fréquentielle qui importe en perception sonore mais le rapport fréquentiel. Il ne faut donc pas soustraire mais diviser les fréquences entre elles. Le rapport est de 2 pour les intervalles ci-dessus. En représentation graphique, les fréquences de même rapport sont toujours équidistantes en abscisse. Il s'agit d'une échelle logarithmique.

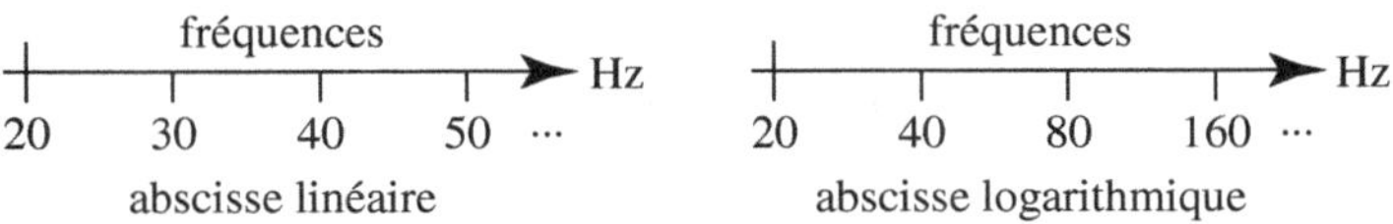

Figure 3.3 – *Échelle linéaire et logarithmique.*

Sons purs et sons complexes

À chaque signal sonore correspond une forme d'onde particulière qui peut être transposée graphiquement pour illustrer l'évolution de la pression acoustique dans le temps. Un diapason, frappé doucement, génère un son pur sinusoïdal composé d'une seule fréquence. Il peut être représenté graphiquement en fonction du temps ou sous forme fréquentielle (composition spectrale).

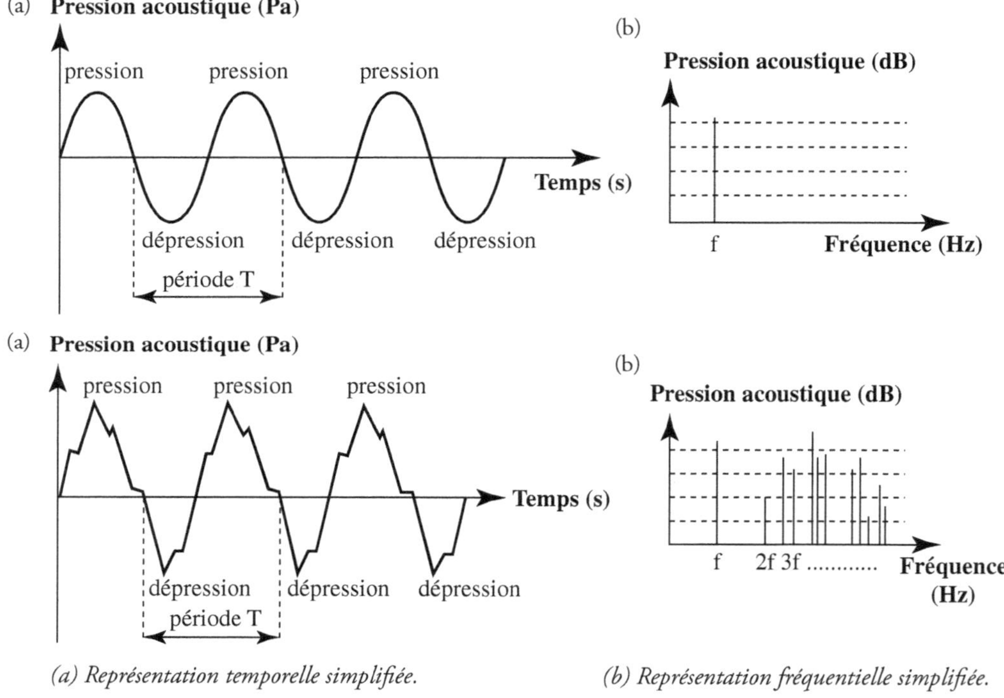

(a) Représentation temporelle simplifiée.   *(b) Représentation fréquentielle simplifiée.*

Figure 3.5 – *Son de 440 Hz joué au violon.*

Tout son complexe périodique peut être décomposé en une somme de sons purs dont les fréquences sont des multiples entiers de la fréquence la plus basse f : 2 f, 3 f (décomposition en série de Fourier) :

- la fréquence la plus basse est la plupart du temps appelée « fondamentale » ou « harmonique 1 » ;
- les fréquences multiples sont appelées « harmoniques » (2 f, 3 f, 4 f) ou « partiels harmoniques » ;
- les fréquences qui ne font pas partie de la série harmonique (2,3 f, 3,6 f, 4,7 f) sont appelées « partiels inharmoniques ».

Un signal rectangulaire peut être obtenu par l'addition de fréquences harmoniques impaires (f, 3 f, 5 f, 7 f). La figure 3.6 représente la forme du signal obtenu par l'addition des trois premières harmoniques impaires (f, 3 f, 5 f).

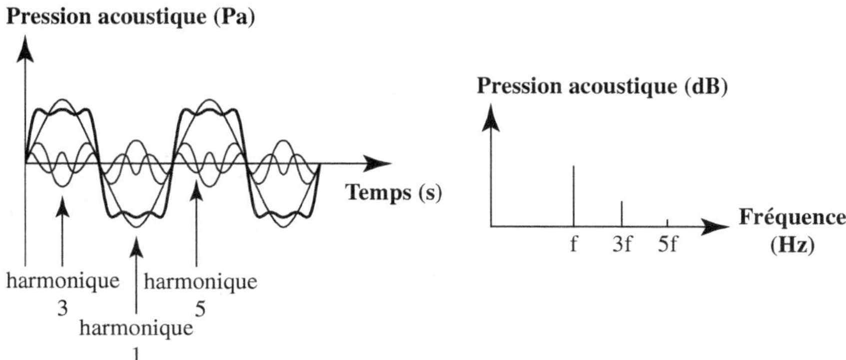

Figure 3.6 – *Obtention d'une variation rectangulaire par sommation d'harmoniques impaires.*

La figure 3.7, à la page suivante, montre l'étendue en fréquence de plusieurs instruments ainsi que de différentes voix. Ces sources sonores sont des sons complexes dont on a représenté les fondamentales en traits continus et les harmoniques (et partiels) en traits pointillés.

Niveau sonore

Définition

Le plus faible niveau d'un signal de 1 000 Hz perceptible par l'oreille humaine correspond à une intensité acoustique de 10^{-12} W/m^2 soit 1/1 000 000 000 000 W/m^2. Cette valeur est considérée comme le seuil d'audition. Le plus fort niveau admissible d'un même signal est d'environ 1 W/m^2. Il correspond au seuil de douleur. Le rapport entre le niveau le plus fort et le niveau le plus faible est la **dynamique**. Elle varie de un à mille milliards !

Au-delà d'un niveau minimal, chaque fois que l'on multiplie l'intensité sonore d'un facteur 10, on perçoit globalement un doublement de la sensation. On obtient ainsi une échelle de 12 niveaux (fig. 3.8). Il s'agit d'une progression logarithmique à base 10 et, comme en perception de hauteur, la sensation (du niveau) sonore est proportionnelle au logarithme de l'excitation (loi de Weber Fechner).

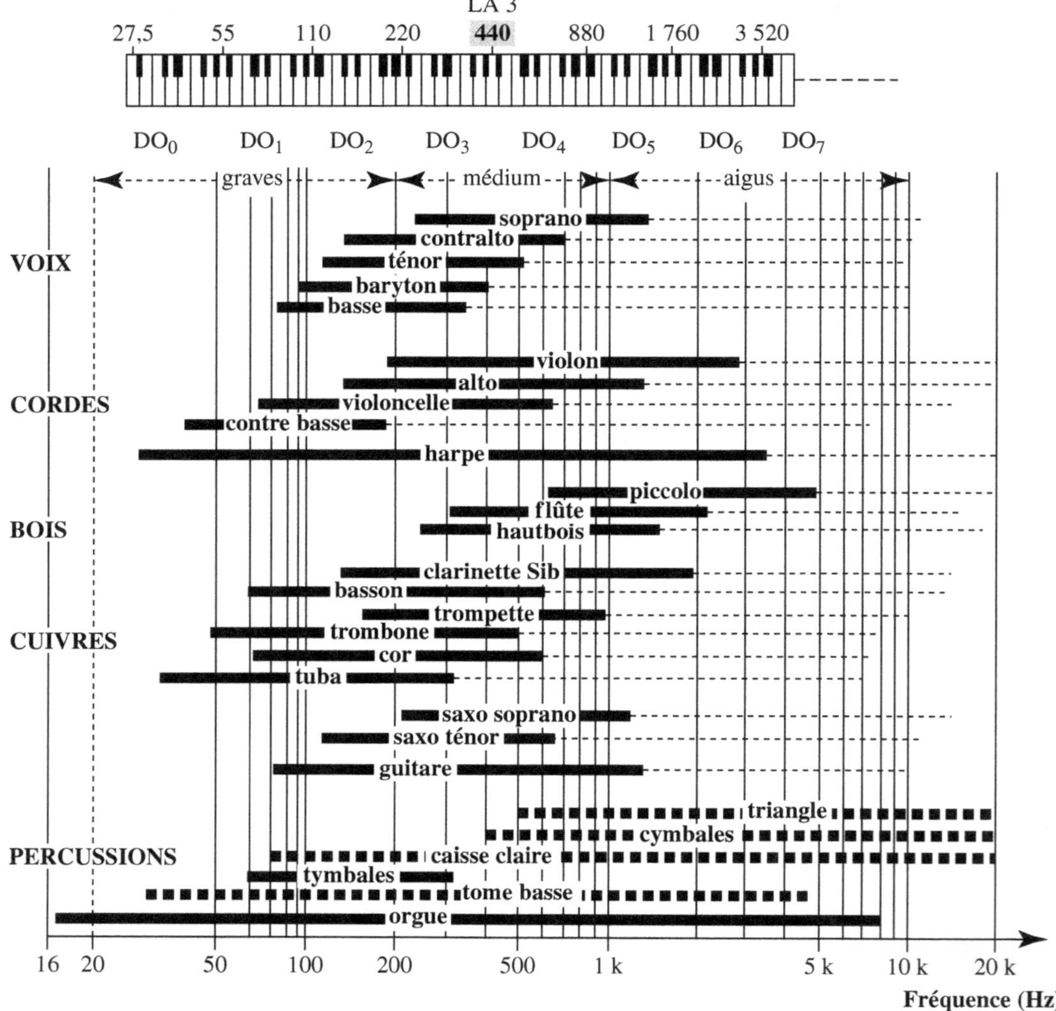

Figure 3.7 – *Échelle fréquentielle des instruments de musique et des voix. Traits gras :* fondamentales, *traits pointillés fins :* harmoniques, *traits pointillés gras :* étendue spectrale sans fondamentale.

L'unité de mesure est le bel avec comme référence l'intensité du seuil d'audibilité, soit 10^{-12} W/m^2.

$$\text{Niveau} = \log \frac{I}{10^{-12}} \quad \text{(bel)}$$

où I = intensité acoustique à mesurer.

Niveau d'intensité acoustique (W/m²) à 1 000 Hz

1	12 seuil de douleur
	11
1: 100	10
	9
1: 10 000	8
	7
1: 1000 000	6
	5
1: 100 000 000	4
	3
1: 10 000 000 000	2
	1
1: 1000 000 000 000	0 seuil d'audiblité

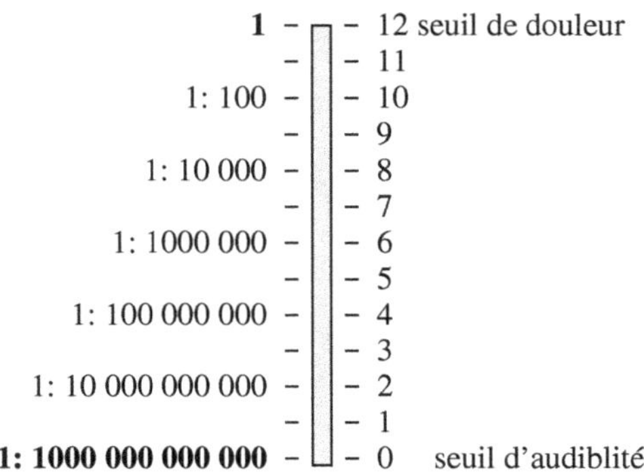

Figure 3.8 – *Dynamique de niveau sonore perçu.*

À cette échelle en bels, on a préféré une échelle plus fine. En introduisant 10 subdivisions par bel, on obtient donc 120 niveaux appelés « décibels » (dB).

$$\textbf{Niveau} = \textbf{10 log} \frac{\textbf{I}}{\textbf{10}^{-12}} \quad \text{(décibel)}$$

L'intensité acoustique étant proportionnelle au carré de la pression, on obtient :

$$\textbf{Niveau} = \textbf{20 log} \frac{\textbf{P}}{\textbf{2} \times \textbf{10}^{-5}} \quad \text{(décibel)}$$

où 2×10^{-5} Pa = pression acoustique du seuil d'audibilité (voir annexe 1).

Pression acoustique (Pa)	**Intensité acoustique (W/m²)**	**Niveau (bel)**	**Niveau (dB)**		
20	**1**	**12**	**120**	intérieur d'une grosse caisse	**insupportable**
2	**10^{-2}**	**10**	**100**	tutti d'orchestre cloche à 10 cm saxophone à 40 cm	**très fort**
2×10^{-1}	**10^{-4}**	**8**	**80**	piano joué pp à 1 m	**fort**
2×10^{-2}	**10^{-6}**	**6**	**60**	conversation à 1 m	
2×10^{-3}	**10^{-8}**	**4**	**40**	appartement calme	**faible**
2×10^{-4}	**10^{-10}**	**2**	**20**	studio d'enregistrement	**très faible**
2×10^{-5}	**10^{-12}**	**0**	**0**	seuil d'audition	**inaudible**

Figure 3.9 – *Correspondance des échelles de niveau et appréciation.*

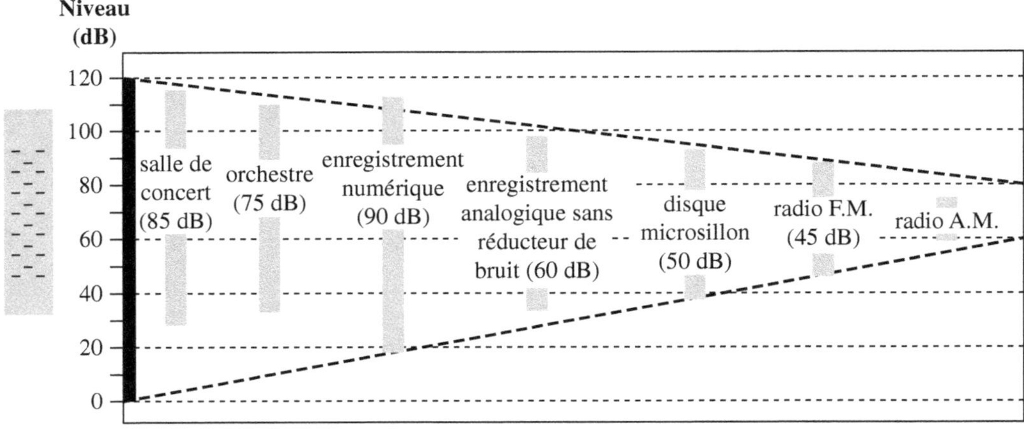

Figure 3.10 – *Dynamique comparée de plusieurs sources et supports sonores.*

La dynamique de l'audition est de l'ordre de 120 dB. Nous verrons au chapitre 6 que celle d'un microphone peut atteindre 140 dB. Nous avons porté sur la figure 3.10 la dynamique d'un orchestre symphonique, d'un enregistrement numérique, analogique sur bande magnétique et sur disque, d'un émetteur radio FM et AM limité aux niveaux faibles par le bruit de fond et aux niveaux forts par la saturation.

La sensation sonore en fonction de la fréquence

La sensibilité de l'oreille n'est pas la même à toutes les fréquences. Par rapport à une fréquence de 1 000 Hz perçue à un certain niveau, on remarque qu'une même sensation sonore aux fréquences basses et aiguës ne peut être obtenue que si l'on augmente ce même niveau dans des proportions importantes. Les valeurs de niveaux données à 1 000 Hz sont exprimées en phones.

Les courbes d'égale sensation sonore (courbes isosoniques) montrent que pour avoir la même sensation qu'un son de 1 000 Hz à 40 dB, un signal de 50 Hz doit être augmenté à 70 dB. La sensibilité de l'oreille, particulièrement bonne entre 500 et 5 000 Hz, s'atténue donc fortement aux fréquences basses. Elle est plus linéaire aux niveaux élevés : 80 à 100 dB.

Ces courbes présentent des conséquences multiples :

- en musique, un tuyau d'orgue de 30 Hz est pratiquement inaudible, alors qu'à niveau égal, un petit sifflet à 3 000 Hz émet un son perçant. Cela explique qu'une flûte *piccolo* émerge sans difficulté d'un *tutti* d'orchestre ;
- en électro-acoustique, l'effet *loudness* est prévu sur certains amplificateurs afin de renforcer les basses fréquences et les fréquences élevées à faible niveau d'écoute ;

- en mesure de bruit, des filtres sont introduits dans le sonomètre (appareil de mesures de bruits) pour pondérer les mesures : on utilise trois courbes de pondération correspondant à trois zones de niveau sonore :
  - courbe A : inférieure à 55 dB, mesure en dBA,
  - courbe B : de 55 dB à 85 dB, mesure en dBB,
  - courbe C : supérieure à 85 dB, mesure en dBC.

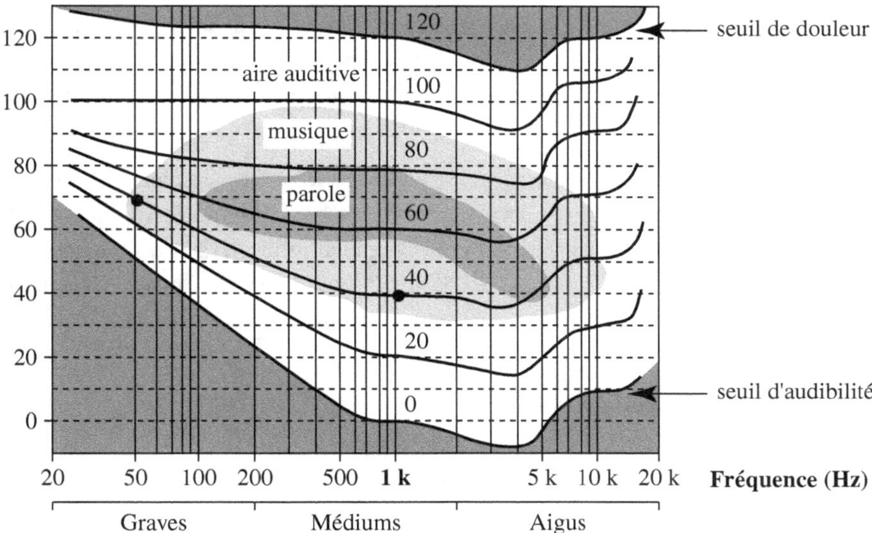

Figure 3.11 – *Courbes d'égale sensation sonore (d'après Fletcher et Munson).*

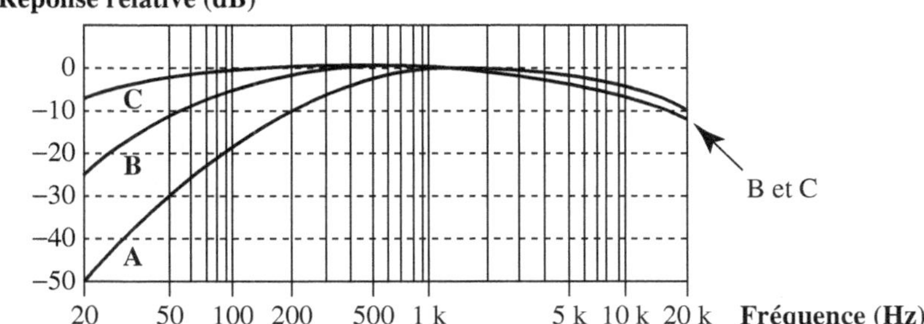

Figure 3.12 – *Filtres de pondération.*

L'effet de masque

Un bruit, un son peuvent masquer auditivement un autre son présent simultanément dans le même lieu. Un bruit de rue ou de machine oblige deux interlocuteurs à forcer leur voix pour se comprendre. La situation est la même dans une discothèque, en présence d'une sonorisation notamment riche en basses fréquences.

Subjectivement, il y a donc modification du seuil de perception du son masqué en présence du son masquant. Pour le mesurer, on fait entendre à un auditeur placé dans un lieu calme une certaine fréquence dont on note le seuil de perception. On fait entendre ensuite simultanément un son masquant (1 200 Hz dans notre exemple) à un certain niveau, et on augmente le niveau du signal masqué pour qu'il soit à nouveau audible.

La modification du seuil de perception est la différence entre l'ancien niveau de seuil et le nouveau en présence du son masquant. Cette expérimentation, répétée à différentes fréquences, permet d'obtenir les courbes de la figure 3.13 (donnée ici pour un son masquant de 1 200 Hz à 60 et 100 dB). On voit que pour un son masquant de 100 Hz à 100 dB, il faut remonter le niveau du son masqué de 70 dB à la fréquence de 1 600 Hz et de 20 dB à 800 Hz.

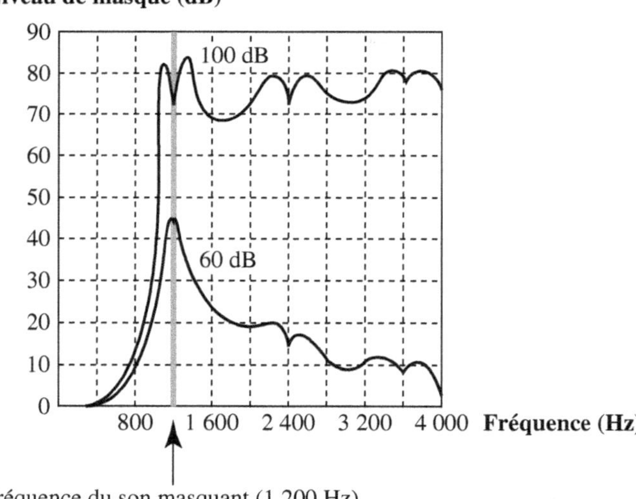

Figure 3.13 – *Courbes de masque d'un signal masquant de 1 200 Hz à 60 et 100 dB sur des sons purs (d'après Vegel et Lane).*

L'effet de masque est :

• maximal lorsque les fréquences sont voisines ;

- très prononcé pour les fréquences supérieures à la fréquence masquante et peu prononcé pour les fréquences inférieures ;
- d'autant plus important que le son masquant est fort ;
- inexistant si le son masqué a le même niveau que le son masquant.

Compositeurs, arrangeurs et bruiteurs doivent prendre cet effet en considération pour éviter de rendre difficile l'audition d'un soliste entouré d'instruments maladroitement orchestrés, ou d'une annonce couverte par un indicatif.

L'effet de masque est largement utilisé aujourd'hui dans les algorithmes de compression du signal numérique, afin d'éliminer les informations sonores masquées, donc inutiles, et d'augmenter le volume des données tant à l'enregistrement qu'à la diffusion.

Le timbre

Définition

Le timbre est un mélange de diverses fréquences à des intensités différentes. Il permet de distinguer un son parmi d'autres, de même intensité et de même hauteur. Il dépend autant des composantes spectrales que de l'évolution du signal dans le temps.

Composantes spectrales

Le timbre dépend de :

- l'intensité du fondamental et des harmoniques ;
- la présence ou l'absence de certaines harmoniques.

Par exemple, la clarinette, l'accordéon, l'harmonica, certains jeux d'orgues favorisent les harmoniques impaires et le hautbois les harmoniques paires.

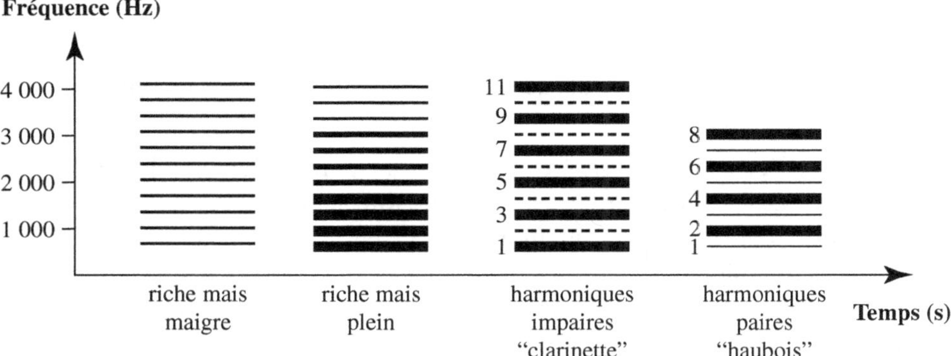

Figure 3.14 – *Représentation graphique des raies harmoniques pour quatre timbres différents (selon E. Leipp).*

Un spectre de bruit est constitué de composantes quelconques : il n'y a ni harmoniques, ni partiels ; c'est, par exemple, le bruit de l'échappement de l'air comprimé. Deux spectres de bruit nous intéressent particulièrement :

- le **bruit blanc**, à l'instar de la lumière blanche qui est un mélange de toutes les couleurs, est composé de toutes les fréquences, chaque fréquence ayant la même énergie. Le nombre de fréquences doublant d'un octave à l'autre, l'énergie croît linéairement de 3 dB par octave ;
- le **bruit rose** est composé également de toutes les fréquences, mais l'énergie est ici constante pour chaque bande de fréquences.

Ils sont utilisés notamment :

- comme source sonore pour mesurer les performances acoustiques des salles (bruit blanc ou bruit rose) ;
- comme source sonore pour ajuster les enceintes acoustiques aux locaux d'écoute (bruit rose).

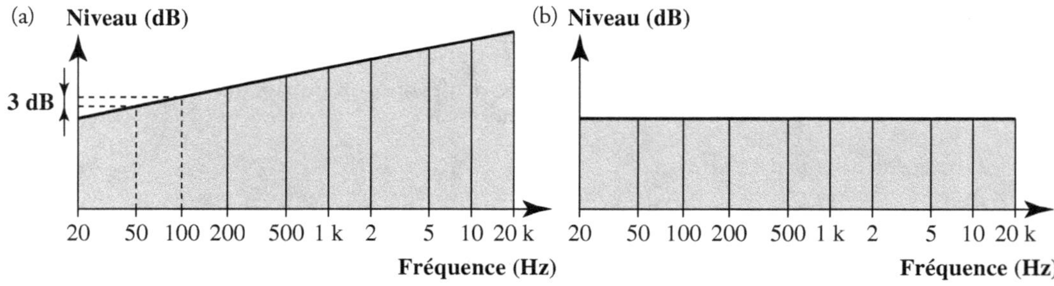

Figure 3.15 – *(a) Spectre de bruit blanc. (b) Spectre de bruit rose.*

Enveloppe du signal

L'enveloppe dynamique d'un signal sonore est caractérisée par son attaque, son évolution et son extinction ; le rôle de l'attaque est primordial, en particulier dans la formation du timbre.

- Le contenu spectral des transitoires d'**attaque** se rapproche de celui d'un bruit ; la suppression de l'attaque d'un instrument rend difficile sa reconnaissance.
- L'**évolution** participe à l'organisation du son en favorisant et en supprimant certaines harmoniques.
- Le mode d'**extinction** sera influencé par l'acoustique du lieu et en particulier par sa réverbération. Nous en verrons l'importance lors du réglage du taux et de la durée d'une réverbération artificielle (voir chapitre 9).

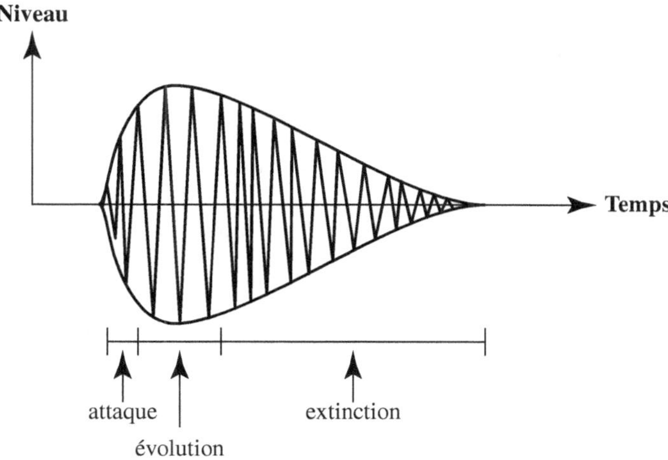

Figure 3.16 – *Profil dynamique d'un signal sonore.*

L'évolution et l'extinction ne font qu'une dans le cas du piano : dès que le marteau a frappé une corde (attaque), un système d'échappement la laisse vibrer jusqu'à son extinction.

Le quantum acoustique

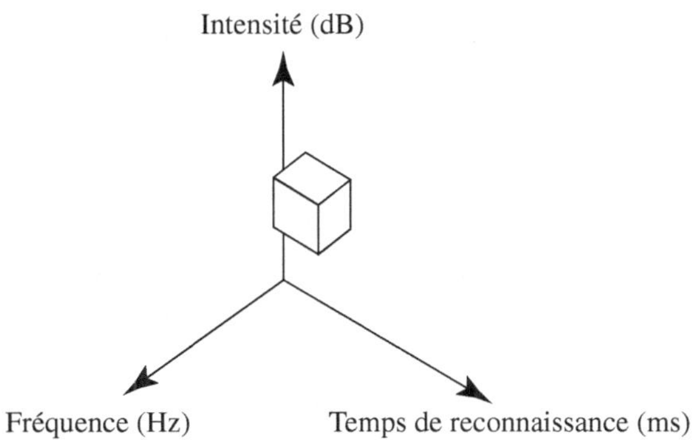

Figure 3.17 – *Représentation graphique du quantum acoustique.*

Dans son livre *Le Monde sonore sous la loupe*, Fritz Winckel a repris une citation d'Abraham Moles de la représentation du plus petit élément audible par l'oreille humaine, le quantum acoustique. Sa valeur moyenne est donnée par les valeurs suivantes :

- 2 à 3 dB en intensité ;
- 2 à 3 ‰ en fréquence ;
- 50 ms, durée moyenne de reconnaissance d'un son.

Ce quantum montre les plus petites variations audibles auxquelles il faudrait encore ajouter les notions infinies du timbre et de l'évolution.

4. Directivité des sources sonores

L'énergie rayonnée par une source sonore se répartit différemment dans l'espace. Il se crée des zones de propagation préférentielles dépendant de la fréquence, de la forme et du mode d'émission de la source.

Les zones de répartition énergétique des figures 3.18 à 3.23 ont été obtenues par extrapolation à partir de divers résultats expérimentaux (diagrammes d'Harry Olson et de Jürgen Meyer), et ont une valeur indicative. Les zones de rayonnement hachurées correspondent à une énergie moyenne qui ne chute pas de plus de 3 dB par rapport au niveau maximum de chaque bande de fréquence. Les quatre nuances de gris représentent les bandes de fréquence suivantes. Elles n'indiquent en aucun cas des niveaux sonores de référence.

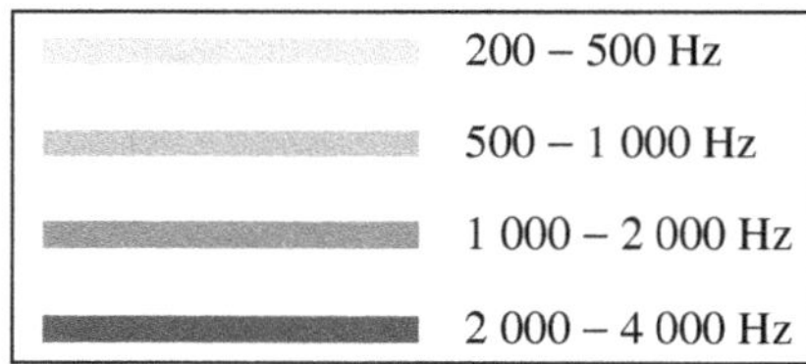

Les mesures ayant été réalisées en chambre sourde avec des instruments excités par un dispositif électro-acoustique, nous noterons qu'un musicien peut en modifier les résultats par l'effet d'obstacle qu'il représente et par son jeu ; de plus, la chambre sourde supprime toute interaction avec le milieu acoustique : par exemple, l'influence du sol sur la qualité du timbre. Chaque membre d'une même famille d'instruments présente dans les grandes lignes une similitude de rayonnement, au timbre près, et compte tenu de leurs spectres respectifs.

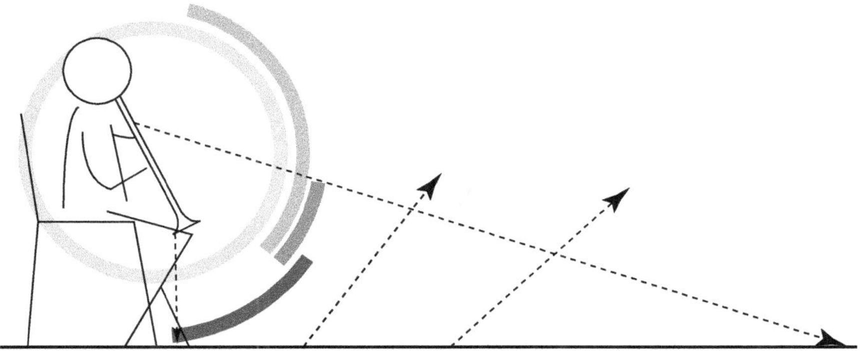

Figure 3.18 – ***Rayonnement de la clarinette.*** *On remarque l'importance des réflexions par un sol dur (bois).*

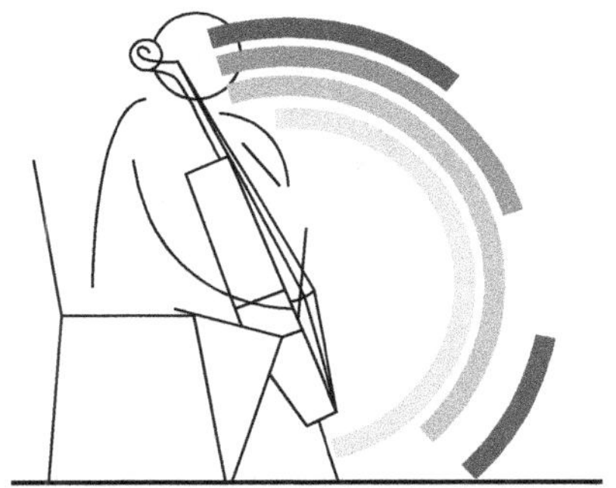

Figure 3.19 – ***Rayonnement du violoncelle.*** *La liaison augmente fortement l'influence de la nature du sol sur l'importance des réflexions.*

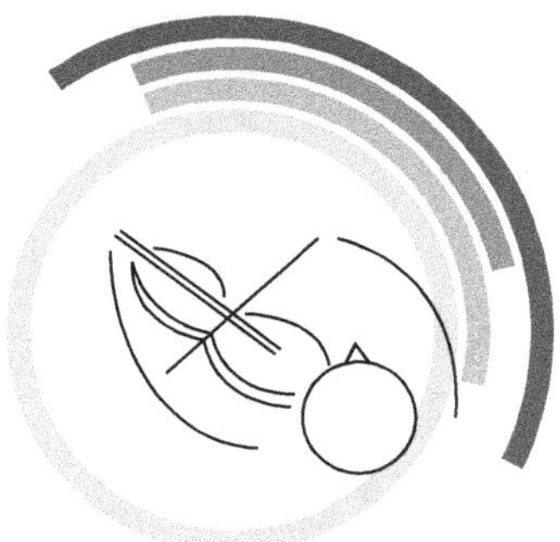

Figure 3.20 – ***Rayonnement du violon.*** *L'énergie maximale à toutes les fréquences est homogène dans l'axe perpendiculaire du plan des cordes.*

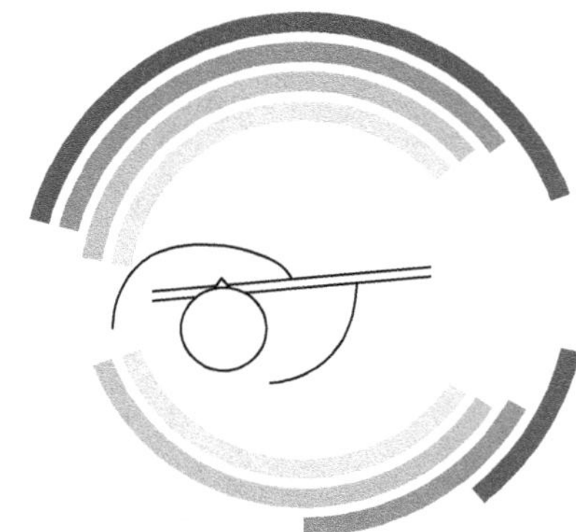

Figure 3.21 – *Rayonnement de la flûte.* *On note une certaine symétrie de rayonnement.*

Figure 3.22 – *Rayonnement de la trompette.* *Comme pour de nombreux instruments à pavillon, l'énergie maximale est dans l'axe.*

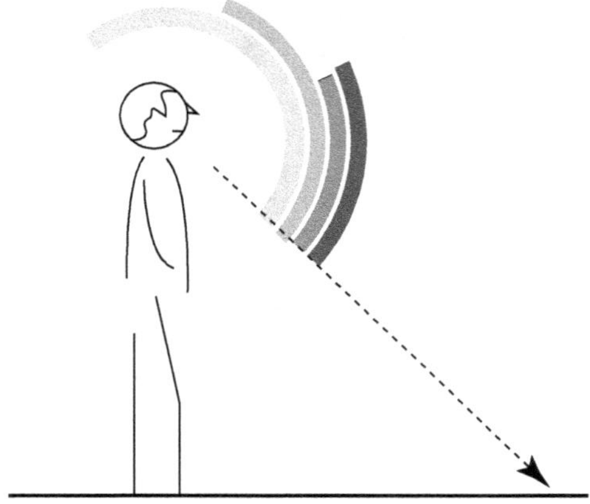

Figure 3.23 – *Rayonnement de la voix.* *La directivité est largement frontale avec une certaine influence du sol.*

5. Comportement du son dans une salle

En perception comme en prise de son, la source sonore ne peut être isolée du lieu dans lequel elle se trouve : l'un et l'autre forment un tout. L'ingénieur du son doit jouer avec les caractéristiques de ces deux éléments en sachant que l'acoustique du lieu intervient sur la qualité esthétique du son, donc sur l'interprétation de l'œuvre.

La diffusion et l'absorption

Le comportement des ondes sonores dans une salle dépend des caractéristiques de la source d'émission (hauteur, intensité, timbre, directivité, évolution temporelle) que nous venons d'étudier, du milieu de propagation et de la nature des matériaux.

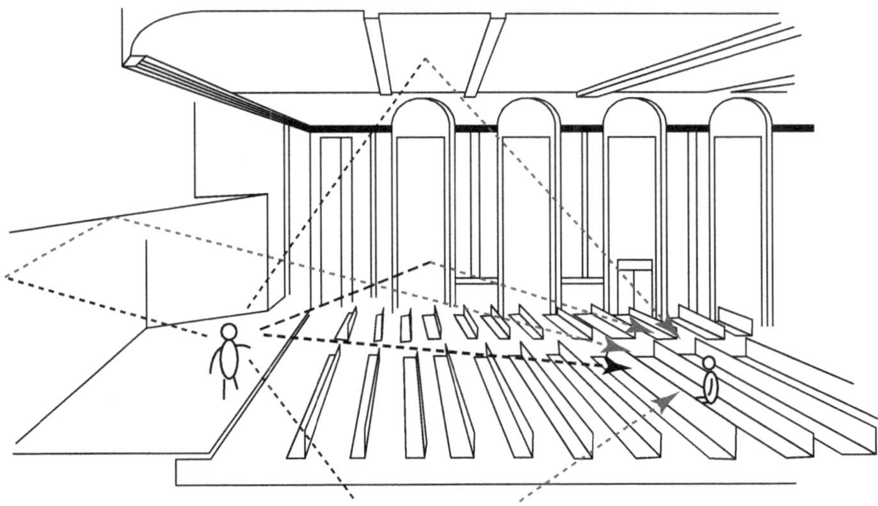

Figure 3.24 – *Premières réflexions du signal sonore.*

Le milieu de propagation

Le milieu de propagation, l'air, est généralement homogène et isotrope. Cependant, des variations locales ou passagères de pression dues à la température, à l'hygrométrie, au vent peuvent modifier la célérité du son et, par conséquent, la direction de l'onde sonore (voir figure 3.25). En extérieur, ce phénomène est bien connu des sonorisateurs. En salle, la présence du public peut également créer par différence de température une réfraction de l'onde sonore vers le haut.

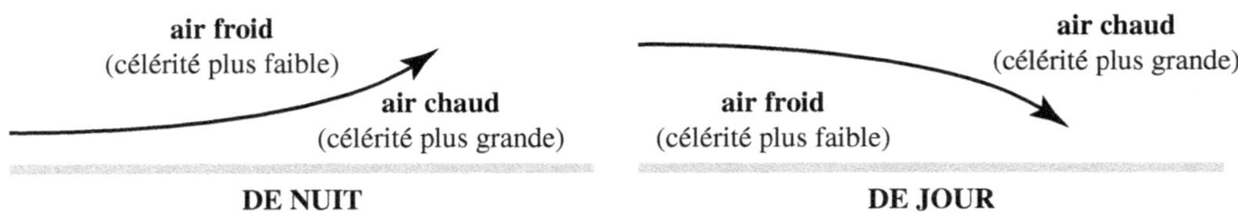

Figure 3.25 – *Changement de direction (réfraction) dû aux variations de température des couches d'air.*

Nature des matériaux rencontrés et diffusion

La nature des matériaux des parois (murs, plafond, sols) et des obstacles (balcons, ornements, colonnes) intervient sur le comportement des ondes sonores selon les lois de la diffusion et de l'absorption. La diffusion du son est le résultat de tous les changements de direction dus simultanément aux phénomènes de réflexion, de réfraction et de diffraction.

La réflexion est un changement de direction de l'onde sonore. L'angle de réflexion est égal à l'angle d'incidence. Il n'y a réflexion que si les dimensions de l'obstacle ou de la paroi sont supérieures à la longueur d'onde du signal incident.

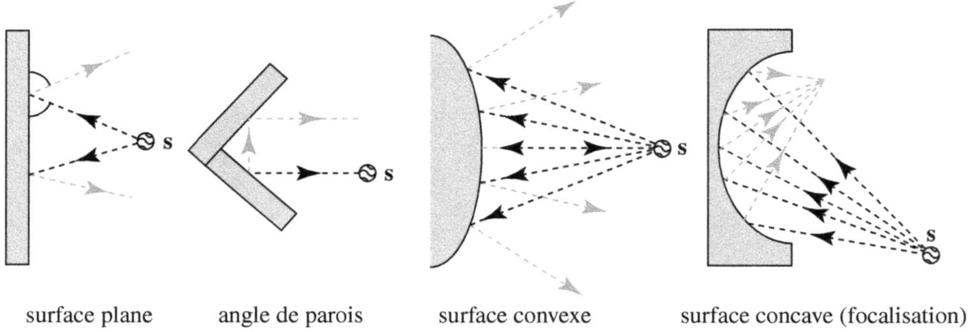

Figure 3.26 – *Réflexions d'une onde sonore selon le type de surface réfléchissante rencontrée (méthode des rayons).*

Un panneau acoustique réfléchissant peut être placé derrière un musicien ou un comédien pour renforcer l'énergie rayonnée. La forme de la paroi donne lieu :

- à une simple réflexion (surface plane) ;
- à une diffraction (surface convexe) ;
- à une focalisation (surface concave).

Dans ce dernier cas, toute l'énergie sera concentrée en un seul point, le foyer acoustique.

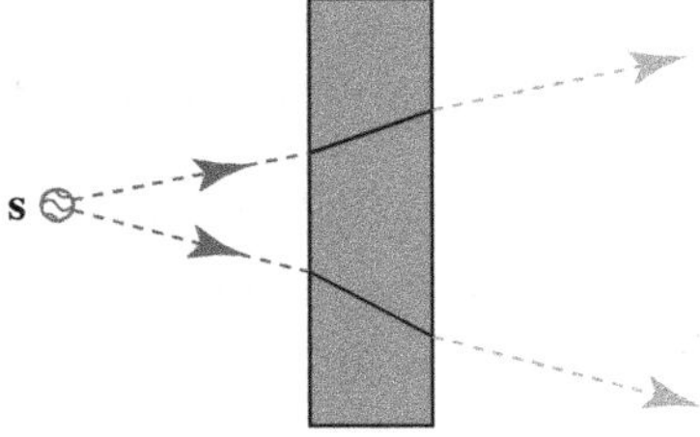

La réfraction est un changement de direction de l'onde sonore lors du passage d'un milieu à un autre : ce changement est lié à une modification de densité provoquant une variation de célérité.

Figure 3.27 – Phénomène de réfraction.

La diffraction est un changement de direction de l'onde sonore provoqué par des obstacles ou des reliefs de surface. Tout élément architectural et décoratif des salles (balcons, galeries, colonnes, motifs) et toute irrégularité de forme des parois et du mobilier favorisent la diffraction du son, donc la diffusion.

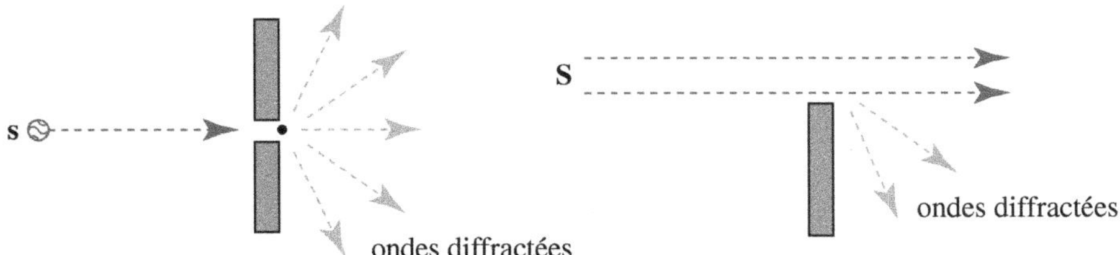

Diffraction de transmission due à une petite ouverture (inférieure à la longueur d'onde).

Diffraction derrière un écran.

Figure 3.28 – Effet de diffraction.

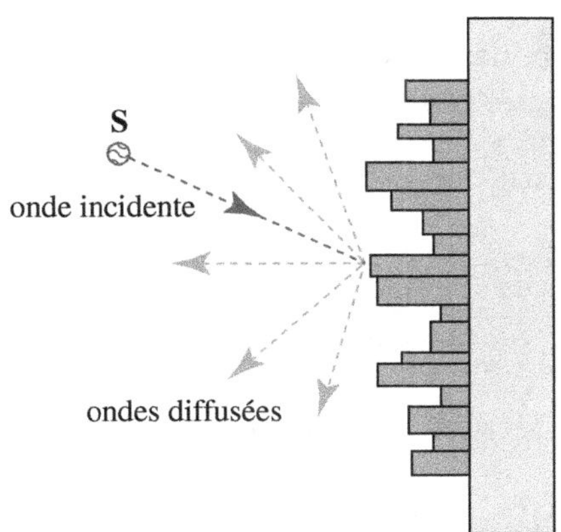

La diffraction est extrêmement importante pour une bonne homogénéité acoustique de salle. Depuis les années 1980 est apparu sur le marché un nouveau type de diffuseurs dit de « Schroeder » (son inventeur). Ils sont composés d'éléments de largeurs et de profondeurs différentes favorisant précisément l'effet de diffraction.

Figure 3.29 – Diffuseur de « Schrœder ».

Un panneau acoustique sur le trajet d'une onde sonore aura trois types d'effet selon sa dimension :

- supérieure à la longueur d'onde du signal : la diffraction est minime et l'onde sonore sera surtout réfléchie. Il y a formation d'une zone d'ombre acoustique derrière le panneau (fig. 3.30a) ;
- de l'ordre de grandeur de la longueur d'onde : la diffraction augmente, le panneau se comporte comme un diffuseur (briseur de sons), il s'agit d'une réflexion diffuse ;
- inférieure à la longueur d'onde : la diffraction est importante, l'onde sonore se reforme derrière l'obstacle après avoir perdu une partie de son énergie (fig. 3.30b).

Figure 3.30 – *Effet de diffraction par un obstacle.*
(a) Obstacle supérieur à la longueur d'onde.
(b) Obstacle plus petit que la longueur d'onde.

Nature des matériaux rencontrés et absorption

Aucune surface n'est totalement réfléchissante ; l'onde sonore incidente perd toujours une partie de son énergie au contact d'une paroi ou d'un obstacle :

- par dissipation thermique de l'onde à l'interface des deux milieux ;
- par absorption ou transmission de l'onde réfractée dans le milieu traversé.

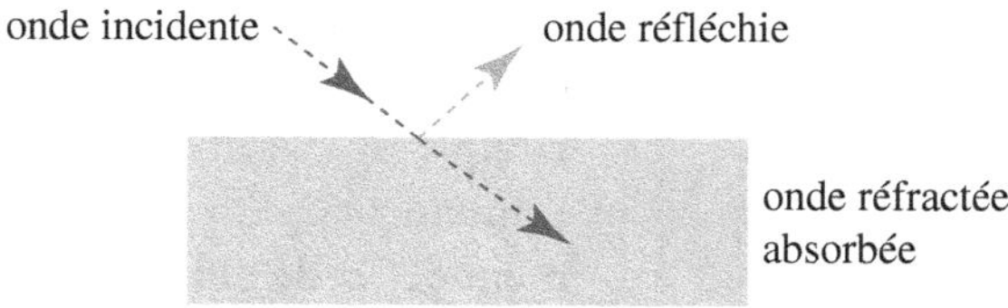

Figure 3.31 – *Phénomène d'absorption d'une onde sonore incidente.*

Le coefficient d'absorption, défini par Sabine, exprime le rapport de l'énergie absorbée à l'énergie incidente :

$$\alpha = \frac{\text{énergie absorbée}}{\text{énergie incidente}}$$

coefficient compris entre 0 (aucune absorption) et 1 (absorption totale). Il dépend de la fréquence et permet d'évaluer les propriétés d'absorption des matériaux.

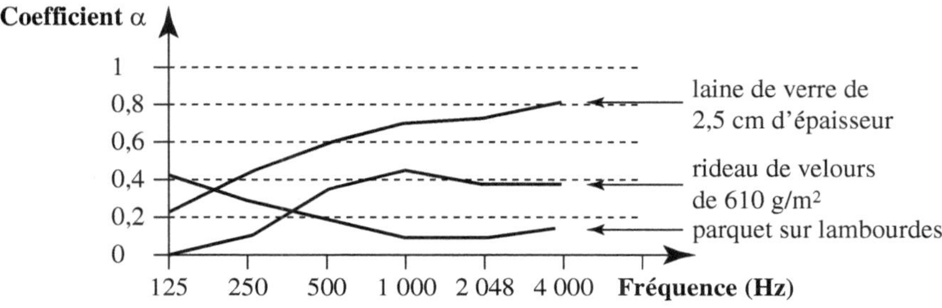

Figure 3.32 – *Coefficient d'absorption de trois matériaux.*

Tous les matériaux absorbants se répartissent en pratique selon trois grandes familles : les matériaux poreux, les résonateurs du type Helmholtz et les résonateurs à diaphragme.

Les matériaux poreux. Ce sont les plus courants. Ils présentent une multitude de petites cavités qui communiquent entre elles et dans lesquelles les ondes sonores peuvent circuler (laine de verre, de pierre, moquette, tissus, fibres). Ils absorbent principalement l'énergie des **fréquences élevées** au-delà de 1 000 Hz par effet de viscosité et de résistance frictionnelle.

L'épaisseur du matériau intervient également dans l'absorption des fréquences plus basses. Cette absorption est maximale pour une épaisseur au moins égale à 1/4 de la longueur d'onde. Une épaisseur de 0,85 m de panneaux de laine de roche suspendus présentent une absorption efficace à 100 Hz (longueur d'onde : 3,40/4 = 0,85 m). On parle de « Bass Trap ».

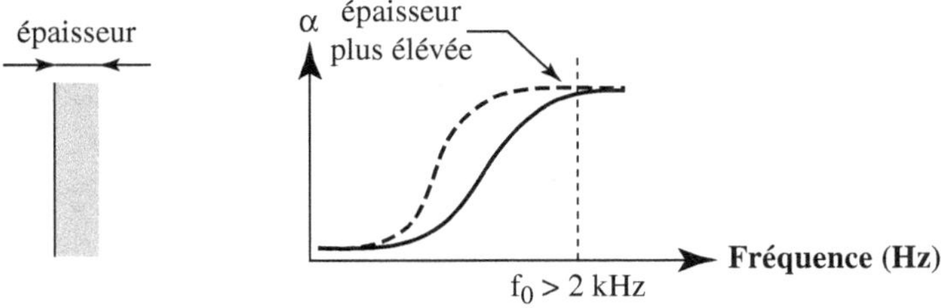

Figure 3.33 – *Allure générale de la courbe d'absorption d'un matériau poreux.*

Les résonateurs du type Helmholtz. Le résonateur de Helmholtz est composé d'une cavité à paroi rigide qui communique avec l'extérieur par une ouverture possédant un col. L'air enfermé joue comme un ressort sur les ondes dont la longueur d'onde est grande devant les dimensions de la cavité. Par frottement, il y a absorption à la fréquence de résonance. Ce résonateur est fréquemment utilisé pour l'absorption des **fréquences médiums,** de 250 à 2 000 Hz.

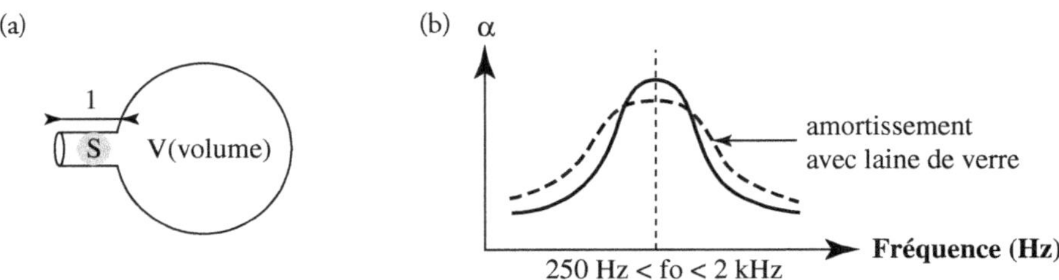

Figure 3.34 – *(a) Résonateur d'Helmholtz.*
(b) Allure de la courbe d'absorption.

La fréquence de résonance (d'absorption maximale) est donnée par la formule :

$$\mathbf{fo} = \frac{c}{2\pi}\sqrt{\frac{S}{V.1}}$$

où V = volume (m^3)
et 1 et S = longueur et section du col (m et m^2).

Les cabines d'enregistrement sont souvent équipées de volumes de plusieurs mètres cubes qui communiquent par une ouverture et dans lesquels sont suspendus des panneaux absorbants (souvent de laine de roche). De tels volumes « travaillent » dans les basses fréquences. Il s'agit d'une autre forme de « Basse Trap ».

Les résonateurs à diaphragmes. Ce sont des membranes (bois de contreplaqué, toile épaisse) fixées sur des cadres rigides qui les maintiennent à une certaine distance de la paroi. Sous l'effet de l'onde incidente, le diaphragme se met à vibrer à la fréquence de résonance de l'ensemble, constitué par l'air enfermé à l'arrière de la membrane et la membrane elle-même. L'air joue également ici le rôle d'un ressort. De la laine minérale placée sur la paroi permet d'amortir la résonance du système. Ce résonateur est très efficace aux **basses fréquences.**

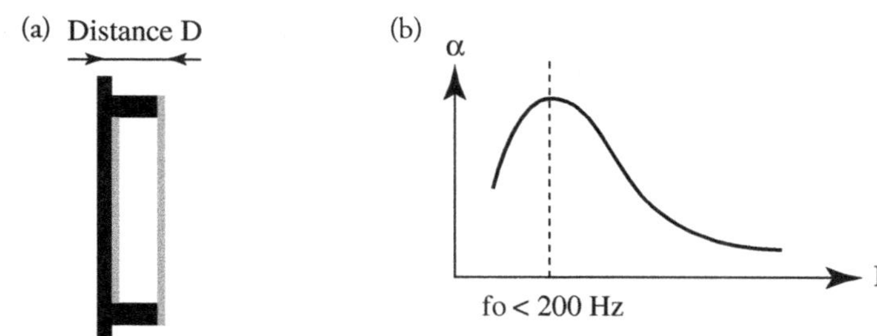

Figure 3.35 – *(a) Résonateur à diaphragme.*
(b) Allure générale de la courbe.

La fréquence de résonance fo est donnée par la formule simplifiée :

$$\mathbf{fo} = \frac{600}{\sqrt{m.D}}$$

où m = masse par unité de surface (kg/m^2)
et D = distance entre le mur et la membrane (cm).

L'augmentation de la distance et/ou de la masse du matériau diminue la fréquence de résonance.

En pratique, les trois types d'absorption que nous venons de décrire sont souvent combinés en un seul, composé, par exemple, d'une membrane perforée recouverte d'un matériau poreux.

Champ direct, champ réverbéré

Définition

Dans une salle, les chemins parcourus par l'onde sonore entre la source et l'auditeur sont infinis. Si une source S émet une impulsion sonore, un auditeur ou un micro-phone situé à une certaine distance reçoit successivement :

- l'onde directe avec la réflexion provenant du sol ;
- la première réflexion 1 qui a suivi le plus court chemin ;
- les réflexions 2, 3 qui sont de plus en plus rapprochées entre elles avec une énergie qui diminue avec la distance parcourue, le nombre de réflexions et la nature des matériaux rencontrés ;
- les innombrables réflexions qui deviennent indissociables et qui forment le **champ diffus**.

Par conséquent, à l'emplacement de notre auditeur ou du microphone, deux champs sonores se superposent, pour former le *champ global* dans la salle :

- le **champ direct** ou **son direct** comprenant l'onde directe ;
- le **champ réverbéré** comprenant les premières réflexions et le champ diffus.

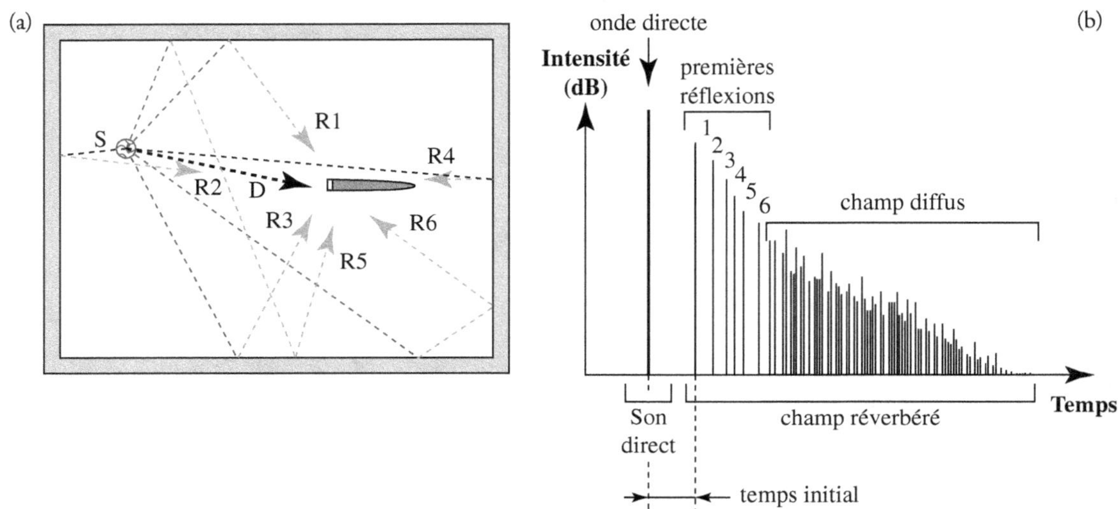

Figure 3.36 – *(a) Mode de propagation de l'impulsion sonore.*
(b) Distribution temporelle d'une impulsion.

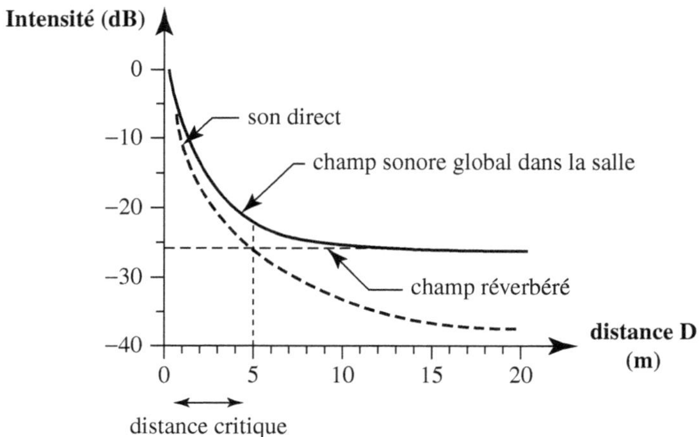

Figure 3.37 – *Allure du champ sonore global en milieu réverbérant en fonction de l'éloignement de la source.*

Sur la figure 3.37, la courbe en trait continu représente l'intensité du champ sonore global pour différentes distances de la source. Alors que l'intensité du champ direct décroît environ de 6 dB par doublement de distance, l'intensité du champ réverbéré reste, elle, constante.

La décroissance du champ direct est importante dans les tout premiers mètres. La distance à laquelle l'intensité du champ direct est identique à celle du champ réverbéré est appelée « distance critique ».

Aspect perceptif

1. Rôle de l'onde directe. L'onde directe, y compris souvent la réflexion du sol, nous renseigne sur la localisation, les dimensions et le timbre de la source sonore.

2. Rôle du retard de la première réflexion. Le temps écoulé entre l'onde directe et la première réflexion d'une paroi (appelé « temps initial ») donne des informations sur les dimensions de la salle. Plus la salle est grande, plus le temps initial est élevé.

3. Rôle des premières réflexions et du champ diffus. Les premières réflexions suivent l'onde directe à moins de 50 ms (paroi à moins de 8,5 m) et enrichissent le timbre de la source sonore. Le champ diffus apporte ampleur et volume sonore. Les premières réflexions et celles du champ diffus ne nuisent pas à la localisation de la source. On l'explique par l'une des propriétés de la perception nommée « effet d'antériorité » ou « effet Haas ».

4. L'effet d'antériorité. Considérons un orateur dont la voix est amplifiée par un haut-parleur. Quand on éloigne progressivement le haut-parleur, l'orateur reste parfaitement localisé tant que le décalage temporel entre le haut-parleur et la voix est inférieur à 50 ms, même pour un niveau d'amplification supérieur de 10 dB.

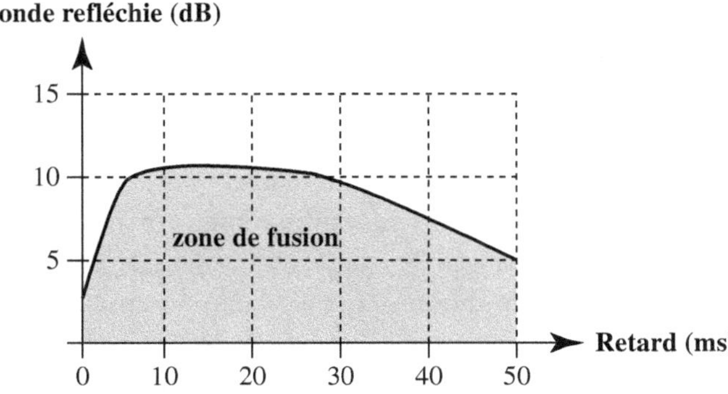

Figure 3.38 – *Effet d'antériorité : l'intensité de l'onde réfléchie peut être de 10 dB supérieure entre 10 et 30 ms.*

Dans une salle, toutes les réflexions arrivant à moins de 50 ms après l'onde directe ne sont pas prises en compte dans la localisation de la source et fusionnent avec l'onde directe. Le niveau de l'onde réfléchie peut même être supérieur à l'onde directe de 10 dB entre 10 et 30 ms. Il délimite la **zone de fusion**. Il se produit un verrouillage de la localisation sur le premier son tant que le niveau du son réfléchi se situe à l'intérieur de cette zone. Pour une valeur inférieure à 1 ms, l'oreille effectue une localisation de sommation (voir chapitre 4). Pour une valeur supérieure à 50 ms, la fusion ne se fait plus et l'oreille perçoit un écho (voir page 47).

5. Rapport son direct/champ réverbéré ; les plans sonores. Le rapport de l'intensité du son direct à celle du champ réverbéré permet d'apprécier l'éloignement d'une source sonore. Ce rapport est appelé « grossissement » et définit les plans sonores.

$$\textbf{Grossissement} = \frac{\text{intensité du son direct}}{\text{intensité du champ réverbéré}} = \frac{Sd}{Sr}$$

La distance apparente d'une source sonore, pour un observateur, fait appel à la notion de profondeur sonore. On ne localise plus un point mais un plan sonore qui est le lieu géométrique des points pour lesquels nous percevons, à l'audition, une impression d'égale distance, donc un grossissement identique. En prise de son, l'application est immédiate.

• Lorsque l'on approche un microphone d'une source sonore, le rapport Sd/Sr augmente : les sons réfléchis peuvent être négligés par rapport au son direct, et la source sonore sera perçue comme au travers d'une loupe et les moindres défauts seront audibles. On remarquera une dureté de l'attaque, une accentuation des bruits secondaires parasites. On percevra de manière exagérée le souffle de la voix, les bruits mécaniques des instruments. La surface de la source nous échappera. Les moindres nuances seront accusées, leurs proportions seront exagérées. On en perdra la vue d'ensemble. Il s'agit d'un gros plan.
Si la distance microphonique diminue encore, on atteint un très gros plan, une voix se rapproche du tympan de notre oreille. Pierre Schaeffer écrit : « L'auditeur a l'impression d'être comme habité par la voix de celui qui parle. » On peut obtenir des effets accentués avec des instruments de musique ou par le jeu des comédiens : voix intérieure, voix de Dieu ou celle du diable.
• Au contraire, lorsque l'on éloignera suffisamment le microphone de la source sonore, le son direct pourra être négligé par rapport aux sons réfléchis et Sd/Sr tendra vers zéro. La source sonore sera vue dans son ensemble, au détriment des points de détail, de la même façon qu'un myope saisit une image : la source sonore perdra de sa présence, la voix perdra de son intelligibilité, les timbres seront altérés et la couleur du lieu apparaîtra progressivement. On parle, dans ce cas, de « plan d'ambiance ».

- Lorsque le microphone se situera entre ces deux extrêmes, Sd/Sr sera de l'ordre de l'unité, l'énergie du son direct sur la membrane du microphone sera égale à celle du champ diffus. L'impression de ce plan sonore correspond à une impression de présence naturelle sans déformation apparente des dimensions de la source sonore. On parle, dans ce cas, de « plan moyen ».

Le tableau suivant résume l'ensemble des notions déterminant les plans sonores et les grandeurs apparentes d'une source sonore et d'un lieu.

Relations entre les plans sonores et les grandeurs apparentes des sources et des lieux.

S d / S r	Plans sonores	Grandeur apparente de la source	Grandeur apparente du lieu
-> ∞	Très gros plan gros plan	Supérieure à la réalité	Inexistante
-> 1 (distance critique)	Plan moyen plan normal	Normale	Normale
-> 0	Plan éloigné plan d'ambiance	Inférieure à la réalité	Exagérée

6. L'effet d'écho et *flutter echo*. L'écho (du nom de la déesse grecque Echo) se produit lorsque l'onde réfléchie est perçue après la zone de fusion, c'est-à-dire au-delà de 50 ms. L'oreille distingue alors deux sons décalés dans le temps.

La différence de distance parcourue par l'onde directe et la réflexion doit être supérieure à 2 × 8,5 m. Si les réflexions se poursuivent, il peut même y avoir formation d'échos répétés.

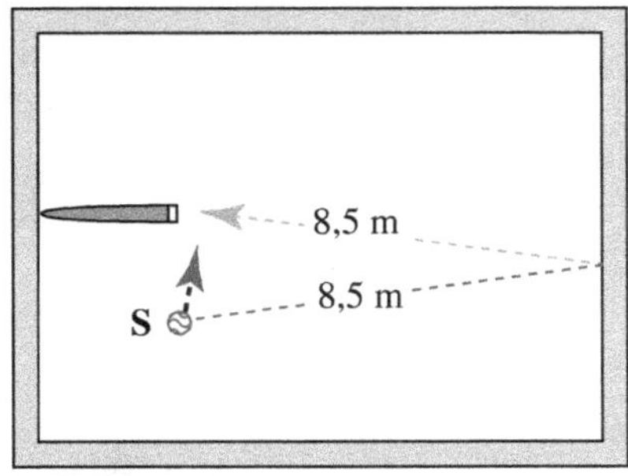

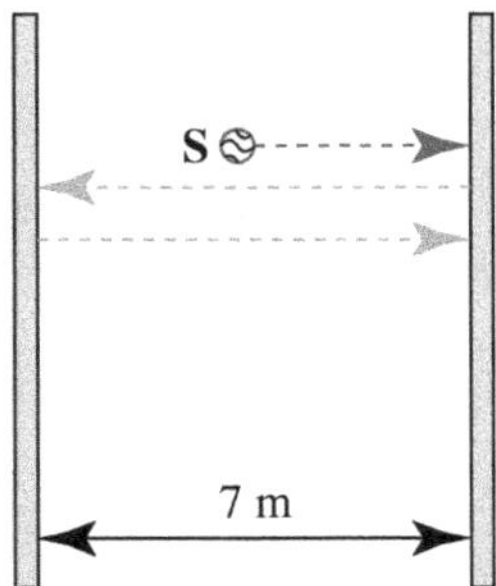

Figure 3.39 – *Écho franc.*　　　　　Figure 3.40 – *Échos successifs,* flutter echo.

Des allers-retours successifs de l'onde sonore entre deux parois réfléchissantes et parallèles produisent un effet de *flutter echo*. Ces échos rapides et répétés (effet de mitraillette) apparaissent nettement en présence d'impulsions très brèves (claquement de mains) et leur importance est liée au degré d'absorption des parois.

Les ondes stationnaires

Les ondes stationnaires se produisent en présence d'une source sonore située entre deux parois parallèles réfléchissantes. Elles se traduisent par des renforcements et des annulations de l'énergie sonore entre les deux parois à certaines fréquences.

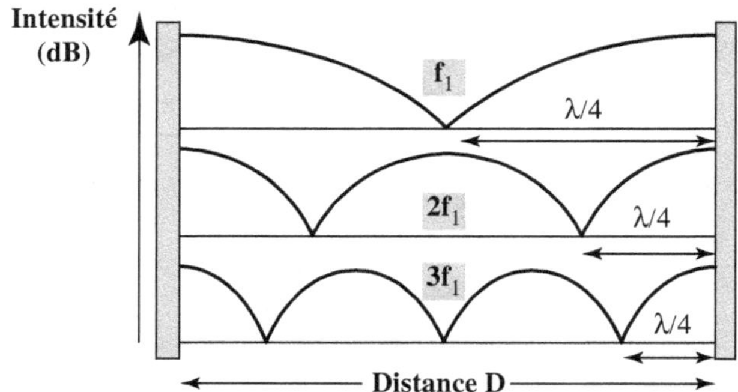

Figure 3.41 – *Ondes stationnaires entre deux parois rigides et réfléchissantes.*

La longueur d'onde de la fréquence la plus basse, appelée « fondamentale », est égale à deux fois la distance qui sépare les parois. Les autres fréquences sont des multiples entiers du fondamental : 2 f, 3 f, et sont appelées « fréquences propres » ou « **fréquences de résonance** ». Deux murs distants de 4 m engendrent une fréquence de résonance à 42,5 Hz, puis à 85 Hz, 170 Hz…

Il y a toujours création d'un **ventre de pression** (pression maximale) sur chaque paroi et d'un **nœud de pression** (annulation de pression) à mi-chemin entre les deux ventres. Un auditeur placé à mi-chemin entre les parois perçoit la fréquence fondamentale avec un affaiblissement considérable. C'est précisément l'emplacement de l'ingénieur du son dans certaines cabines aux surfaces quelquefois parallèles.

> La distance entre les deux nœuds ou deux ventres de pression est $\lambda/2$.
>
> La distance entre un nœud et un ventre de pression est $\lambda/4$.

Dans une salle parallélépipédique, chaque couple de parois parallèles présente des fréquences propres appelées « fréquences axiales ». Ces fréquences se combinent entre elles pour former d'autres résonances nommées « fréquences tangentielles » et « obliques », et nuisent évidemment à l'homogénéité acoustique d'une salle.

Les ondes stationnaires aux fréquences basses, bien présentes dans les petits locaux, rendent toujours difficile la réalisation d'une acoustique homogène, en particulier dans les cabines de prise de son.

La réverbération

Définition

La réverbération est la persistance du son dans une salle après l'extinction de la source. Elle est due aux très nombreuses réflexions des ondes sonores.

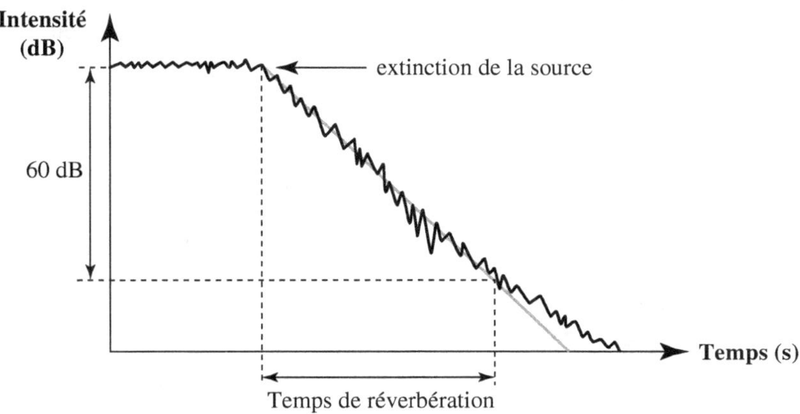

Figure 3.42 – *Décroissance du son réverbéré après extinction de la source et temps de réverbération.*

Par convention, le **temps de réverbération** est la durée que met l'intensité d'un son pour décroître de 60 dB après l'extinction de la source :

- pratiquement, le temps de réverbération d'une salle peut être estimé à l'écoute d'un simple claquement de main ;
- expérimentalement, il peut être mesuré par plusieurs méthodes : par la méthode impulsionnelle ou par le tracé de la décroissance obtenue sur un banc de mesure ;
- théoriquement, le temps de réverbération prévisionnel peut être calculé par différentes formules dont la plus simple reste la formule de Sabine :

$$T_{R_{60}} = \frac{0{,}161\,V}{S\alpha}$$

où V = volume de la salle (m^3)
et $S\alpha$ = aire d'absorption de la salle (somme de toutes les surfaces de la salle multipliées par leur coefficient d'absorption respectif) (m^2).

Cette formule n'est valable que pour des salles peu absorbantes, présentant un grand nombre de réflexions, car en extérieur $\alpha = 1$, et la formule ne nous donne pas un temps de réverbération nul. Pour des salles plus absorbantes, les formules d'Eyring ou de Millington sont mieux appropriées.

Le temps de réverbération optimal

Plusieurs auteurs proposent des valeurs ou des zones de valeurs optimales de temps de réverbération en fonction du volume et de l'utilisation souhaitée de la salle. La figure 3.43 met bien en évidence le bon choix du temps de réverbération selon la nature du message sonore. Pour des églises, le temps de réverbération peut même dépasser les valeurs indiquées. On comprend également mieux le succès croissant des salles dont l'acoustique varie par modification du volume et des revêtements muraux.

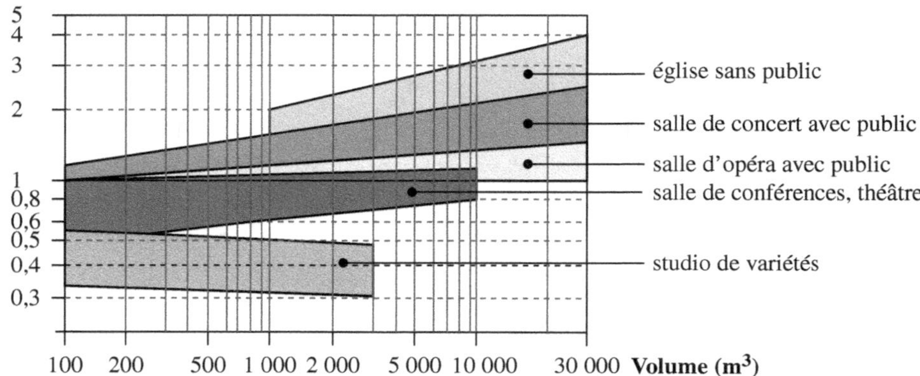

Figure 3.43 – *Zones de temps de réverbération optimale en fonction du volume de la salle.*

Taux d'intelligibilité

On constate qu'à volume égal, le temps de réverbération d'un théâtre, d'une salle de conférences doit être plus faible que celui d'une salle de musique : la réverbération nuit en effet à l'intelligibilité du signal.

On détermine le taux d'intelligibilité en lisant à des auditeurs une série de syllabes appelées « logatomes » : vaz, der, ssik, dir, mud, top, pèf… L'intelligibilité est le rapport du nombre de logatomes correctement perçus au nombre total de logatomes émis. La figure 3.44 montre que l'intelligibilité semble optimale pour 1,2 s indépendamment du volume de la salle.

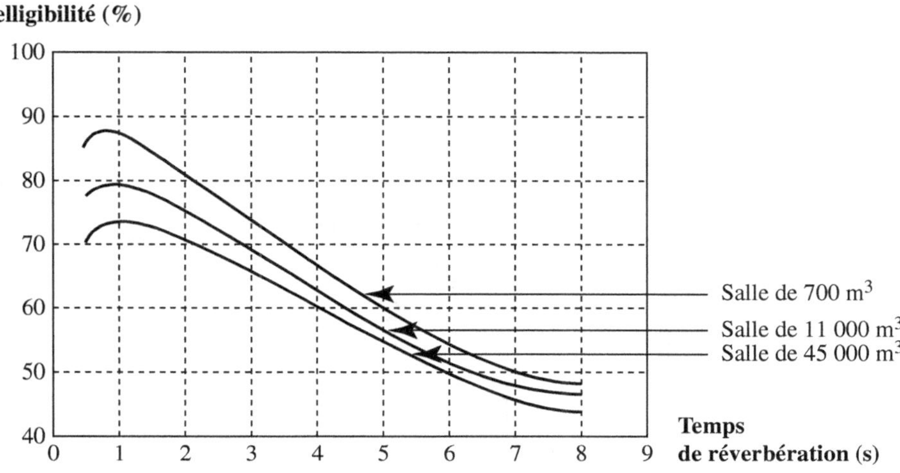

Figure 3.44 – *Taux d'intelligibilité en fonction du temps de réverbération.*

Allure de la réverbération

Une trop longue réverbération nuit à la clarté des sons émis, qu'ils soient musicaux ou parlés : les sons transitoires caractéristiques sont masqués par le prolongement des sons. La présence de nombreux éléments réflecteurs de toutes tailles et de toutes formes donne toujours une grande homogénéité acoustique. Elle se traduit notamment par une décroissance lissée de la réverbération due à une répartition homogène de l'énergie (voir figure 3.45a). On se méfiera d'une salle qui présente un temps de réverbération identique, mais avec de profondes irrégularités de décroissance dues à une acoustique peu homogène, par exemple mauvaise diffusion, ondes stationnaires, échos, etc. (voir figure 3.45b).

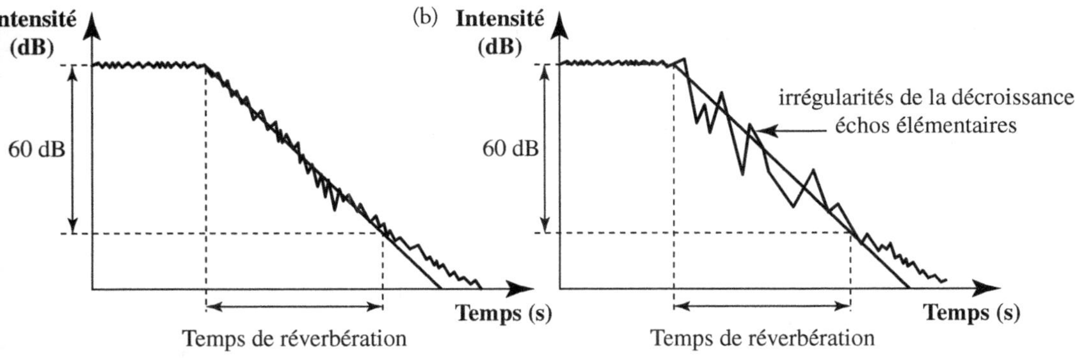

Figure 3.45 – *(a) Temps de réverbération dans une salle diffusante.*
(b) Et dans une salle peu diffusante.

L'allure du temps de réverbération en fonction de la fréquence est important. La remontée dans les basses fréquences est auditivement favorable car elle compense :

• le manque de sensibilité de l'oreille aux fréquences basses ;
• le manque de rayonnement énergétique des instruments à registre grave.

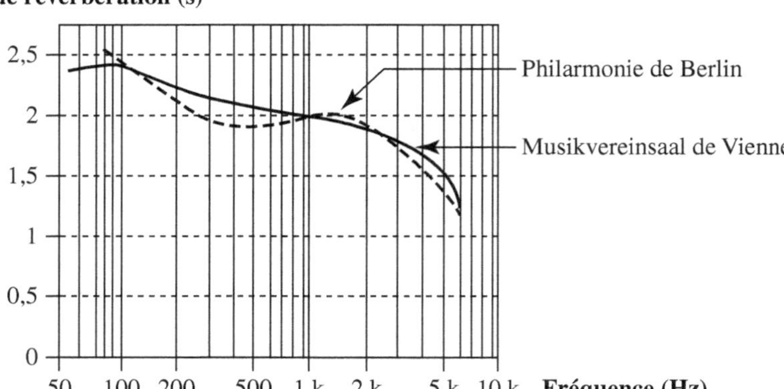

Figure 3.46 – *Courbe de réverbération de deux salles de concert.*

La distance critique

La distance critique est l'ensemble des points (lieux géométriques) où l'énergie du son direct est égale à celle du champ réverbéré. Si l'on connaît le temps de réverbération moyen de la salle, les courbes théoriques de la figure 3.47 donnent une assez juste idée de ce que sera la distance critique d'un lieu. On remarque que plus la réverbération est élevée, plus la distance est faible.

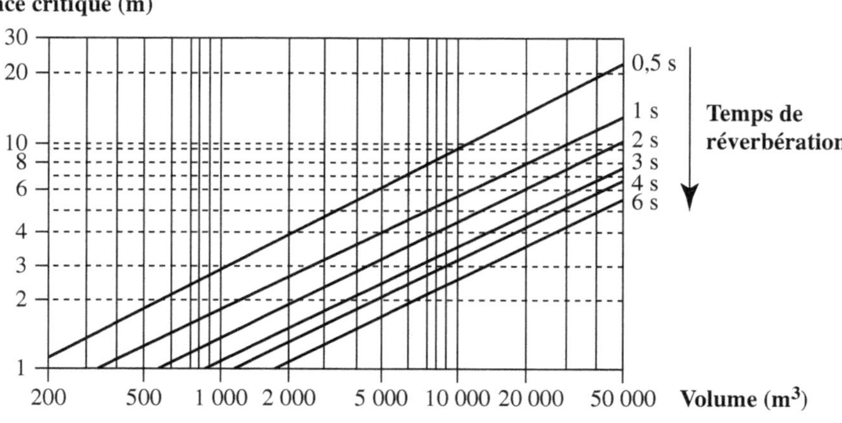

Figure 3.47 – *Variation de la distance critique en fonction du volume pour des temps de réverbération différents.*

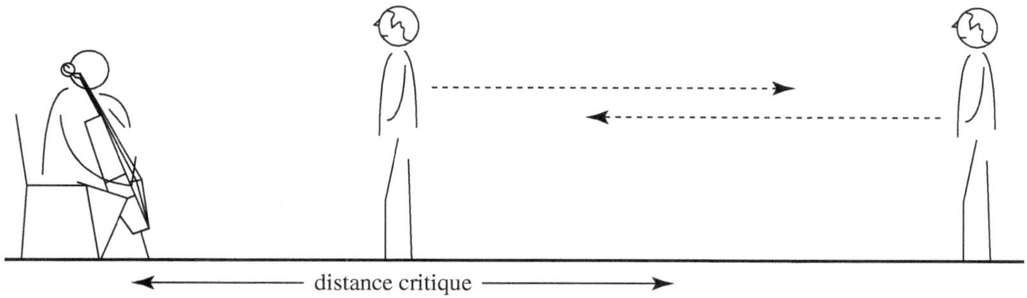

Figure 3.48 – *Méthode pratique d'estimation de la distance critique.*

Elle peut également être estimée auditivement. L'exercice consiste à écouter une source sonore et à reculer jusqu'à percevoir l'acoustique du lieu. Puis, d'une plus grande distance, se rapprocher jusqu'à percevoir une remontée assez nette du niveau du son direct. À la valeur moyenne de ces deux approches correspond la distance critique (voir figure 3.37)

Caractéristiques de quelques salles

Citons quelques salles de concert données en exemple pour la musique symphonique et qui satisfont aux différents critères étudiés.

Caractéristiques de quelques prestigieuses salles de concert.

Salles	Volume	Capacité	Tr moyen (500-1 000 Hz)
Musikvereinssaal à Vienne (1870)	14 600 m³	1 680 places	2,05 s
Concertgebouw à Amsterdam (1887)	18 700 m³	2 206 places	2,0 s
Symphonie Hall à Boston (1900)	18 740 m³	2 631 places	1,8 s
Philharmonie à Berlin (1963)	26 000 m³	2 218 places	2,0 s
Philharmonie à Munich (1986)	32 000 m³	2 500 places	2,1 s

Les critères objectifs et subjectifs d'évaluation d'une salle

De nombreux critères subjectifs permettent de définir la qualité acoustique d'une salle parmi lesquels :

• l'intimité et la présence, pour définir l'impression de petite salle ;
• la vie, pour définir la réverbération aux moyennes et hautes fréquences ;
• la définition, la brillance, pour définir le degré de distinction des sons…

Certains de ces critères peuvent être associés à des critères parfaitement objectifs, donc mesurables. Citons brièvement les trois groupes les plus connus.

Le groupe des temps de réverbération

Le temps de réverbération est sans doute le critère le plus connu (voir figure 3.49a). Le temps de décroissance du son sur les 10 premiers dB (*Early Decay Time*, EDT) précise si la pente du temps de réverbération est régulière ou non (voir figure 3.49b).

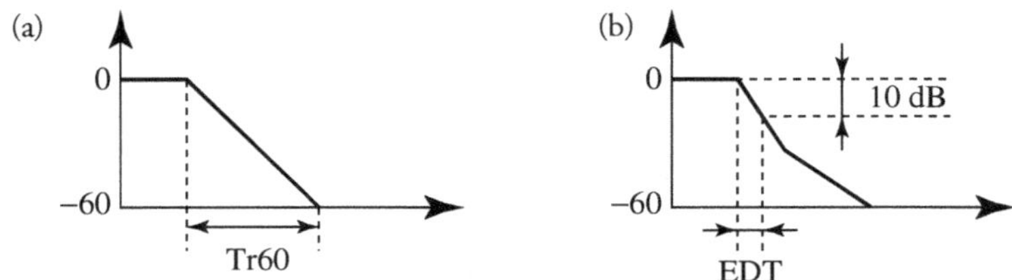

Figure 3.49 – *(a) Temps de réverbération théorique.*
(b) Pente de réverbération irrégulière.

Le groupe de la clarté

Ces critères concernent la répartition temporelle de l'énergie réverbérée et caractérisent plus particulièrement l'importance des premières réflexions par rapport aux réflexions du champ diffus. Le plus connu est le critère de clarté : rapport entre l'énergie contenue dans les 50 ms de décroissance et l'énergie au-delà de 50 ms jusqu'à l'extinction – il s'agit du C 50. On définit d'une façon identique le critère C 80 sur 80 ms.

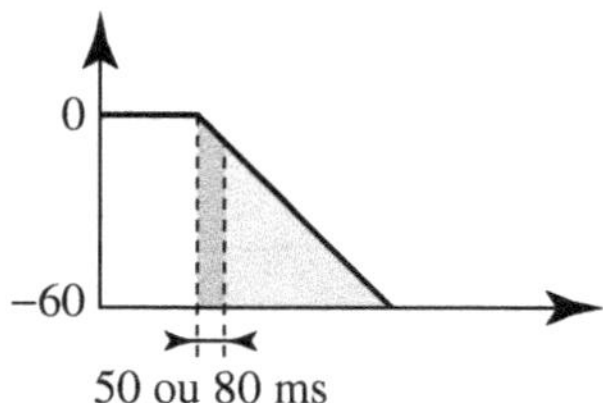

Figure 3.50 – *Critère de clarté.*

Un critère de plus en plus utilisé aujourd'hui pour caractériser le degré d'intelligibilité des salles est le RASTI *(RApid Speech Transmission Index)*. L'équipement mesure et définit le degré d'intelligibilité de la parole dans une salle, sur la base de deux octaves, l'une centrée sur 500 Hz pour quatre fréquences de modulation et l'autre sur 2 kHz pour cinq fréquences de modulation. Le degré d'intelligibilité est compris entre 1 et 0. Il est considéré comme excellent (0,86 à 1), bon (0,6 à 0,76) ou mauvais (0,20 à 0,30).

Le groupe de la spatialisation

La spatialisation est associée à l'écoute binaurale. Parmi les nombreux critères utilisés, on peut citer :

- le coefficient d'intercorrélation binaurale (*Inter Aurai Cross Correlation*, IACC), qui mesure le degré de corrélation (de ressemblance) des signaux perçus par chaque oreille ;
- le coefficient d'efficacité latérale (*Lateral Efficiency*, LE), rapport de l'énergie des 80 premières millisecondes captées par un microphone bidirectionnel sur l'énergie au-delà des 80 ms captées par un microphone omnidirectionnel.

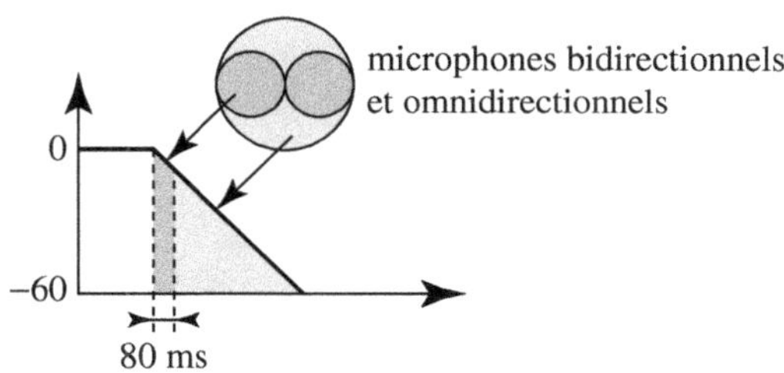

Figure 3.51 – *Critère d'efficacité latérale.*

Chapitre 4

Perception de l'espace sonore

1. La perception naturelle binaurale

La perception naturelle de l'espace sonore passe par le positionnement des sources qui nous entourent et que l'on nomme « localisation ». Localiser une source, c'est déterminer sa direction, donc son azimut et sa hauteur (élévation), puis la distance à laquelle elle se trouve, donc sa profondeur.

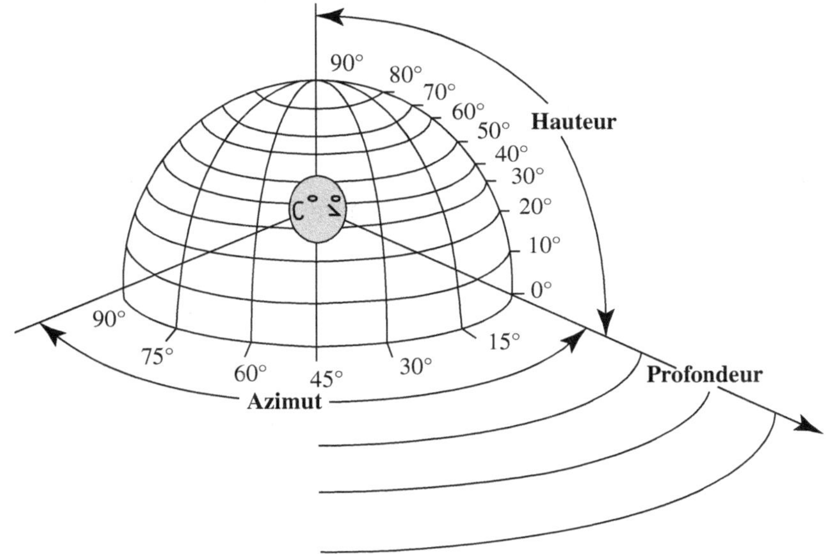

Figure 4.1 – *La localisation naturelle.*

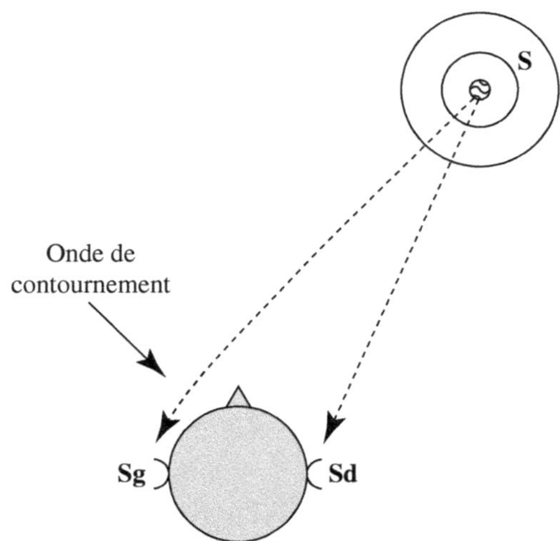

Figure 4.2 – *La localisation naturelle latérale.*

Une onde acoustique issue d'une source S parvient aux oreilles de l'auditeur en deux signaux :

- Sd arrivant directement à l'oreille droite ;
- Sg arrivant à l'oreille gauche (opposée à la source), appelée « onde de contournement » (voir figure ci-dessus).

Différence de temps d'arrivée des signaux

L'assimilation de la tête à une sphère de rayon r définit la différence de temps d'arrivée des signaux provenant d'une source sonore suffisamment éloignée en fonction de son angle d'incidence.

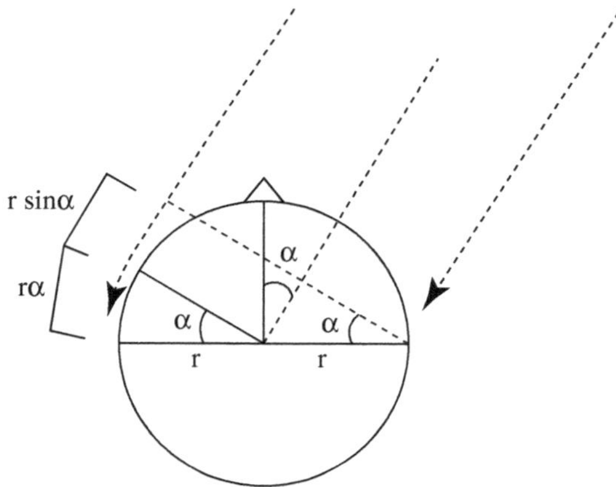

Figure 4.3 – *Parcours supplémentaire de l'onde de contournement.*

La distance supplémentaire parcourue par l'onde de contournement est égale à :

$$R\,\alpha + r\sin\alpha$$

d'où une différence de temps d'arrivée de :

$$\Delta t = \frac{r(\alpha + \sin\alpha)}{c}$$

Avec r = 8,75 cm et c = 340 m/s, on constate une bonne cohérence entre les résultats théoriques et les résultats expérimentaux.

Une source sonore située à 90° (localisation latérale extrême) est perçue avec une **différence de temps** de 0,65 ms, valeur que nous retiendrons pour tout signal complexe.

$$\Delta t_{max} = 0,65 \text{ ms}$$

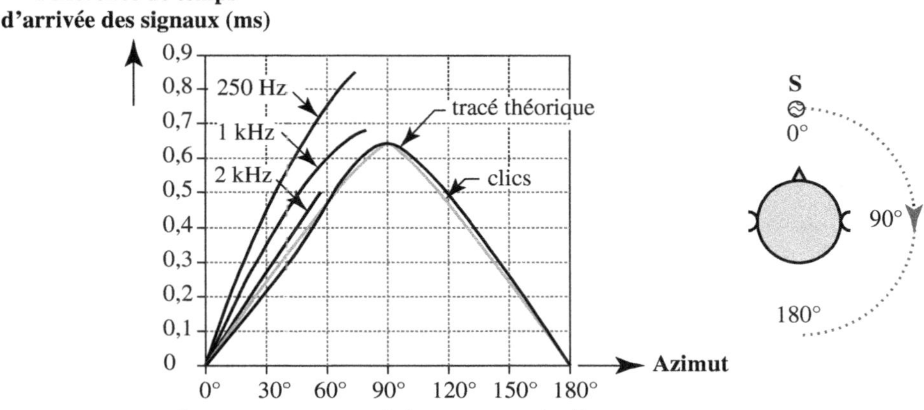

Figure 4.4 – *Différence interaurale de temps d'arrivée en fonction de l'azimut de la source. Courbe théorique et courbes expérimentales de Mertens (sons purs) et de Federson (clics).*

Différence d'intensité des signaux

La tête, de par sa morphologie, constitue un obstacle à l'onde sonore. Sa texture, la forme du pavillon et du canal auditif, le tympan provoquent des phénomènes de diffraction et d'absorption, d'où un filtrage en fréquence qui dépend de la position de la source sonore. La complexité de ce filtrage est telle qu'il n'existe à ce jour aucune modélisation mathématique vraiment sérieuse. La figure 4.5 montre, pour une source sonore se déplaçant de 0° à 180°, les différences d'intensité en fréquence obtenues expérimentalement.

Différence d'intensité (dB)

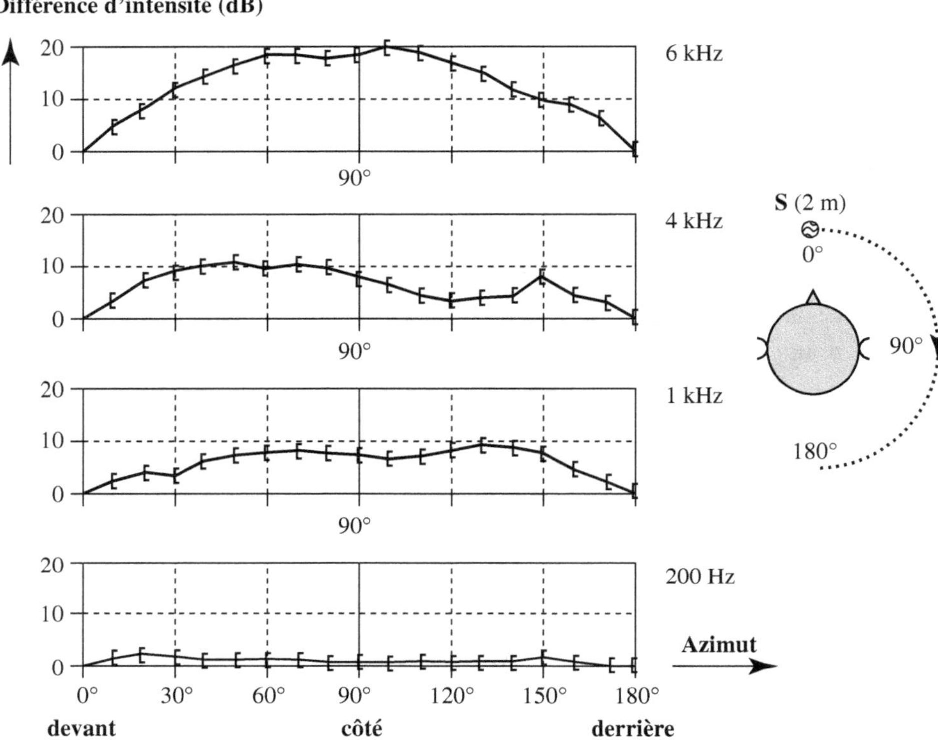

Figure 4.5 – *Évolution de la différence d'intensité en fonction de la position de la source sonore pour quatre fréquences : 200 Hz, 1 kHz, 4 kHz et 6 kHz (d'après Fedderson, Sandel, Teas et Jefress).*

Pour chaque position de la source sonore, la différence d'intensité perçue par chaque oreille est fonction de la fréquence : on parle de « fonction de transfert interaurale ». Mais les différences d'intensité sont plus significatives lorsque la valeur de la longueur d'onde se rapproche de la dimension de la tête, donc pour des fréquences supérieures à 250 Hz.

L'homme mémoriserait au cours de sa vie une multitude de fonctions de transfert interaurales correspondant à des directions différentes. Les filtrages mémorisés viendraient s'ajouter au spectre de la source et permettraient notamment de lever l'ambiguïté de localisation entre l'avant et l'arrière, le hauts et le bas. Les petits mouvements instinctifs de la tête précisent encore la localisation en donnant à l'auditeur plusieurs fonctions de transfert pour chaque source sonore.

À partir d'un son complexe, par exemple celui d'une voix parlée (voir figure 4.6), l'évolution de la différence d'intensité moyenne mesurée expérimentalement en fonction de l'angle d'incidence est donnée figure 4.7. On constate que, pour des angles compris entre 0° et 50°, la différence d'intensité moyenne est pratiquement proportionnelle à la valeur de l'angle. On remarque une **différence maximale d'intensité** d'environ 7 dB, dès que la source atteint 60° et non 90°.

$$\Delta I_{max} = 7 \text{ dB}$$

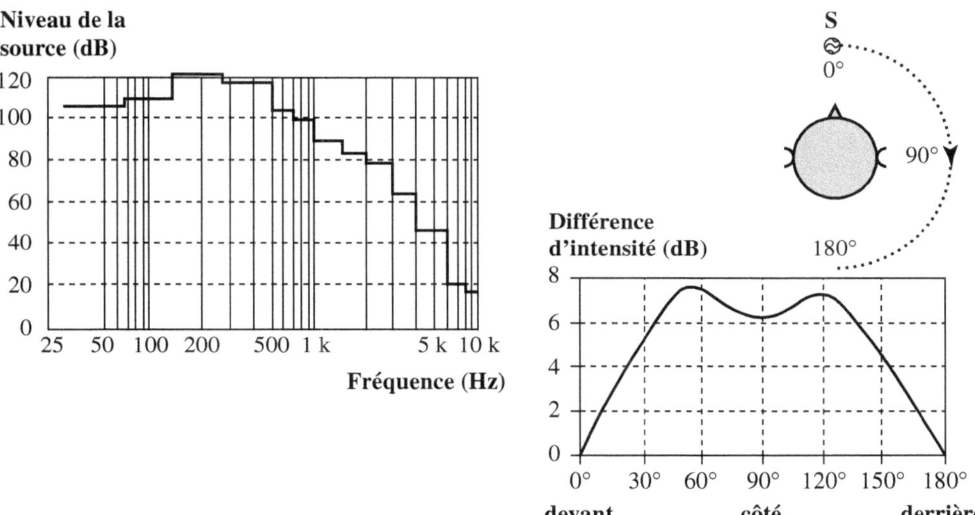

Figure 4.6 – *Spectre de la voix parlée masculine.*

Figure 4.7 – *Évolution de la différence d'intensité en fonction de l'angle de la source (d'après de Boer).*

Précision de la localisation

Le seuil minimal de discrimination angulaire audible dans l'axe est de 1 à 2°. Comme le montre la figure 4.8, la précision de localisation dépend également de l'angle d'incidence de la source.

La précision de localisation d'une source (ici une salve de bruit) qui se déplace autour d'un observateur décroît largement lorsqu'elle se trouve sur le côté de la tête : la source positionnée à 90° est localisée autour de 80° avec une incertitude de l'ordre de 20°.

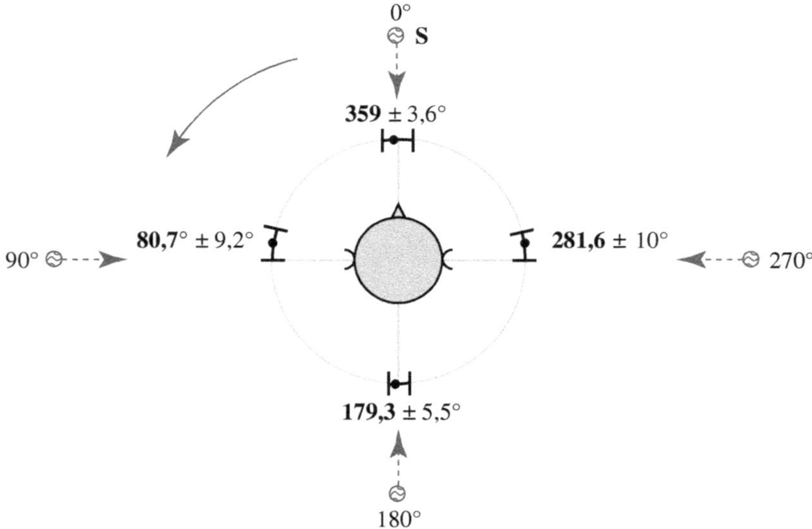

Figure 4.8 – *Différentes zones d'incertitude de localisation sur le plan horizontal. Les positions réelles des sources sont indiquées par des flèches. Les sources sont des salves de bruit blanc de 100 ms (d'après Haustein et Schirmer, 1970).*

La localisation dans le plan vertical médian

La localisation d'une source sonore est moins précise dans le plan vertical que dans le plan horizontal. Ceci est dû à des différences interaurales particulièrement réduites : seules interviennent quelques asymétries du corps humain, notamment celle des pavillons. L'incertitude de localisation atteint 15° à 20° pour une source située au-dessus de la tête.

L'expérimentation de la figure 4.9 met en évidence le rôle déterminant du spectre dans la localisation devant, dessus ou derrière. On observe que la direction apparente est imposée par la fréquence centrale de certaines zones spectrales. Les signaux au voisinage :

- de 8 kHz, semblent venir du haut ;
- de 1 kHz, semblent venir de l'arrière ;
- de 3 kHz et les fréquences basses semblent venir de face.

Cette notion peut être utilisée directement en sonorisation. Un effet d'élévation sonore peut être créé en introduisant dans la chaîne électro-acoustique une pré-accentuation à 8 kHz.

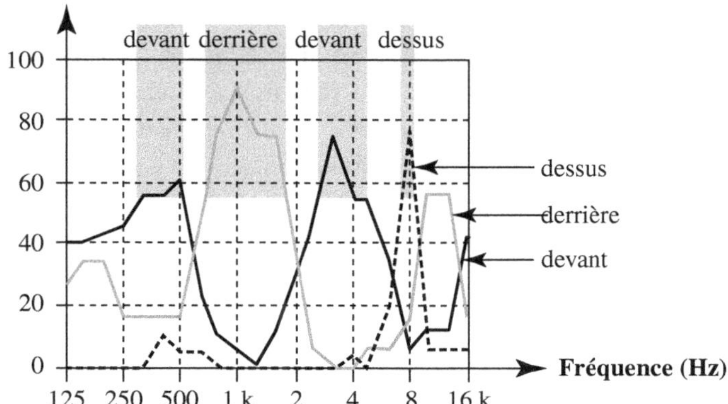

Figure 4.9 – *Probabilité relative (plus de 50 %) de réponses « devant », « dessus » et « arrière » en fonction de la fréquence centrale du signal (1/3 octave). Le signal a été présenté à 20 sujets une fois devant, une fois derrière (d'après Blauert).*

La localisation en profondeur

Trois principaux indices interviennent dans la localisation en profondeur : les variations d'intensité, le rapport du son direct au champ réverbéré et les variations spectrales typiques.

Les variations d'intensité

Lorsque l'on s'éloigne d'une source sonore, nous avons vu que l'intensité diminuait de 6 dB à chaque doublement de distance (voir chapitre 3).

Diverses expériences ont démontré que des sources sonores familières sont localisées avec plus de précision que des sources inconnues et que, dans les deux cas, ces distances sont toujours sous-estimées. L'estimation de la distance dépend également du niveau d'émission de la source. En conséquence, si l'on désire recréer artificiellement une impression de profondeur, une atténuation supérieure à 6 dB (jusqu'à 20 dB) est nécessaire pour donner l'illusion d'un doublement de distance.

Le rapport du son direct au champ réverbéré

Nous avons vu que, dans une salle, lorsqu'un auditeur s'éloigne d'une source sonore, le rapport du son direct au champ réverbéré diminue.

Le son réverbéré est constitué de multiples réflexions ; il devient rapidement homogène en tout point de la salle. En fait, seule l'énergie du son direct décroît de 6 dB à chaque doublement de distance, d'où une même décroissance du rapport son direct/ champ réverbéré. Cette décroissance relative constitue un indice de localisation en profondeur supérieur à celui de la seule décroissance du son direct. En d'autres termes, le taux de réverbération semble constituer un indice absolu du positionnement d'une source en profondeur, alors que la simple connaissance de l'intensité ne le permet pas.

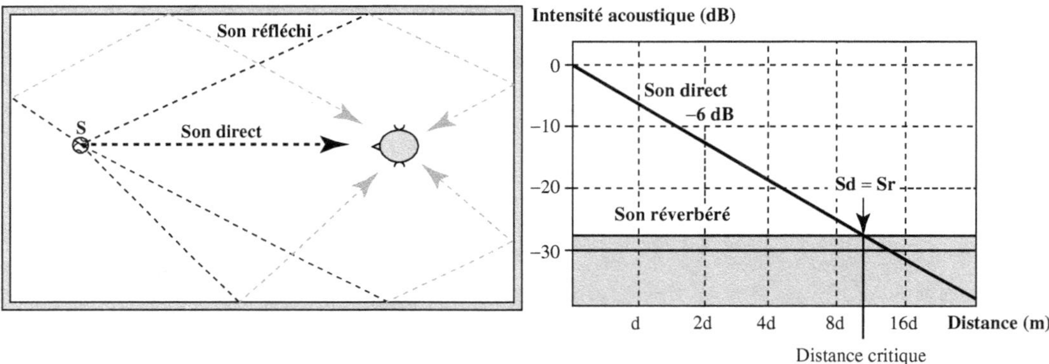

Figure 4.10 – *Mode de propagation des ondes sonores (son direct et sons réfléchis).*

Figure 4.11 – *Comportement du son direct et du champ réverbéré*

Les variations spectrales

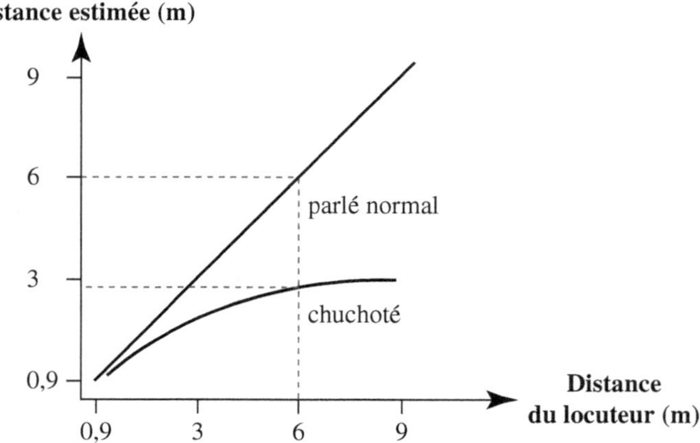

Figure 4.12 – *Estimation de la distance d'une voix masculine chuchotée ou parlée en champ libre (d'après Gardner).*

La densité spectrale d'un signal sonore varie lors de sa propagation en fonction d'une absorption inégale des fréquences graves et aiguës. Des expériences ont montré notamment, qu'en champ libre, des sons dont le contenu fréquentiel est inférieur à 2 kHz semblent plus éloignés que des sons de fréquence supérieure.

La figure 4.12 illustre les résultats de l'estimation de la distance d'une voix parlée masculine chuchotée, à spectre essentiellement aigu, comparée à celle d'une voix normale à large spectre. On constate que la perception de la distance d'une voix chuchotée est sous-estimée. On en déduit que la sensation d'une source sonore proche ou lointaine pourra être créée artificiellement par un filtrage approprié.

2. La perception binaurale au casque

Deux signaux sont transmis séparément aux oreilles de l'auditeur : l'oreille droite ne perçoit que le signal de droite, l'oreille gauche que le signal de gauche. Ce procédé d'écoute, utilisé dans de nombreuses expérimentations sur la perception, a facilité l'étude des paramètres liés à la localisation : les différences interaurales de temps et d'intensité.

Si l'écoute naturelle permet une localisation extra-crânienne des sources sonores, l'écoute au casque ne permet qu'une localisation intra-crânienne, appelée « latéralisation », le long d'une ligne fictive entre les deux oreilles. Cette restriction est due en partie à l'absence des fonctions de transfert spectrales signalées en écoute naturelle. En effet, si l'on introduit ces fonctions de transfert par l'utilisation d'une tête artificielle, la localisation extra-crânienne d'une source sonore devient possible lors de l'écoute au casque.

Différence interaurale de temps

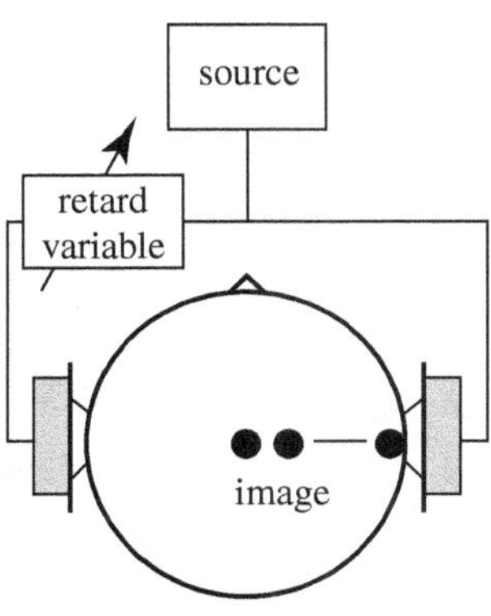

De nombreuses expérimentations ont consisté à faire entendre au casque des signaux parvenant aux oreilles avec une intensité égale, mais avec un retard variable entre les deux canaux. Si l'on présente des signaux parfaitement identiques sur les deux écouteurs, l'auditeur perçoit une image centrée à l'intérieur de la tête. Si l'on introduit un retard Δt sur le signal de gauche, l'image se déplace en direction de l'oreille droite.

Figure 4.13 – *Écoute au casque basée sur une différence interauriculaire de temps.*

La figure 4.14 montre qu'à partir de signaux impulsionnels, le déplacement de l'image est relativement linéaire jusqu'à 0,6 ms, puis tend à être latéralisé soit sur l'oreille droite, soit sur l'oreille gauche.

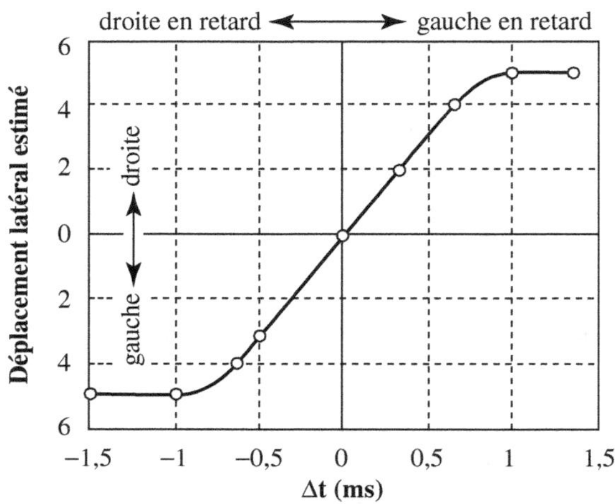

Figure 4.14 – *Déplacement latéral de l'image sonore en fonction d'une différence de temps sur des signaux complexes. 0 correspond au centre de la tête, 5 correspond à une latéralisation maximale (d'après Toole et Sayers).*

Une latéralisation extrême – localisation de l'image uniquement sur l'oreille droite – est obtenue lorsque Δt est de l'ordre de **0,7 ms**. Cette valeur équivaut en écoute naturelle à une différence de trajet de l'onde sonore de 21 cm.

$$\Delta t = 0,7 \text{ ms}$$

L'explication de cette discrimination temporelle suppose que le système auditif se déclenche au-delà d'un certain seuil du front d'attaque de chacun des signaux, et que ce seuil de déclenchement dépend du contenu spectral et de l'intensité de la source perçue.

La précision de latéralisation – la plus petite différence de temps nécessaire à un déplacement de l'image – est de **0,02 à 0,03 ms**.

Différence interaurale d'intensité

Les expérimentations ont consisté, comme précédemment, à faire entendre au casque des signaux parvenant simultanément aux deux oreilles, mais avec un niveau variable. Si l'on présente des signaux parfaitement identiques sur les deux écouteurs, l'auditeur perçoit une image centrée à l'intérieur de la tête. Si l'on introduit une différence d'intensité ΔI par l'atténuation du signal de gauche, l'image se déplace en direction de l'oreille droite.

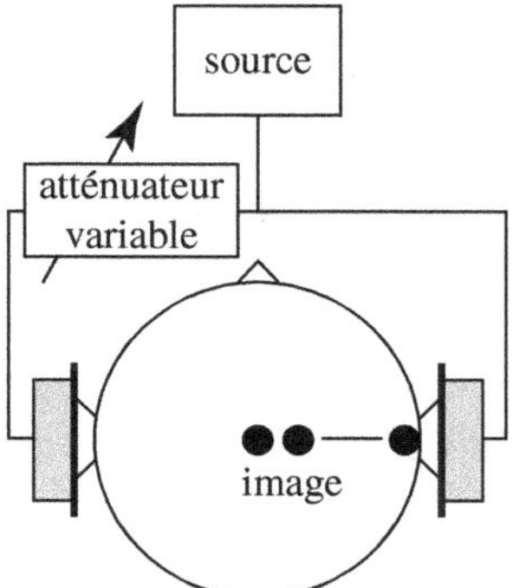

Figure 4.15 – *Écoute au casque basée sur une différence interaurale de niveau de pression.*

La figure 4.16 montre qu'à partir de signaux de bruit, le déplacement est linéaire jusqu'à une latéralisation extrême (localisation de l'image uniquement sur l'oreille droite). Cette dernière est obtenue lors d'une différence d'intensité de **8 à 10 dB**.

$$\Delta I = 8 \text{ à } 10 \text{ dB}$$

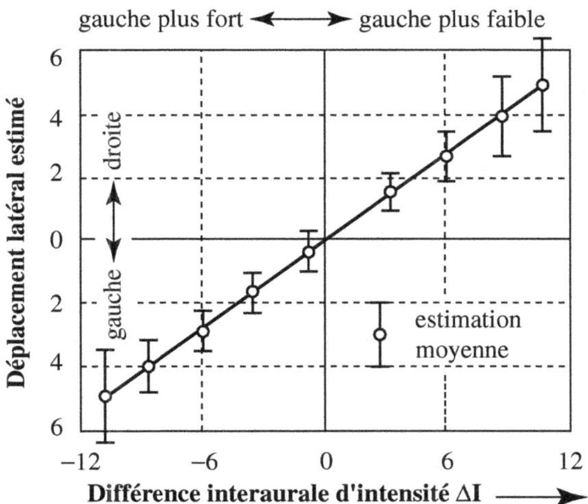

Figure 4.16 – *Déplacement latéral de l'image en fonction d'une différence interaurale d'intensité sur des signaux de bruit. 0 correspond au centre de la tête, 5 correspond à une latéralisation maximale (sur l'oreille) (d'après Sayers, 1964).*

On note toutefois que les erreurs d'appréciation augmentent avec le degré de déplacement de l'image. La précision de latéralisation, donc le plus petit changement d'intensité nécessaire à un déplacement de l'image, est de 1,5 à 2 dB. Il varie en fonction du contenu spectral du signal et de son niveau d'émission.

Interaction entre différences interaurales de temps et d'intensité

On peut se demander si une différence de temps équivaut à une différence d'intensité particulière en termes de localisation latérale. Pour le savoir, il suffit de créer un décentrage de l'image par une différence de temps et de la ramener au centre par une différence d'intensité appropriée.

De nombreuses courbes dites « de compensation » ont été obtenues à partir de différents signaux, car elles dépendent du contenu spectral et du niveau. Pour avoir un ordre de grandeur, sur des impulsions à large bande spectrale émises à 70 dB, une différence d'intensité de **12 dB** compense une différence de temps de **0,5 ms**. Dans la zone linéaire des courbes expérimentales, cela représente un rapport de **40 µs/dB**.

Blauert considère que la localisation repose sur :

- une différence d'intensité entre 20 Hz et 20 000 Hz ;
- une différence de temps ;
  - entre 20 à 1 600 Hz : le système auditif peut dissocier la structure fine du signal ;
  - entre 200 et 20 000 Hz : la périodicité de la structure fine est alors trop faible, et le système auditif se rabat sur l'enveloppe du signal.

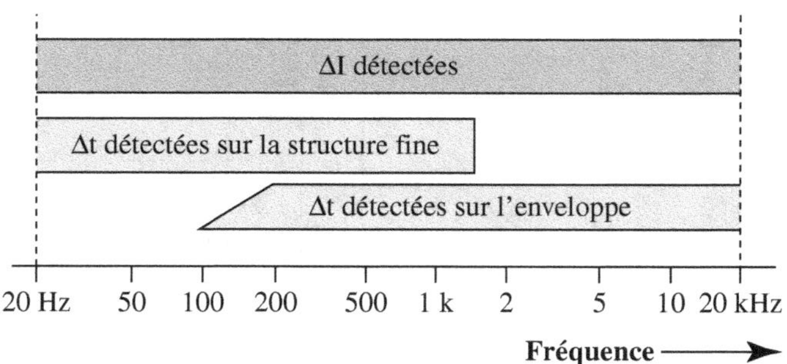

Figure 4.17 – *Zones fréquentielles utilisées pour les différences interaurales de temps et d'intensité (d'après Blauert).*

3. La perception stéréophonique

Définition

L'écoute stéréophonique repose sur la reproduction du son à l'aide de deux haut-parleurs. Une recommandation internationale préconise, pour une écoute privilégiée, un angle d'écoute stéréophonique de 60°. L'auditeur doit être placé au sommet d'un triangle équilatéral qui a pour base la distance entre les deux haut-parleurs. Ce dispositif a pour conséquence de générer sur chaque oreille deux signaux (au lieu d'un seul dans le cas de l'écoute au casque).

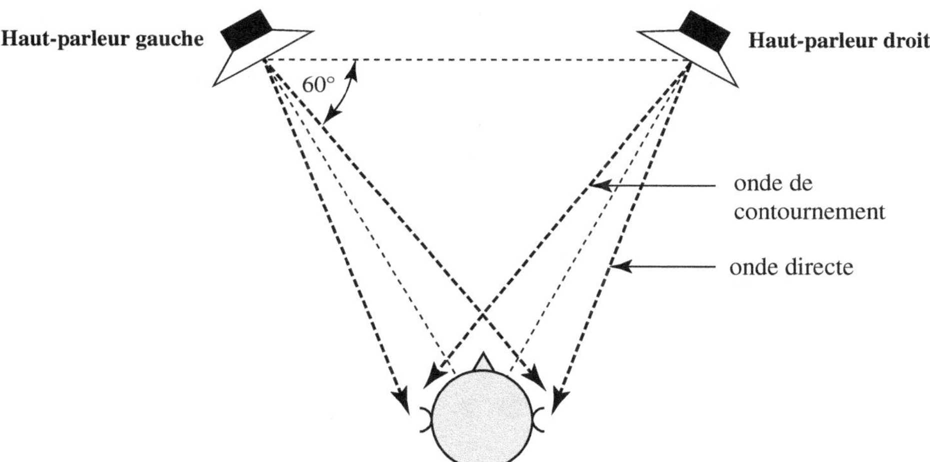

Figure 4.18 – *Dispositif et principe de l'écoute stéréophonique.*

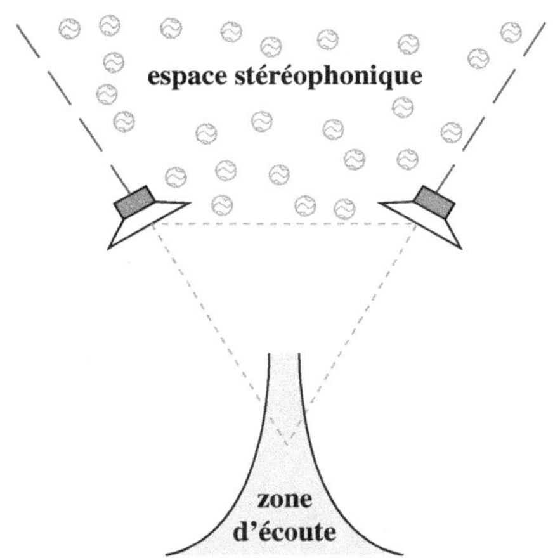

Figure 4.19 – *Zone d'écoute et espace stéréophonique.*

L'objectif de la stéréophonie est de donner à l'auditeur l'illusion d'un relief acoustique, d'une image acoustique « solide » (du grec, *stereos*). Cette dernière est constituée d'une multitude de sources ponctuelles fictives et s'étend au-delà des haut-parleurs. Qu'il s'agisse d'une création sonore ou d'une transposition sonore d'un événement existant, la stéréophonie tente de donner à l'auditeur l'illusion crédible qu'il existe entre et au-delà des enceintes, un environnement acoustique dans lequel des sources sonores recréées peuvent être localisées et dissociées dans l'espace. On retrouve cette aptitude à localiser et à discriminer des objets sonores en écoute naturelle sous le nom d'« écoute sélective ».

Le mécanisme psycho-acoustique de localisation stéréophonique repose, comme en écoute au casque, sur les différences de temps et d'intensité. La source sonore fictive peut être déplacée entre les haut-parleurs soit par une différence de temps, soit par une différence d'intensité, soit par une différence conjuguée de temps et d'intensité.

- Si les deux haut-parleurs produisent des signaux cohérents, c'est-à-dire identiques (à des variations d'intensité ou de temps près), l'auditeur perçoit entre et au-delà des haut-parleurs une source sonore ponctuelle, image de la source réelle, nommée suivant les auteurs : source « fictive », « fantôme » ou « virtuelle ».
- Si les deux haut-parleurs produisent des signaux partiellement cohérents, c'est-à-dire différents en spectre, la source image sera plus étalée, moins définie.
- Si les signaux sont incohérents, c'est-à-dire totalement différents, deux sources réelles apparaîtront, une sur chaque enceinte.

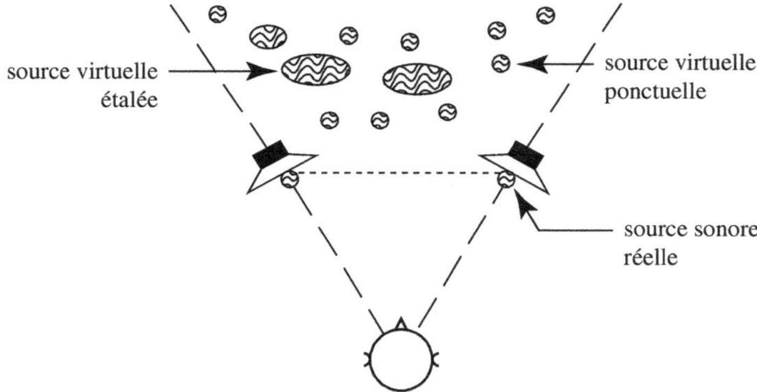

Figure 4.20 – *Sources images.*

Localisation par différence de temps

Le dispositif expérimental de la figure 4.21 représente deux haut-parleurs alimentés par deux signaux identiques, de même niveau, mais dont l'un, celui de gauche, est décalé temporellement par un retard variable. Si la différence de temps est nulle, l'auditeur perçoit une source image localisée exactement au centre, entre les deux haut-parleurs. L'introduction d'un retard croissant sur le signal gauche entraîne le déplacement de la source image en direction de l'enceinte de droite.

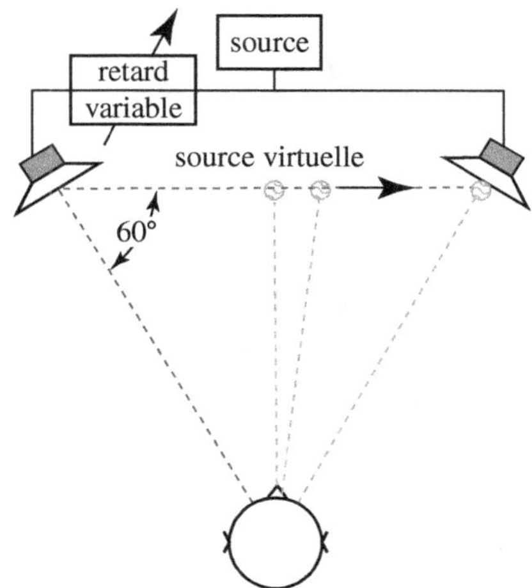

Figure 4.21 – *Localisation stéréophonique par différence de temps.*

La différence de temps nécessaire pour localiser la source totalement sur l'enceinte droite varie de 0,8 à 1,4 ms, selon les signaux utilisés et les conditions d'expérimentation. Pour un signal parlé :

$$\Delta t = 0,9 \text{ à } 1,1 \text{ ms}$$

La figure 4.22 illustre trois résultats expérimentaux de localisation stéréophonique avec la même différence de temps sur des signaux riches en transitoires. Malgré les dispersions, on constate une relation assez linéaire entre la localisation angulaire et la différence de temps jusqu'à environ 20°. Entre 20° et 30°, il se produit un tassement de la courbe : la différence de temps pour que la source image atteigne le haut-parleur est plus grande. Cet effet provient entre autres de l'augmentation de l'erreur de localisation au-delà de 20°.

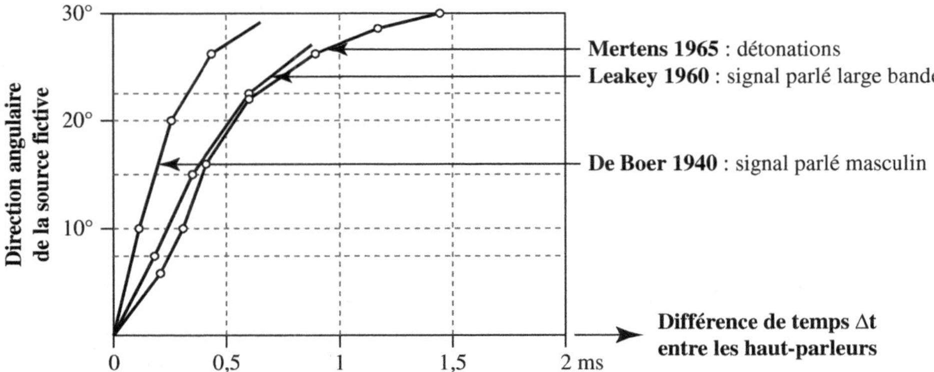

Figure 4.22 – *Direction angulaire de la source virtuelle en fonction de la différence de temps Δt des signaux.*

À l'écoute de deux signaux identiques mais dont l'un est décalé temporellement (voir figure 4.23), ont lieu trois phénomènes de perception.

- **L'effet de sommation** : si la différence de temps Δt croît de 0 à environ 1 ms, l'auditeur perçoit une source image qui part du centre 0° et se déplace vers le haut-parleur de droite à 30°. Il se produit auditivement une fusion sonore par sommation des deux signaux.
- **L'effet d'antériorité (effet du premier front ou effet Haas)** : si la différence de temps passe de 1 à 2 ms, la source image sera localisée sur le haut-parleur de droite avec un effet d'espace entre les haut-parleurs.

  Si la différence de temps augmente jusqu'à 30-40 ms, la source image sera toujours localisée sur le haut-parleur de droite, mais avec des modifications de timbre et des effets d'allongement de la source, en direction du haut-parleur de gauche (on ne tient compte que du premier front d'ondes).
- **L'effet d'écho** : au-delà de 40-50 ms suivant les signaux, on observe une scission temporelle et spatiale entre le premier signal perçu et le signal retardé. Le même signal est donc entendu deux fois.

En pratique stéréophonique, seul l'effet de sommation nous intéresse, et l'on évite de dépasser le seuil d'une milliseconde sauf pour produire un effet particulier d'espace ou d'écho.

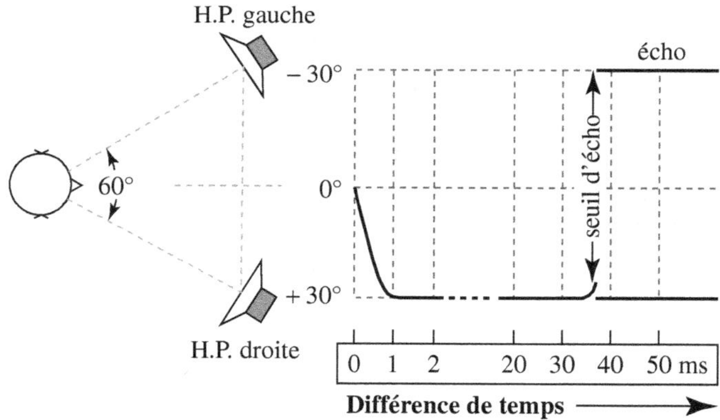

Figure 4.23 – *Évolution de la perception de la source sonore virtuelle en fonction de la différence de temps. Signal parlé à 50 dB (d'après Blauert).*

La localisation par différence d'intensité

Le dispositif expérimental de la figure 4.24 représente deux haut-parleurs alimentés par deux signaux simultanés mais de niveaux différents obtenus par un atténuateur variable introduit sur le canal gauche.

Si la différence d'intensité est nulle, l'auditeur perçoit une source image au centre entre les deux haut-parleurs. Une atténuation du niveau du canal gauche entraîne le déplacement de la source image en direction du haut-parleur de droite.

La différence d'intensité nécessaire pour localiser la source image sur le haut-parleur droit varie de 14 à 24 dB selon les auteurs et les signaux utilisés. Sur un signal parlé :

$$\Delta I = \text{de } 15 \text{ à } 17 \text{ dB}$$

La figure 4.25 illustre quatre résultats expérimentaux de localisation stéréophonique en fonction d'une seule différence d'intensité, sur des signaux riches en transitoires (voix parlées) dont le spectre contient peu d'énergie dans les très hautes et très basses fréquences. On constate une dispersion des résultats plus faible que dans le cas de la localisation par différence de temps et une relation plus linéaire entre l'angle de localisation et la différence d'intensité.

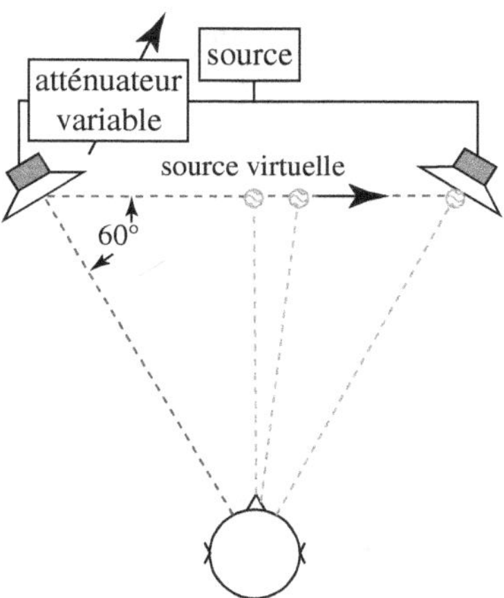

Figure 4.24 – *Localisation stéréophonique par différence d'intensité.*

Lorsque la différence d'intensité se situe entre 0 et 17 dB, il y a, comme en décalage temporel, une localisation de sommation. Si la différence d'intensité est supérieure, la source image restera localisée sur le haut-parleur de droite.

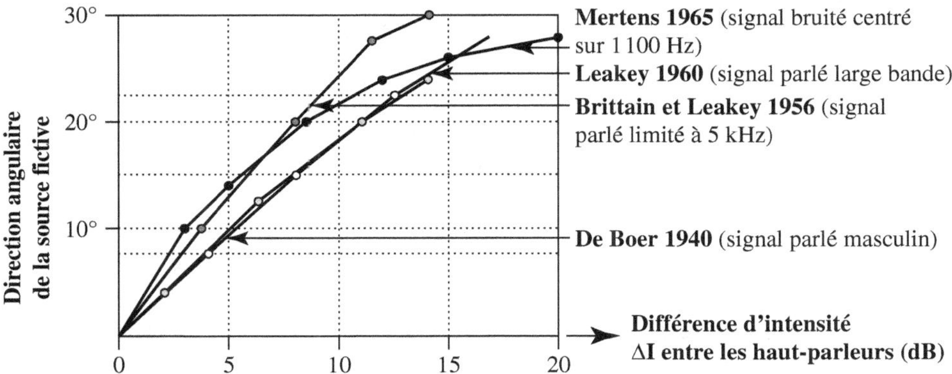

Figure 4.25 – *Direction angulaire de la source virtuelle en fonction de la différence d'intensité ΔI des signaux sonores.*

Localisation latérale par différences conjuguées de temps et d'intensité

En présence de deux signaux identiques qui présentent des différences simultanées de temps et d'intensité, on observe :

- si elles s'ajoutent, le déplacement latéral de la source image vers le haut-parleur considéré est plus important que dans le cas d'une seule différence d'intensité ou de temps ;
- si elles se retranchent, le déplacement est plus faible, voire nul. Une source image latéralisée en intensité peut être ainsi ramenée au centre par une différence de temps appropriée. Il s'agit du phénomène de compensation déjà abordé en écoute binaurale.

La figure 4.26 montre les trois courbes de compensation correspondant aux angles de perception +30°, 0° et -30° (obtenues avec des combinaisons de différences de temps et d'intensité). La zone située entre ces courbes correspond à des angles de perception intermédiaires. Tout point situé à l'extérieur des courbes sera localisé, soit sur le haut-parleur droit, soit sur le gauche.

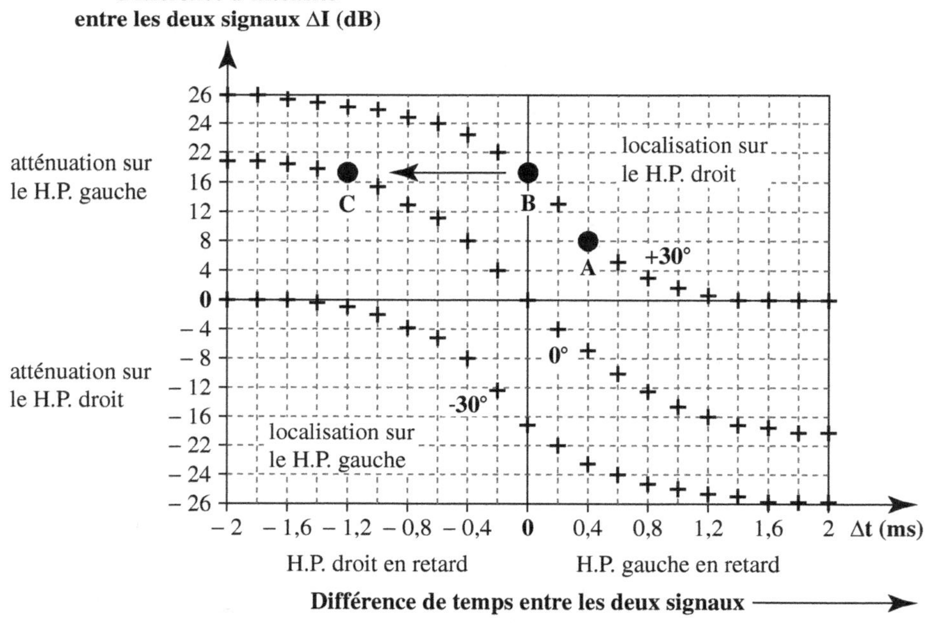

Figure 4.26 – *Courbes de compensation stéréophonique ΔI/Δt. Signaux parlés (d'après Mertens).*

Exemples :

- le point A (0,4 ms/8 dB) sera localisé sur le haut-parleur droit ;
- le point B (0 ms/18 dB) localisé à droite peut être ramené au centre par l'introduction d'un retard de 1,2 ms sur la voie droite, point C.

À noter que ces observations ne tiennent pas compte de la localisation en profondeur.

Remarques générales

La dispersion que l'on observe sur les courbes comparées des figures 4.22 et 4.25 met en évidence la complexité expérimentale de la localisation stéréophonique :

- les conditions sont rarement identiques : disposition et qualité des haut-parleurs, amortissement acoustique du local, emplacement des auditeurs, liberté de mouvement de la tête (petits mouvements gauche/droite, haut/bas), nombre de sujets testés sont autant de paramètres qui conditionnent le degré et l'exactitude de la localisation ;
- le type de signal influence les résultats : la dispersion de localisation est importante en présence de signaux sinusoïdaux et plus significative pour des sources complexes en fonction du contenu spectral et de la richesse en transitoires ;
- pour tous les signaux, les erreurs de localisation s'accentuent au fur et à mesure que la source image se rapproche du haut-parleur. Cette remarque confirme la mauvaise discrimination des sources sonores latérales en écoute binaurale.

Conclusions expérimentales significatives

- Plus l'auditeur se trouve à l'intérieur du triangle équilatéral, plus vite sera latéralisée la source virtuelle sur le haut-parleur.
- Les degrés de précision et de déviation de la source image sont plus faibles dans un lieu réverbérant que dans un lieu totalement absorbant.
- Les petits mouvements de la tête accentuent, comme en écoute naturelle, la précision de localisation. Certaines expérimentations réalisées en fixant la tête sur un repose-tête ou en faisant mordre un barreau fixe par le sujet (!) donnent des résultats plus médiocres.
- La localisation par différence de temps est plus précise sur des signaux impulsionnels ou riches en transitoires.
- Des signaux riches en fréquences élevées (supérieures à 700 Hz) sont latéralisés plus rapidement sur les haut-parleurs.
- Pour des signaux impulsionnels à large bande spectrale, la précision de localisation d'une source virtuelle située entre les haut-parleurs est de 3° (+/-1,5°). Si la source image se rapproche d'un des haut-parleurs, la précision tombe à 7° en différence

d'intensité et à **12°** en différence de temps. On en déduit que la localisation par différence d'intensité est plus précise.

La compatibilité stéréo-mono

La « réduction » monophonique d'un son stéréophonique par addition des voies gauche et droite pose toujours le problème de la compatibilité. On s'assurera en particulier :

- que le spectre global du signal sonore n'est pas altéré : cas de signaux gauche et droit en phases aléatoires ;
- que les plans sonores sont respectés et qu'aucune information n'est supprimée ou réduite par effet de masque ou par une franche opposition de phase (addition des voies *surround*, par exemple).

Chapitre 5

Préparation d'une séance de prise de son

1. L'œuvre, sa réalisation, son exécution

Débutant ou chevronné, le preneur de son doit préparer, dans les conditions les plus diverses et souvent les plus contraignantes, sa session d'enregistrement.

Préparation de l'enregistrement

Plus les connaissances artistiques du preneur de son sont étendues, plus grande est sa compréhension de l'ouvrage et de son interprétation. Il ne faut pas pour autant qu'il tente de se substituer au chef d'orchestre, au metteur en scène ou aux interprètes, ce n'est pas son rôle et ce serait une source de conflit. Il est indispensable, sans avoir à se référer sans cesse au texte complet ou à la partition, qu'il reconnaisse les différents groupes instrumentaux, les différents solistes, leurs interventions et, pour une œuvre littéraire ou lyrique, les entrées en scène. Il doit être constamment disponible pour rechercher, avec les personnes concernées, les meilleures solutions aux problèmes qui se présentent.

Un aide-mémoire – qui comprend, sous forme d'un synopsis, d'un script, d'un manuscrit ou d'un découpage (si le temps le permet), un certain nombre d'annotations et d'indications utiles – facilite la réalisation de la prise de son : la position et le déplacement des microphones ainsi que leurs réglages, l'intervention de bruitages, d'effets spéciaux, de lumières ou de décors, les interventions de chanteurs, les entrées d'artistes selon les souhaits du metteur en scène.

Afin qu'il puisse gérer minutieusement le dispositif de prise de son, il est souhaitable que le preneur de son dispose d'un ensemble d'informations ; elles doivent lui être transmises, à lui de les compléter.

- **Connaître** le titre de l'ouvrage, son auteur, son compositeur, son contexte.
- **Déterminer** le genre de production (musical, parlé ou mixte).
- **S'informer** des domaines artistiques adjacents (parlé, théâtral, musical).
- **Rechercher** le texte, la partition, le livret, la réduction piano, qu'il annote lors des répétitions d'indications d'ouverture ou de fermeture, d'emplacement des microphones, de lancements de bruitages, etc.
- **Se renseigner** sur l'exécution, la création, la première audition, l'adaptation, sur les répétitions, la disposition et la composition de l'orchestre et des chœurs, leurs effectifs, la présence de solistes, de comédiens.
- **Rencontrer** le chef d'orchestre, le metteur en scène, les interprètes qui transforment en une réalité sonore le langage d'un texte, d'une partition; le responsable artistique ou technique de la production, le régisseur scène ou le chef de plateau.
- **Assister** à une ou plusieurs répétitions ou représentations : tenir compte de la mise en scène, des décors, du mouvement des caméras et du cadrage, avant de décider de l'emplacement des microphones. Noter que pour un enregistrement sans décors, en studio, les déplacements peuvent être mimés devant les microphones, ou bien créés artificiellement à la console de prise de son, sans déplacement des artistes devant les microphones. Lorsqu'il s'agit d'orchestre ou de chanteurs en tournée, le preneur de son ne dispose quelquefois que d'un raccord de quelques minutes pour effectuer essais et réglages, d'où l'importance d'une excellente préparation.
- **Savoir** si la prise de son est réalisée avec public. En effet, les caractéristiques de l'acoustique du lieu, de l'interprétation de l'ouvrage, de sa dynamique peuvent être considérablement modifiées entre la répétition et l'exécution.
- **Contacter** le responsable de la sonorisation (souvent attitré au spectacle ou à la technique de la salle), qui réalise la prise de son destinée :
  - au renforcement sonore d'un instrument jugé trop faible ;
  - à la diffusion sonore de bruitage ;
  - à la sonorisation d'un grand spectacle, pour le public et celle des musiciens eux-mêmes (retour de scène). Dans ce dernier cas, il faut obtenir un plan de la scène avec l'implantation des instruments.
- **Collaborer** avec d'autres médias, afin de s'efforcer d'utiliser si possible les mêmes microphones. Le preneur de son réalise alors la balance sonore destinée à son propre média : radio, disque, télévision, cinéma, sons multicanaux, sonorisation

Approche de l'ouvrage

Nous avons, à titre d'orientation, résumé, classé et séparé le monde sonore en deux grandes catégories arbitraires mais correspondant généralement, comme nous le verrons par la suite, à deux optiques de prise de son distinctes.

Les domaines sonores.

Traditionnels	Contemporains
- Musique du Moyen Âge au contemporain : instrumentale, vocale, de chambre, symphonique, concertante, cantate, oratorio, opérette, opéra	- Musique concrète, musique électronique, musique électro-acoustique, musique aléatoire, musique expérimentale, comédie musicale
- Musique dite « populaire » : chansons, folklore, jazz traditionnel	- Musique de variété, jazz, pop, rock, new age, funk, techno, rap, etc.
- Répertoire parlé, poésie, comédie, tragédie	- Répertoire parlé, fiction, essais radiophoniques
- Bruitages de la nature et de la société	- Bruitages créés par synthèse électronique

D'une façon générale, les ouvrages sont conçus pour :

- une exécution naturelle et traditionnelle dans un lieu à l'acoustique appropriée : salle de concert, théâtre, opéra. Dans ce cas, la référence est la tradition, le patrimoine, la partition, le texte ;
- une exécution en studio d'enregistrement ou une exécution scénique avec tous les artifices de prise de son, de mixages, de traitements sonores, de sonorisation, de scène et de plateau. Dans ce cas, la référence peut être la partition, le texte et les indications de mise en ondes écrites ou les recherches en cours d'enregistrement.

Les sources sonores (la voix humaine, les instruments de musique acoustique – cordes vibrantes, tuyaux sonores, bois, cuivres, membranophones, percussions –, les bruits et sons de la nature) sont produites :

- de façon traditionnelle. On trouve quelquefois des instruments acoustiques particuliers : machines à vent, tubes à cloches. À noter qu'un instrument très faible joué dans une très grande salle (le luth, le clavecin, la cithare) peut être légèrement sonorisé ;
- de façon traditionnelle ou amplifiées, sonorisées, modifiées (guitare électrique, basse, flûte). On trouve couramment des générateurs d'ondes audibles uniquement par haut-parleurs : des synthétiseurs pour la création de sons, des échantillonneurs qui permettent de travailler sur logiciels tout son enregistré.

Le preneur de son doit :

- respecter le texte, la partition, la pensée de l'écrivain, du compositeur, du chef d'orchestre, des artistes ;
- éviter une interprétation systématique et personnelle mais, par exemple, respecter la balance sonore souhaitée par un chef d'orchestre ;
- jouer une part active lors de la prise de son, qui fait partie intégrante de la composition, de la recherche ;
- participer à la création sonore, façonner des sons nouveaux ;
- redessiner des sons négociés avec des interprètes, un producteur.

En faisant le parallèle avec une prise de vue, la démarche est comparable au travail artistique d'un photographe, d'un peintre qui capte un sujet, qui le représente selon sa conception personnelle d'angle de prise de vue, avec une recherche de tous les effets et d'un minimum de retouches et transformations possibles.

Cette classification des domaines sonores en deux catégories peut sembler un peu arbitraire à première vue. Pourtant, elle correspond à deux conceptions de prise de son différentes (voir chapitres 7 et 8), souvent complémentaires, qui ont tendance à s'interpénétrer de plus en plus.

2. Le lieu de prise de son

Généralités

Par sa forme, ses caractéristiques architecturales, son acoustique, le lieu de prise de son peut être adapté ou non à l'événement artistique. La connaissance du lieu est indispensable pour placer les artistes, le public, et pour déterminer judicieusement le choix et l'emplacement des microphones. D'une façon identique, le preneur de son doit apprécier les qualités acoustiques et l'isolation phonique de la cabine de prise de son.

Par une observation générale du lieu, de son volume, de sa forme, par la disposition et les dimensions des revêtements acoustiques des parois, du plafond, du sol, ainsi que de l'ameublement un preneur de son doit pouvoir :

- apprécier l'isolation phonique et le niveau sonore provoqué par les sources extérieures ;
- porter un jugement global sur les qualités acoustiques du lieu.

Un preneur de son doit aussi être capable d'évaluer :

- le temps de réverbération. Il peut être estimé avec un peu de pratique, en frappant dans les mains, en demandant un bref accord à des musiciens ;

- la clarté apportée par les premières réflexions. Elle sera utile à une bonne communication entre artistes et à la prise de son ;
- la présence d'un écho franc provoqué par une paroi réfléchissante ;
- la présence d'échos entretenus, de foyers acoustiques.

Dans le cas d'une production parlée ou chantée, l'ensemble de ces jugements permettra d'estimer l'intelligibilité et la précision que l'on peut attendre du lieu.

Un preneur de son doit savoir également qu'une salle :

- aux parois latérales parallèles, mais ornementées, favorise les premières réflexions et crée un élargissement apparent avec risque d'échos ;
- aux parois non parallèles, aux angles très ouverts, crée peu de réflexions latérales, donc une localisation ponctuelle sans espace ;
- sans réflexions tend à donner l'impression de plein air avec des sources très ponctuelles.

Classification des lieux

Les lieux de prise de son et d'enregistrement peuvent être classés en six grandes catégories.

Locaux conçus spécialement pour la prise de son et l'enregistrement

Ces locaux sont appelés « studios » dans les maisons de production, les maisons de radio et les centres de télévision. Ils sont conçus généralement avec une acoustique homogène ; on parle de « salle d'intégration ». Les revêtements muraux sont variés et répartis de manière à ne pas colorer la prise de son. Ces locaux sont très bien isolés des bruits extérieurs (circulation, usines) par une construction lourde ; ils le sont également des bruits intérieurs (climatisation, éclairage).

En radio, les studios sont traités pour leur conférer une qualité acoustique spécifique : musique, variétés, fictions (avec plusieurs studios d'ambiances différentes, intérieure, extérieure), émissions parlées ou animation. Certains studios peuvent accueillir du public. En télévision, le traitement des studios est plus neutre, moins « travaillé » et, globalement, absorbant. La présence d'un cyclorama, de décors différents, comme au cinéma, modifie constamment les conditions acoustiques qui doivent rester proches des conditions extérieures.

Les studios de production privés compensent souvent de faibles volumes par des traitements acoustiques assez sophistiqués.

Salles réputées pour leur acoustique

Ces salles sont choisies pour leur acoustique particulièrement réussie et reconnue. Certaines d'entre elles présentent néanmoins une isolation phonique limitée. À la différence des studios, ce sont généralement des salles dites « de diffusion », car elles présentent un sens de propagation sonore privilégié. En particulier, les critères de clarté et de spatialisation sont excellents.

Pourtant, quelques salles posent des problèmes particuliers lorsque :

- du public se trouve disposé derrière et sur les côtés de l'orchestre (Philharmonie de Berlin) ;
- l'orchestre est placé dans une fosse (cas des opéras) ;
- les décors rendent difficile le placement des microphones.

Les grandes salles de concert réputées comme le Concertgebow d'Amsterdam, les Philharmonies de Vienne, de Berlin, de Munich, de Boston, le Festspielhaus de Salzbourg, le Victoria-Hall de Genève, la Tonhalle de Zurich, le théâtre des Champs-Élysées à Paris paraissent, pour une prise de son, manquer de réverbération surtout en présence du public.

Toutes ces salles réputées ne sont plus la référence, ni pour le preneur de son, ni pour le public habitué aux normes d'enregistrement actuelles qui consistent à privilégier certains artistes et à ajouter un effet de salle par un apport de réverbération artificielle souvent trop important. On a également pris l'habitude d'écouter chez soi une prise de son rapprochée avec une intensité sonore plus élevée. Dans une salle, il faut quelques minutes pour se réadapter à une intensité sonore « naturelle ».

Enfin, la qualité sonore même des instrumentistes peut être critiquée, les violons manquant d'aigus pour certains ! Il est vrai que toutes les places d'une salle de concert ne sont pas excellentes, surtout celles situées en retrait, sous une galerie, alors que l'écoute domestique privilégie chaque auditeur.

Lieux à l'acoustique réputée
mais non adaptée au type d'œuvre exécutée

C'est le cas, en particulier :

- des églises, dont l'acoustique met en valeur le jeu d'un grand orgue, mais plus difficilement les ouvrages de caractère symphonique, concertants, ou parlés – l'acoustique ne satisfait ni le spectateur, ni le preneur de son ;
- des opéras, dans lesquels sont donnés certains concerts : l'orchestre se perd dans les cintres lorsqu'il est placé sur scène. Pour corriger ce défaut, on peut entourer les musiciens de panneaux « réflecteurs » en bois, démontables et transportables placés au-dessus et autour des musiciens. Les artistes sont placés quelquefois devant le

rideau de feu. Cette disposition élimine le couplage acoustique scène/salle. Mais le public du parterre est trop proche des sources sonores.

Salle polyvalente plus ou moins traitée acoustiquement

Ces salles, généralement intégrées aux espaces polyculturels, se voudraient adaptées à tous les genres artistiques. Elles ont été définies par un humoriste comme étant « bonnes à tout et propres à rien ». C'est dans ces lieux très particuliers que le talent du preneur de son et des artistes devra s'exercer et s'adapter.

Certaines salles, de conception récente, offrent une acoustique réellement variable afin de modifier le temps de réverbération et de l'adapter approximativement à des spectacles différents :

- soit en modifiant les revêtements muraux, par la rotation de prismes ou de parois recouverts de matériaux durs ou poreux pour augmenter (ou diminuer) la réflexion, la diffraction ou l'absorption. L'espace de projection de l'IRCAM à Paris en est l'exemple le plus significatif ;
- soit en modifiant le volume de la salle (IRCAM à Paris, Studio 106 de Radio France). Au Japon, toutes les salles de concert construites récemment ont un plafond modifiable en hauteur, pour tenir compte de la présence du public ou non et pour conserver un taux de réverbération identique ;
- soit par une acoustique assistée électroniquement. Les sources sonores sont captées, équilibrées, réverbérées et sonorisées par de nombreux haut-parleurs dissimulés dans la salle. Ce système, nommé « ambiophonie », équipe le théâtre Philips à Eindhoven, le Palais des Congrès à Cannes, certains studios de télévision. Ce renforcement électro-acoustique équipe même des salles et des opéras réputés que nous ne citerons pas ici. Les résultats peuvent être spectaculaires pour autant qu'un preneur de son rééquilibre constamment ses niveaux sonores.

Espaces non traités acoustiquement

Ces espaces ne sont ni traités acoustiquement, ni isolés phoniquement en vue de spectacles artistiques : patinoire, piscine, palais des sports, fabrique désaffectée, hall de gare, grotte, lac souterrain. Ils accueillent des concerts, des récitals, des opéras, des œuvres dramatiques à grand spectacle, quelquefois pour des raisons politiques de décentralisation culturelle. Une acoustique assistée faisant appel aux technologies les plus modernes de la sonorisation (avec lignes retard et multidiffusion) peut rendre le spectacle très agréable. Il arrive aussi qu'on y tourne des séquences de films (cinéma ou télévision). Mais l'acoustique inadéquate et la vue des microphones indésirables pour les caméras ont conduit les réalisateurs à travailler en play-back, les acteurs mimant textes et chants.

Plein air

De nombreux festivals sont organisés dans de grands espaces de verdure : manifestations théâtrales, musicales, classiques, concerts folk, rock. Si l'absence d'ambiance acoustique semble réelle au premier abord, une acoustique est créée artificiellement par des sonorisations de façade et de scène, souvent si puissantes qu'elles modifient l'équilibre même de la prise de son. On trouve également des kiosques à musique, dont le podium d'orchestre est surmonté d'une conque constituée de panneaux réfléchissants.

Le théâtre antique se rapproche acoustiquement beaucoup plus d'une salle qu'on l'imagine à première vue :

- le proscenium, surface lisse et dure entre la scène et l'amphithéâtre, joue le rôle de réflecteur comme le fait un plafond bien étudié ;
- l'absence partielle de parois latérales d'un amphithéâtre est compensée par un fond de scène, généralement de très grandes dimensions et par les murs de promenoirs jouant le rôle de réflecteurs ;
- certains théâtres sont orientés face à la mer de façon que les courants thermiques du crépuscule portent la voix de la scène vers le public.

Un tout autre genre de prise de son en plein air concerne les sons et bruits de la nature : chants d'oiseaux, courses de chevaux, mer, vent, tonnerre, bruits de civilisation (voitures, ambulances, avions, fabriques), que nous analyserons en fin de chapitre.

3. Le local de prise de son, de contrôle et d'enregistrement

Les prises de son sont équilibrées, écoutées, enregistrées, contrôlées dans des locaux appelés « cabines » ou « régies de prise de son ». Pendant longtemps, les qualités acoustiques de ces cabines étaient médiocres, trop amorties, anonymes et de faible volume. Les meilleures conditions d'écoute imposées par la stéréophonie ont conduit à la création de locaux « de référence » dont le traitement acoustique est obtenu par une répartition homogène de diffuseurs et d'absorbants ou par une répartition orientée, absorption devant le preneur de son et diffusion à l'arrière. Ce dernier type de traitement nommé *Live End/Dead End* (LEDE) améliore :

- la stabilité de localisation par suppression des réflexions latérales ;
- la transparence par un retard supérieur de la première réflexion de la cabine par rapport à celui du studio ;

- le confort d'écoute en introduisant un champ diffus à l'arrière du preneur de son.

Ces cabines peuvent être classées en cinq grandes catégories.

Cabines de prise de son équipées de matériel fixe

C'est le cas des cabines traitées et isolées acoustiquement, attenantes à un studio de radio, de télévision, de disques, à une salle de concert, un opéra, un théâtre, une église. Situées près des lieux où se produisent les artistes (pour des raisons de commodité évidentes), elles offrent une vue d'ensemble qui facilite la prise de son et l'enregistrement, mais qui peut présenter un inconvénient subjectif : la vue influence l'ouïe, et l'équilibre sonore peut en souffrir. Notons qu'il est facile de prévoir un store ou un rideau contre le vitrage de séparation.

Suivant le genre de production, ces cabines sont équipées d'un matériel spécifique pour :

- le domaine parlé, dramatique, fiction ;
- la musique du répertoire traditionnel ;
- la recherche musicale ;
- les variétés ;
- les postproductions vidéo ;
- la postsynchronisation, et le doublage vidéo et film.

Le car de reportage

C'est un local de prise de son mobile protégé phoniquement dans la mesure du possible contre les bruits extérieurs (l'isolation pèse lourd) et traité acoustiquement en fonction du volume disponible. Il comprend tout l'équipement nécessaire à l'enregistrement comme dans une cabine fixe et, en plus, de moyens de transmission hertziens et satellitaires pour la radio, la télévision, le Web et les salles publiques (concerts, opéras, variétés, événements sportifs).

Local aménagé pour la circonstance

Lorsqu'il ne dispose ni de cabine de prise de son, ni de car de reportage, le preneur de son doit rechercher un local qu'il aménagera pour l'occasion : chambre d'hôtel, bureau. Il devra même prévoir dans les cas difficiles une correction acoustique provisoire : c'est le cas de certaines sacristies dont le temps de réverbération est plus élevé que celui de l'église elle-même (voir chapitre 9) ! Une écoute au casque s'impose alors.

Il est aujourd'hui possible de louer et d'équiper provisoirement un « mobile home », une cabane de chantier. Tout l'équipement, l'agencement du matériel ainsi que le câblage doivent être particulièrement soignés, les raccords vérifiés et les circuits identifiés et contrôlés en niveau et en phase (voir chapitre 10).

Prise de son sur le lieu même de l'événement

Si le preneur de son ne trouve aucun local proche du lieu où se trouvent les artistes, ou si le local a une trop mauvaise qualité acoustique, il est contraint de s'installer sur le lieu même du spectacle et d'écouter au casque. Il s'agit d'une prise de son réalisée très simplement, microphones raccordés directement à un magnétophone autonome avec une écoute au casque. Ce type de prise de son est la règle en reportage.

En télévision et au cinéma, elle se fait conjointement à la prise de vue, microphones sans fil ou fixés au bout d'une perche ou d'un support.

Prise de son avec sonorisation simultanée d'un lieu de spectacle

En réalité, il s'agit d'une cabine ouverte sur le lieu même du spectacle (festival, concert) destinée :

- à la sonorisation pour le public ;
- au retour de scène des artistes ;
- à l'enregistrement simultané sur multipiste pour un mixage ultérieur en studio.

La prise de son est contrôlée par une écoute « directe » des artistes, par la sonorisation et au casque (avant et après enregistrement).

4. La reconnaissance des lieux

C'est sur place et suffisamment à l'avance qu'il faut préparer sa prise de son pour le lieu (souvent imposé) et pour la cabine de prise de son. Dans ce but, un minimum d'ordre et de méthode sont nécessaires. On évite ainsi :

- de perdre du temps en déplacements et démarches inutiles ;
- de transporter un équipement non adapté à la prise de son ;
- de se trouver dépourvu du matériel adéquat : micros, supports, câbles aux longueurs parfois inhabituelles, 50, 100 mètres, adaptateurs, réverbération artificielle.

> La liste des questions à se poser est longue et plutôt que d'en dresser un inventaire fastidieux, nous avons préféré la réaliser sous la forme d'un tableau qui, sans être exhaustif, constitue une base de réflexion (voir page ci-contre).

RECONNAISSANCE DES LIEUX

☐ SALLE ☐ THÉATRE ....
☐ ÉGLISE ☐ AUTRE ....

TYPE DE LOCAL DE PRISE DE SON

ECHELLE: 1 carre = ...m — Relevé par : ....
le : ....

Partie gauche (lieu de captation)

CONFIGURATION
Longueur..........m   Volume...........m³
Largeur.............m   Balcons.........
Hauteur.............m   Galerie............

ACOUSTIQUE
Matériaux parois.................
Matériaux sol...................
Matériaux plafond.............
T_R 60 environ avec public...............
　　　　　　　sans public..................

GENE
Bruits extérieurs..................
Bruits intérieurs..................

ACCÈS
Stationnement véhicules..............
Accès intérieur...................
Contacter M...................

DISPOSITION
Nombre d'interprètes..............
Sonorisation ? ....
Arrivées électriques ....

PROGRAMME
ŒUVRE : ....
☐ Metteur en scène ....
☐ Chef d'orchestre ....
☐ Régisseur plateau ....

HORAIRES
☐ Installation ....
☐ Répétitions ....
☐ Enregistrement ....

Partie droite (type de local de prise de son)

CONFIGURATION
Longueur..........m   Volume.............m³
Largeur.............m   Balcons...........
Hauteur.............m   Galerie............

ACOUSTIQUE
Matériaux parois.................
Matériaux sol...................
Matériaux plafond.............
T_R 60 environ...................s
☐ Écoute possible par haut-parleurs....
☐ Écoute obligatoire au casque...........

INSTALLATION
Distance salle/cabine............ m
Réseau électrique.......... Terre............
Armoire fusibles.................
Circuit de liason.................
Nombre de microphones..............
Réseau d'ordres................
Monitoring vidéo................

DIVERS
Effets spéciaux...................
Réverbération...................
Splitter...................
Liaison avec sonorisation................

PRISE DE SON
☐ Radio ☐ Disque ☐ Sonorisation
☐ Télévision　　☐ Cinéma
☐ Directeur de la production
☐ Responsable artistique
☐ Responsable technique

Ce tableau correctement rempli donne toutes les informations : à gauche, sur le lieu de captation ; à droite, sur le local ; au centre, sur le dispositif de prise de son. Il devrait accompagner, par la suite, chaque enregistrement.

De nombreuses autres questions se posent, techniques ou paratechniques, telles que l'hébergement, les contacts avec les organisateurs de spectacles, rôle généralement dévolu à un assistant.

En extérieur, tout un petit matériel accompagne le preneur de son :

- chatterton (toile isolante) pour fixer et repérer les câbles, pour marquer au sol les emplacements des microphones ou des artistes, pour indiquer le cheminement des comédiens ou des chanteurs ;
- les bonnettes, boules en mousse, en toile ou en fourrure qui, placées autour d'un microphone, diminuent le niveau de bruit dû aux « explosives » vocales et aux surcharges provoquées par le vent ;
- les réglettes, les rotules, les fixations anti-vibratoires pour les microphones ;
- les prises et câbles spéciaux pour les raccordements au réseau (problème du neutre, de la terre, des instruments sonorisés) ;
- un vérificateur de tension d'alimentation des microphones à condensateurs ;
- un rapporteur d'angle et un mètre à ruban ;
- une petite trousse d'outils, quelques fusibles…

Il faut également :

- veiller aux réglementations routières, douanières pour certains pays ;
- s'informer sur les canaux d'émissions radio, télévision, téléphone, micro-émetteurs des régions ou pays visités.

5. Les lieux particuliers de prise de son

Le tableau qui précède nous a familiarisés avec des lieux précis, analysables et visibles à l'avance. Cependant, de nombreuses prises de son devront être improvisées sur place le moment venu, ou alors être préparées de manière théorique, sans connaître toutes les données.

Prise de son type reportage

Enregistrements dans les lieux les plus divers, avec un magnétophone portable, des microphones et une écoute au casque, dans un environnement sonore souvent bruyant :

- sonorisation, fond musical, circulation ;
- interview d'une personnalité lors d'une manifestation ;
- confection d'une recette dans la cuisine d'un restaurant ;
- inauguration d'un orgue avec interview de l'artiste ;
- passage d'une fanfare dans un défilé ;

• danses et chants de groupes folkloriques dans un cortège.

Dans certains cas, une perchette permettra de mieux capter une source sonore (notamment en mouvement), en se plaçant au-dessus de la tête de spectateurs ou au-dessus d'obstacles. On peut même imaginer élever des microphones par une grue ou à l'aide d'un ballon gonflable

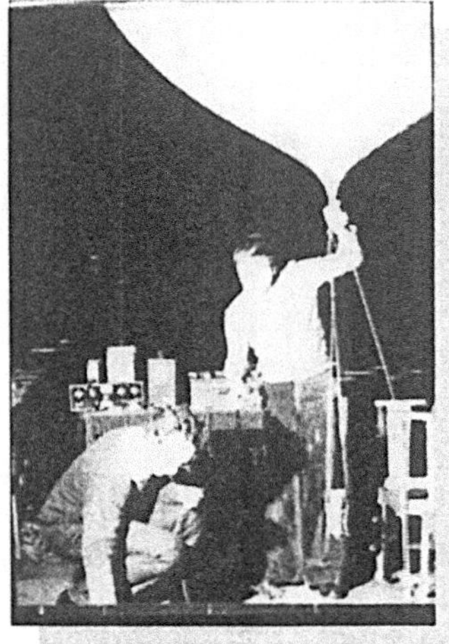

Figure 5.1 – *Le problème de la prise de son d'un orgue d'église ou de cloches peut être résolu avec un ballon gonflable qui hissera les microphones à la hauteur souhaitée (Pierre Verany).*

Figure 5.2 – *Boule anti-vent pour captation en plein air et anti-pop pour la voix.*

Il ne faut pas oublier de munir les microphones de boules anti-vent, indispensables en extérieur, au risque de revenir bredouille : un son de cloches sera inutilisable si des effets de « chocs » dus au vent martèlent l'enregistrement. Ces bonnettes protègent par ailleurs les membranes des projections de liquide, de vapeur

Captation de sons et de bruits de la nature

Chants d'oiseaux ou cris d'animaux

Capter des chants d'oiseaux demande de bien connaître la vie de ces volatiles, afin de se poster, avec armes et bagages, le plus près possible. Des chasseurs de sons n'hésitent d'ailleurs pas à camper avec leur matériel pour être opérationnels dès l'aurore, sans bruit et sans se montrer. D'autres introduisent des microphones, munis de protections spéciales, dans une fourmilière ou dans une ruche, dans un marais pour les croassements de batraciens, en mer pour les chants de dauphins. (Voir le chapitre 6 pour le choix et l'utilisation de microphones spéciaux : parabole, canon.)

Figure 5.3 – *Chasseur de sons dans la nature avec ses deux microphones « canon » et son magnétophone portable († Alfred Meckes).*

Mer, vagues, vent, tonnerre

Les grandes variations de niveau sonore de ces éléments exigent également une bonne connaissance du matériel et des lieux. La difficulté majeure réside souvent dans le manque de réalisme des bruits captés.

Dans certains cas, un « bruiteur » crée avec un réalisme surprenant des coups de tonnerre en agitant une tôle, des vaguelettes avec une cuillère et une cuvette d'eau, des pas de chevaux avec des noix de coco évidées ! Mais il est possible aujourd'hui de corriger ces bruitages de manière informatique, de les traiter, de les ajuster, afin de répondre aux vœux les plus divers.

Bruits mécaniques

Ces bruits du XXᵉ siècle ont, en général, un large spectre et une grande dynamique sonore. C'est avec soin qu'il faut déterminer le meilleur emplacement pour capter le passage d'une course de voitures, le décollage d'un avion, le déplacement d'une ambulance, les mouvements de machines-outils.

L'enregistrement d'un train à vapeur peut sembler banal, mais trouver la locomotive peinant dans un cirque montagneux, passant sous un tunnel ou sur un pont, exige recherche et persévérance. Les explosions d'un feu d'artifice sont rarement bien reproduites car martelées de saturations.

> Très important pour l'illustration sonore de dramatiques, de films de fiction et d'animation en particulier, la captation de bruitages nécessite expérience, temps et patience, pour les rendre avec réalisme dans leur environnement.

Figure 5.4– *Microphone dissimulé dans un vase de fleurs.*

Prise de son « dissimulée »

S'il s'agit d'une interview par surprise, on peut imaginer un microphone miniature dissimulé dans un vase de fleurs. S'il s'agit d'une émission de télévision, genre « caméra cachée », un microphone de type canon favorisera les sons éloignés (avec une qualité plus ou moins satisfaisante). Un microphone sans fil (émetteur miniaturisé) permet de recevoir à distance un signal de qualité supérieur (voir chapitre 6).

Prise de son « en action »

Pour obtenir les impressions de reporters et de sportifs en direct, un microphone émetteur miniature accompagnera un varappeur, un parachutiste, un pilote d'hélicoptère, évoluant dans un milieu silencieux ou bruyant. Pour donner un réalisme sonore supplémentaire aux épreuves de ski alpin, la télévision répartit aujourd'hui jusqu'à 24 micro-émetteurs le long de certaines descentes. Ces microphones sont ouverts par une « porte » *(noise gate)* à chaque passage de skieur.

On le voit, il ne faut pas manquer d'imagination pour capter des sons en tout lieu et en toute circonstance, même si d'aucuns pensent que tout a déjà été fait La réalisation est aujourd'hui facilitée par les performances et la miniaturisation d'un matériel toujours plus fiable et complexe, mais compliquée par les souhaits de producteurs toujours plus exigeants.

Chapitre 6
Les microphones

Un microphone est un transducteur qui transforme une variation de pression acoustique en une variation de tension électrique. Le processus se déroule en deux étapes simultanées :

- les variations de pression acoustique dues aux ondes sonores mettent en vibration mécanique la membrane du microphone ;
- les vibrations de cette membrane sont utilisées pour générer une tension électrique alternative.

$$\text{acoustique -> mécanique -> électrique}$$

Les microphones peuvent donc être classés en fonction du mode de transduction :

- acoustique -> mécanique : classification acoustique ;
- mécanique -> électrique : classification électrique.

1. Classification acoustique

Microphone à pression

L'onde sonore agit sur une seule face de la membrane, fixée à un boîtier totalement fermé. Seul un petit orifice permet d'égaliser la pression intérieure/extérieure. Il s'agit d'un pur capteur de pression.

La force résultante F est engendrée par la pression acoustique exercée sur la membrane :

$$F = p \times S$$

où F = force (N),
p = pression acoustique de l'onde incidente (Pa),
S = surface de la membrane (m²).

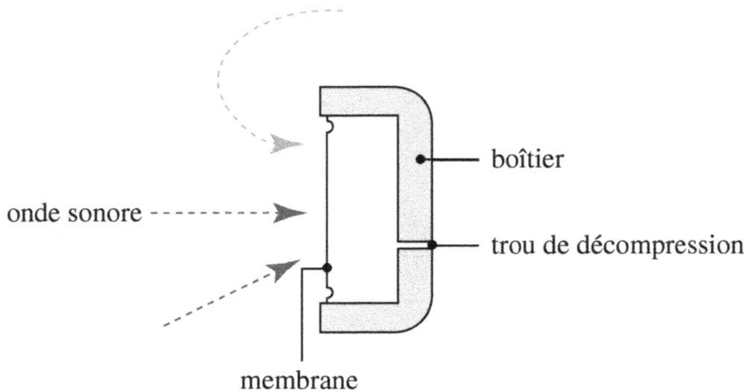

Figure 6.1 – *Principe de fonctionnement du microphone à pression.*

Un tel microphone est théoriquement omnidirectionnel car la pression acoustique n'a pas de direction privilégiée : une source sonore située à l'arrière ou à l'avant de la membrane engendrera une force identique.

La force résultante F est une constante, une droite (voir figure 6.2a) représentée de façon plus parlante en coordonnées polaires par un cercle (voir figure 6.2b).

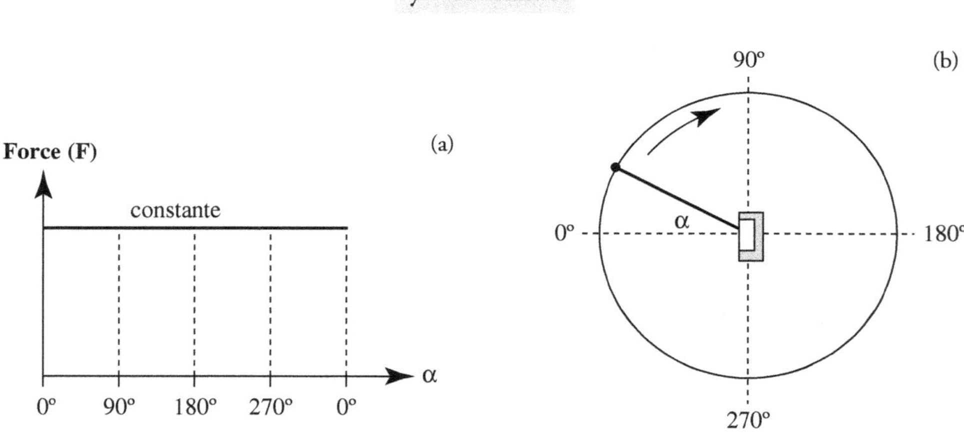

Figure 6.2 – *(a) Force résultante en fonction de l'angle de la source. (b) F en coordonnées polaires.*

Pratiquement, les dimensions physiques du microphone constituent un obstacle aux ondes sonores de fréquences élevées (longueurs d'onde proches des dimensions du boîtier) : les ondes sonores tendent à être réfléchies, ce qui entraîne un effet de renforcement pour les ondes frontales et d'affaiblissement pour les ondes arrière. On le remarque déjà pour une fréquence de 10 000 Hz dont la longueur d'onde de 3,4 cm est comparable aux dimensions du boîtier.

En conséquence, aux fréquences élevées, la sensibilité du microphone diminue en fonction de l'angle d'incidence de la source. La miniaturisation de la capsule et du boîtier apporte une solution satisfaisante à ce problème.

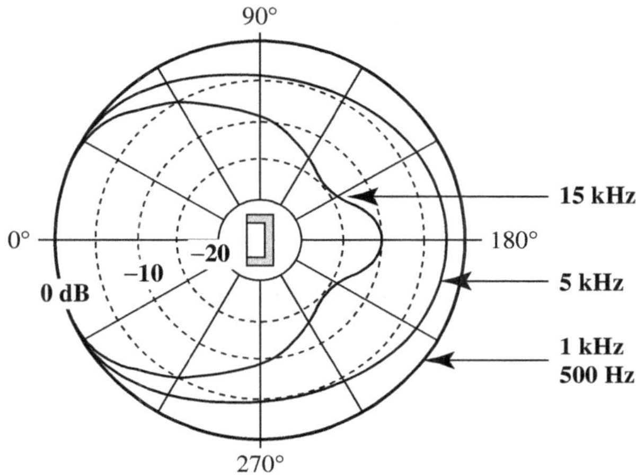

Figure 6.3 – *Diagramme polaire typique d'un microphone à pression (différentes fréquences) : microphone omnidirectionnel.*

Cas du microphone à zone de pression

Une autre solution consiste à placer la capsule directement sur une surface plane réfléchissante présentant le même effet d'obstacle à toutes les fréquences, y compris aux plus basses si la paroi est suffisamment grande (voir chapitre 3). C'est le cas des microphones de surface, à miroir, à réflecteur plan. La directivité est hémisphérique à toutes les fréquences.

Par ailleurs, sur la paroi, l'onde réfléchie étant en phase avec l'onde incidente, on obtient théoriquement par doublement de pression une augmentation de sensibilité de 6 dB sur le son direct, alors que le champ réverbéré, incohérent par définition, ne présente qu'une augmentation de 3 dB. Le signal capté gagne ainsi en dynamique et en clarté.

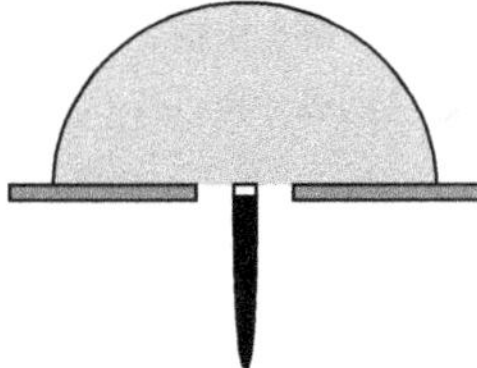

Figure 6.4 – *Microphone à pression positionné en microphone de surface.*

Cet effet de surface peut être obtenu avec un microphone à pression dont la capsule effleure, sans la toucher, la surface d'une paroi (voir figure 6.4).

Microphone à gradient de pression

L'onde sonore agit sur les deux faces de la membrane fixée à un support ouvert des deux côtés. La force résultante F est engendrée par la différence de pression (gradient de pression) sur chacune des faces.

$$F = (p_{av} - p_{ar}) \times S$$

où F = force résultante (N),

p_{av} et p_{ar} = pressions sur les faces avant et arrière de la membrane (Pa),
S = surface de la membrane (m²).

Il s'agit d'un pur capteur à gradient de pression.

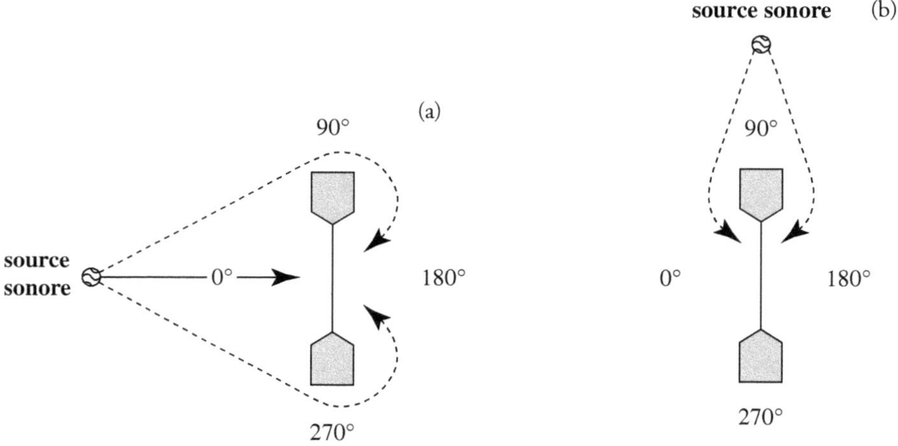

Figure 6.5 – *Principe de fonctionnement du microphone à gradient de pression.*
(a) Source sonore face à la capsule : la force résultante est maximale.
(b) Source sonore positionnée à 90° : la force résultante est nulle.

La différence de pression (pav - par) est due à la différence de trajet que parcourt l'onde sonore entre la face avant et la face arrière de la membrane. Elle est maximale lorsque la source sonore est située dans l'axe de la capsule à 0° ou 180°, et diminue progressivement avec l'angle d'incidence de la source, pour être nulle à 90° et 270°.

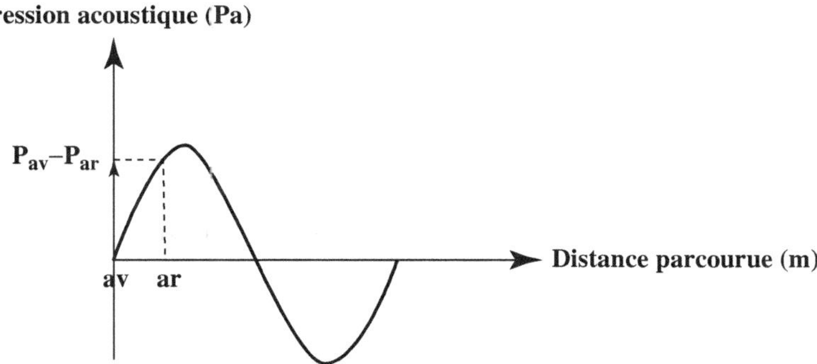

Figure 6.6 – *Différence de pression due à la différence de trajet que parcourt l'onde sonore entre la face avant et la face arrière de la membrane.*

La force résultante est fonction du cosinus de l'angle d'incidence de la source sonore. Elle est représentée en coordonnées polaires par un 8.

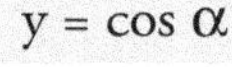

$$y = \cos \alpha$$

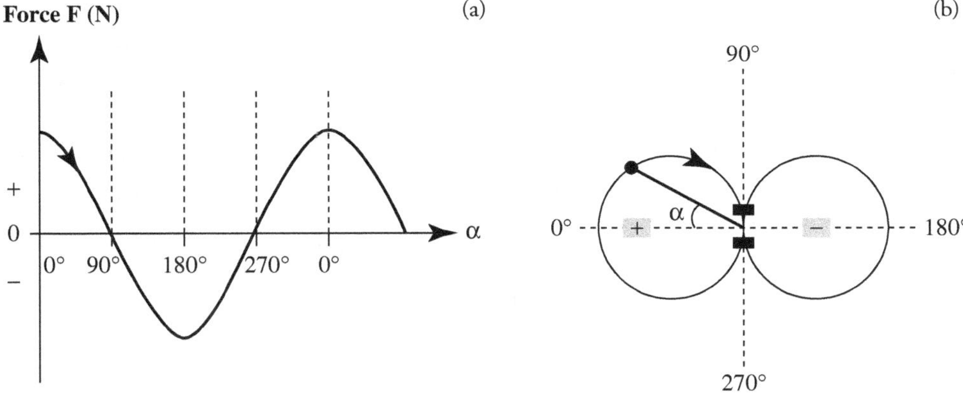

Figure 6.7 – *(a) Force résultante en fonction de l'angle de la source.*
(b) Représentation de la force résultante en coordonnées polaires.

Un microphone à gradient de pression a donc une courbe de directivité bidirectionnelle, par définition, le lobe avant est positif car $(p_{av} - p_{ar})$ est positif, le lobe arrière est négatif car $(p_{ar} - p_{av}) = - (p_{av} - p_{ar})$ est négatif.

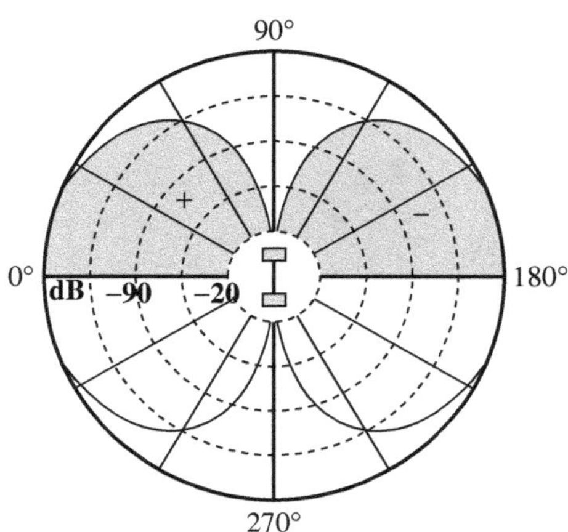

Figure 6.8 – *Courbe de directivité bidirectionnelle logarithmique d'un micro à gradient de pression (à 1 kHz) avec un lobe positif et un lobe négatif.*

Microphone mixte

Un souhait des preneurs de son a toujours été de pouvoir séparer et privilégier certaines sources sonores. Les fabricants ont donc cherché à construire des microphones unidirectionnels. L'association d'une directivité omnidirectionnelle et d'une directivité bidirectionnelle permet d'obtenir une sensibilité maximale pour une direction déterminée et minimale pour la direction opposée. Mathématiquement, il s'agit de réaliser l'addition vectorielle point par point d'un cercle à la figure en 8 pour obtenir une courbe en forme de cœur nommée « cardioïde ».

$$y = 1 + \cos \alpha$$

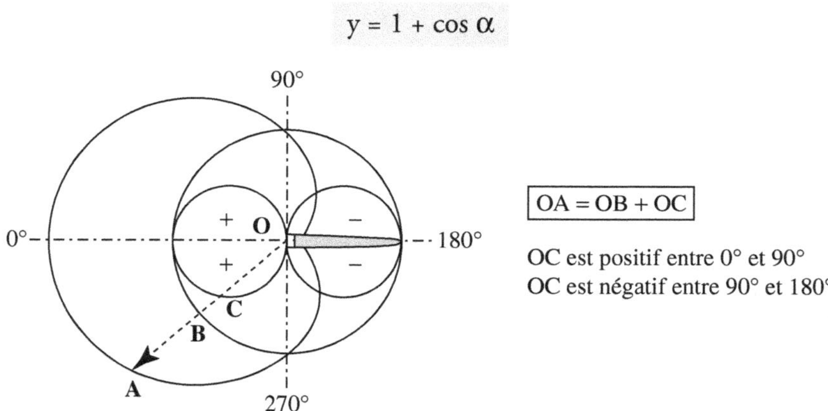

Figure 6.9 – *Courbe cardioïde obtenue par sommation vectorielle d'une courbe omnidirectionnelle et d'une courbe bidirectionnelle.*

Les premiers microphones unidirectionnels comportaient réellement deux capsules dans un boîtier, l'une omnidirectionnelle et l'autre bidirectionnelle. La cardioïcité était obtenue de manière électrique par addition des deux tensions de sortie. Le même résultat a été obtenu en plaçant une membrane dans un boîtier semi-ouvert, pour que l'onde arrière parvienne aux deux faces de la membrane par un chemin de longueur identique, grâce à un retard créé par un élément semblable à un labyrinthe. L'annulation de la différence de pression est dans ce cas à 180°. La directivité cardioïde est obtenue ici de manière acoustique.

Dans le cas d'une source sonore située à l'arrière du microphone, le parcours supplémentaire dû au labyrinthe permet à l'onde acoustique d'arriver en même temps sur les faces avant et arrière de la membrane. D'où :

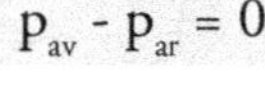

$$P_{av} - P_{ar} = 0$$

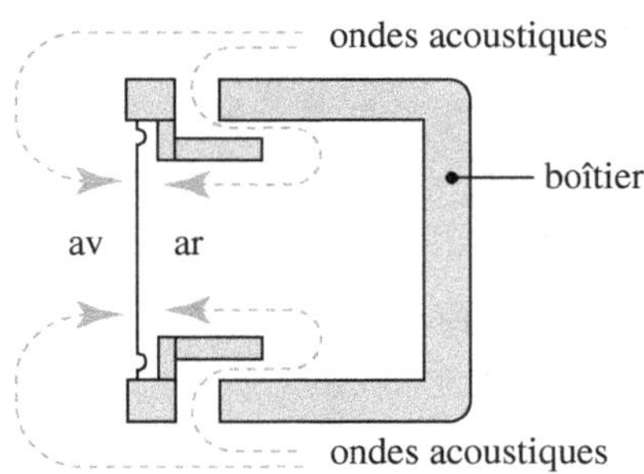

Figure 6.10 – *Microphone cardioïde muni d'un « labyrinthe » acoustique.*

2. Classification électrique

La tension électrique de sortie produite par les vibrations de la membrane peut être obtenue par différents procédés :

- cristal ou céramique (piézoélectrique) ;
- résistance de contact (charbon) ;
- effets thermiques et ioniques ;
- électromagnétique ou électrodynamique (bobine mobile ou ruban) ;
- électrostatique (condensateur ou électret).

Nous ne décrirons ici que les deux systèmes les plus usités aujourd'hui dans notre profession : les systèmes électrodynamiques et électrostatiques.

Microphones électrodynamiques

Microphone électrodynamique à bobine mobile

Un bobinage se déplaçant à l'intérieur d'un champ électromagnétique délivre un courant induit proportionnel à la vitesse de son déplacement. La tension est égale à :

$$E = B \times 1 \times v$$

où

E = tension électrique (V)

B = champ magnétique (Tesla : $\dfrac{V.s}{m^2}$)

1 = longueur du fil du bobinage (m)

v = vitesse de déplacement (m/s).

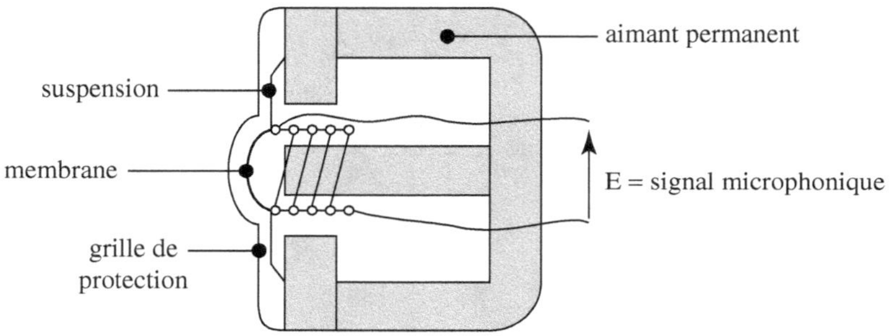

Figure 6.11 – *Principe de fonctionnement d'un microphone à bobine mobile.*

Ce microphone a une faible sensibilité (fort degré d'amortissement de l'équipage mobile, membrane + bobine) mais une bonne robustesse mécanique.

Figure 6.12 – *Microphone dynamique Sennheiser MD 21 (en service dans les années 1950 !).*

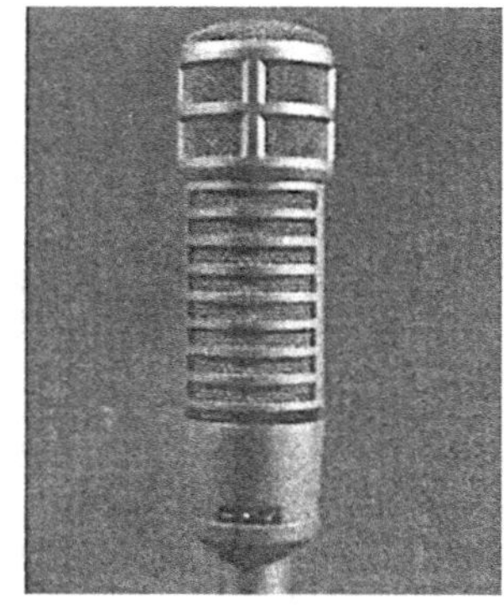

Figure 6.13 – *Microphone directif électrodynamique Electrovoice RE 20.*

Microphone électrodynamique à ruban

Ce type de microphone fonctionne sur le même principe mécano-électrique que le microphone à bobine mobile, mais le bobinage est remplacé par un fin ruban d'aluminium jouant aussi le rôle de membrane.

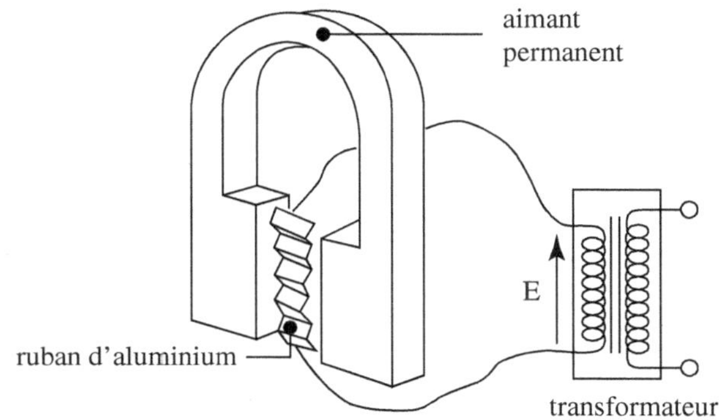

Figure 6.14 – *Principe de fonctionnement d'un microphone à ruban.*

La tension électrique est égale à :

$$E = B \times l \times v$$

où

E = tension électrique (V)

B = champ magnétique (Tesla : $\dfrac{V.s}{m^2}$)

l = longueur du ruban (m)

v = vitesse de déplacement (m/s).

La tension délivrée est inférieure à celle d'un microphone à bobine mobile (courte longueur du ruban). La faible masse du ruban donne au microphone une excellente réponse aux transitoires. Il est en contrepartie peu robuste et même inutilisable exposé au vent. La très faible impédance du ruban rend obligatoire un transformateur d'adaptation placé dans le boîtier.

Le principe de construction le classe naturellement parmi les microphones à gradient de pression comme bidirectionnel. Cependant, certains constructeurs ferment en partie l'arrière du ruban pour en faire un capteur unidirectionnel.

Microphone électrostatique

Microphone électrostatique à une seule membrane

Une membrane métallique ou métallisée est fixée face à une contre-plaque métallique perforée afin de constituer les deux électrodes d'un condensateur.

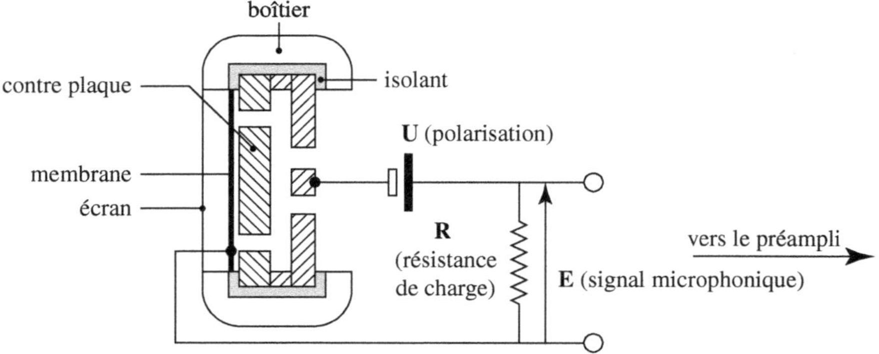

Figure 6.15 – *Principe de fonctionnement d'un microphone électrostatique, à polarisation continue.*

Ce microphone nécessite une tension continue de polarisation U. Appliquée aux bornes du condensateur, elle emmagasine une charge Q qui doit rester constante.

$$Q = C \times U$$

avec une capacité C qui dépend de la surface S de la membrane et de la distance d entre les deux électrodes.

$$C = \varepsilon\, S / d$$

avec ε = constante.

Les mouvements alternatifs de la membrane entraînent une variation de la distance entre les deux électrodes, donc une variation de capacité, d'où une tension alternative E aux bornes de la résistance R. Cette résistance est très élevée (comprise entre un et plusieurs $G\Omega$) pour compenser les fuites d'isolation et éviter des variations de la charge Q. Un préamplificateur d'adaptation au gain, généralement unitaire situé dans le boîtier, permet de ramener cette haute résistance à une impédance de sortie de l'ordre de 200 Ω (ou moins), afin de rendre utilisable sa modulation.

Ce microphone nécessite une alimentation extérieure destinée au condensateur et au préamplificateur, placée dans le boîtier (batterie) ou le plus souvent dans la console (alimentation fantôme). La très faible masse de la membrane donne au microphone une excellente réponse aux transitoires. Sa sensibilité et sa courbe de réponse sont très bonnes. Il est en revanche très sensible à l'humidité, à la température (et, dans une faible mesure, aux chocs). Son coût est très élevé.

La membrane et la contre-plaque perforée peuvent être placées dans un boîtier plus ou moins ouvert, ce qui permettra d'obtenir toutes les directivités souhaitées.

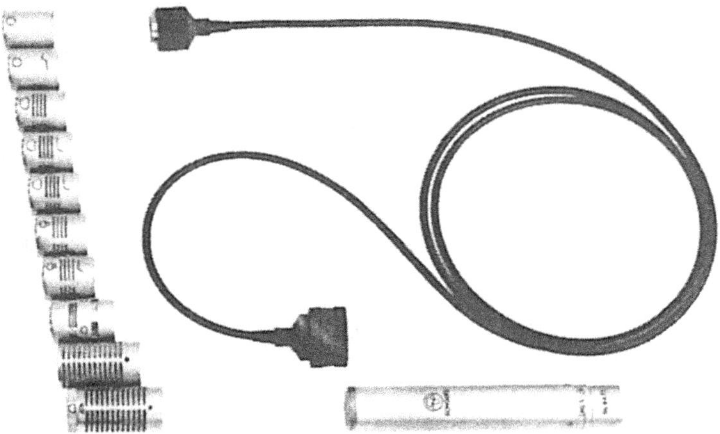

Figure 6.16 – *Boîtier et membranes Schœps interchangeables en fonction de la directivité souhaitée.*

Microphone électrostatique à double membrane

La capsule est constituée de deux membranes montées de part et d'autre d'une plaque fixe perforée formant un double condensateur où l'air peut circuler librement. Chacune des deux capsules fonctionne selon une directivité cardioïde.

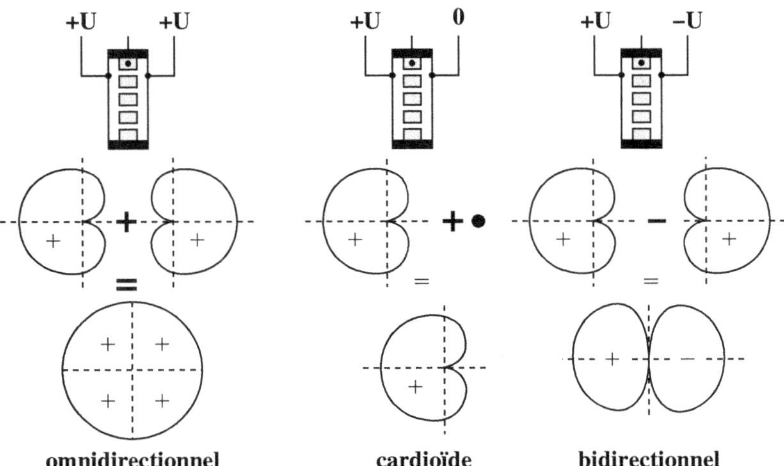

Figure 6.17 – *Principe de fonctionnement d'un microphone à double membrane.*

En appliquant une tension de polarisation fixe positive sur la première membrane et une tension de polarisation identique ou différente sur la deuxième membrane, on obtient :

- avec une seule membrane polarisée, un microphone cardioïde ;
- avec des tensions de mêmes signes, par addition de deux directivités cardioïdes tête-bêche, un microphone omnidirectionnel ;
- avec des tensions de signes opposés, par addition de deux directivités cardioïdes de signes opposés, un microphone bidirectionnel.

Si les deux membranes sont polarisées par des tensions de signes identiques ou opposés, mais de niveaux différents ou variables, on obtient des directivités intermédiaires appelées « infracardioïdes » ou « hypercardioïdes ».

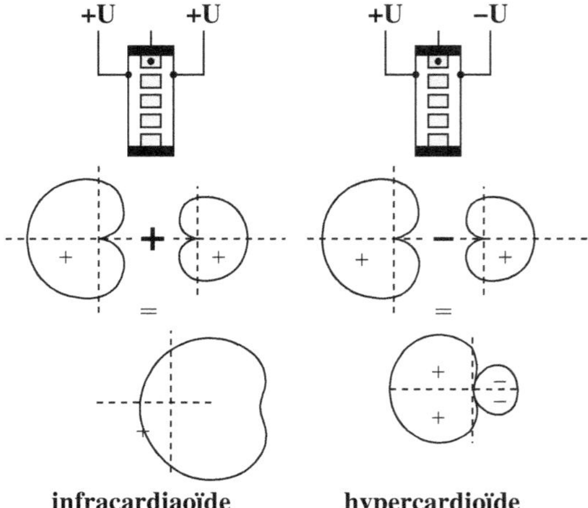

Figure 6.18 – *Principe de fonctionnement d'un microphone à double membrane (suite).*

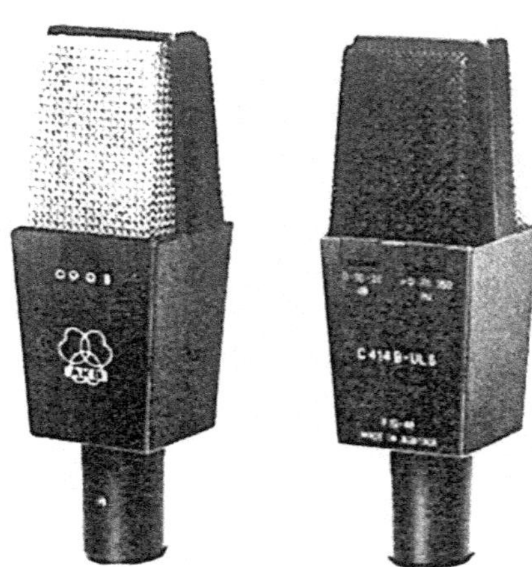

Figure 6.19 – *Microphone AKG C414 dont les directivités sont modifiables directement sur le boîtier.*

Microphone à électret

La membrane se déplace face à une contre-plaque fixe, comme pour un microphone à condensateur. Mais dans ce cas, une feuille de polymère prépolarisé fixée sur la contre-plaque *(back-electret)* remplace la tension de polarisation extérieure, une alimentation destinée au préamplificateur reste néanmoins nécessaire.

Le nom d'électret est donné à cette feuille de plastique car lorsqu'elle est soumise à haute température à un champ électrique intense, elle conserve, en se refroidissant, une charge électrique permanente.

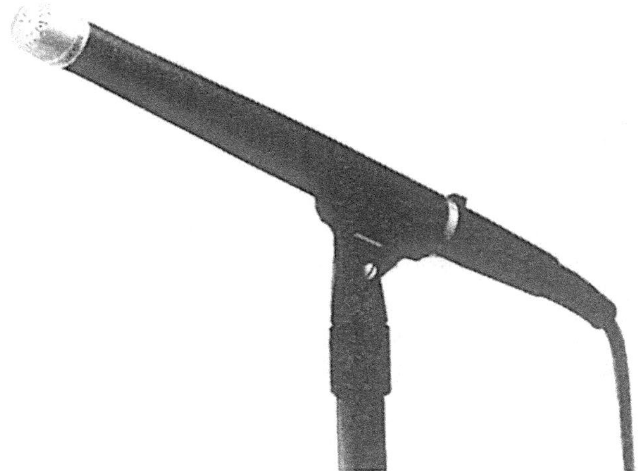

Figure 6.20 – *Microphone électret, de qualité professionnelle de Brüel et Kjaer aux directivités non modifiables.*

La tension délivrée par ce microphone est indépendante de la surface de sa membrane. D'où une miniaturisation adaptée aux microphones cravates, aux microphones téléphoniques et aux microphones équipant les appareils grand public, car le rapport qualité/prix est excellent.

3. Microphones particuliers

Microphone canon interférentiel

Ce microphone est à haute directivité grâce à un tube à interférences situé devant la capsule. L'effet directif est obtenu par l'arrivée en phase des ondes axiales sur la membrane, alors que les ondes latérales déphasées à l'intérieur du tube s'annulent.

Il capte avec précision des sons très éloignés. On le tient comme un fusil en visant la source sonore. Ce type de microphone ne fonctionne pas en milieu réverbérant à cause des ondes réfléchies. Par contre, il rend d'appréciables services à l'extérieur : il permet d'isoler une conversation parmi la foule.

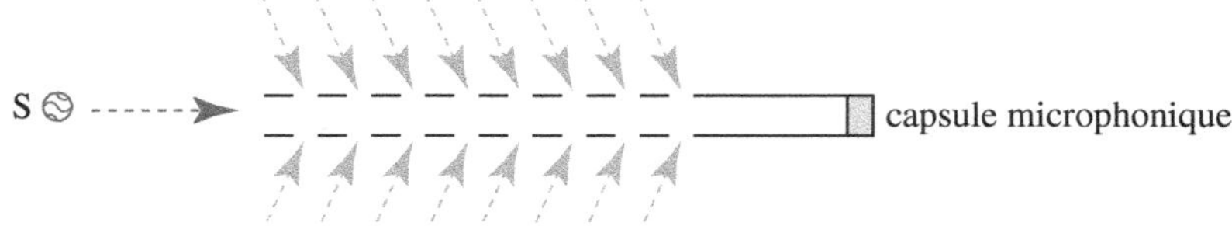

Figure 6.21 – *Principe du microphone canon.*

Microphone parabolique

Un microphone de directivité cardioïde est placé au foyer d'une parabole, généralement en tôle ou en polyester stratifié. La concentration de l'énergie au foyer de la parabole augmente la pression acoustique sur la capsule du microphone, ceci sans augmentation du bruit de fond. Plus le diamètre est important, mieux seront captées les fréquences basses ; des dimensions de 50 à 80 cm permettent, dans des terrains accidentés, de capter des sons lointains, des sources très ponctuelles (chants d'oiseaux).

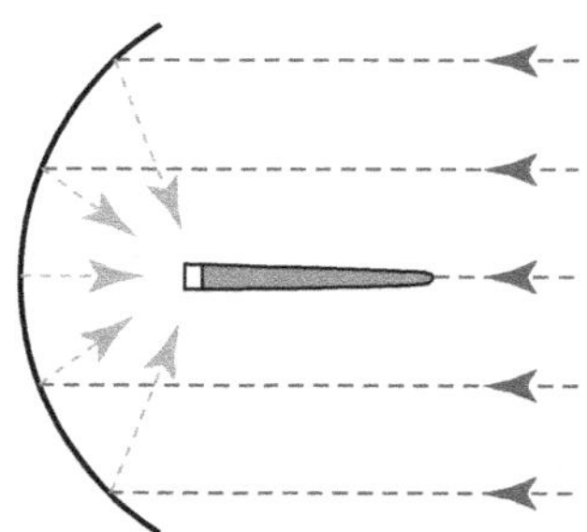

Figure 6.22 – *Principe du microphone parabolique.*

Les capteurs

Ces microphones réagissent directement aux vibrations de la surface d'une partie de l'instrument. Ce sont plus souvent des microphones dynamiques ou piézoélectriques. Ces derniers sont composés d'une substance cristalline développant une tension électrique sous l'influence d'une pression. La membrane n'est donc pas mise en mouvement par l'air mais par le contact d'une pièce vibrante : la table d'harmonie d'un piano, d'une guitare, la peau d'une percussion.

Le capteur doit être collé ou fixé par un collant double face. On peut utiliser ce genre de micro dans les situations où l'effet Larsen d'une sonorisation est à craindre ou en présence d'autres sources sonores très bruyantes. Une égalisation du signal est pratiquement indispensable si l'on veut obtenir un son proche de celui de l'instrument. Mais le plus souvent, il est traité et amplifié par une sonorisation individuelle.

Le microphone H.F.

C'est un microphone classique muni d'un mini-émetteur portable pour éviter tout câble de liaison. Un récepteur recueille le signal d'émission et le démodule. La modulation microphonique est ensuite traitée comme une liaison directe.

La portée est très variable : assez grande en plein air, elle est très vulnérable dans une salle et varie selon l'importance de l'ossature métallique ainsi que des éléments de scène.

Le microphone numérique

Il s'agit d'un microphone classique à condensateur équipé d'un convertisseur analogique-numérique et d'un préamplificateur situé dans son boîtier nécessitant une alimentation fantôme spécifique. Dans le cas du micro D-01 Neumann, de par la grande dynamique délivrée par la capsule (plus de 130 dB), deux convertisseurs complémentaires (bas et hauts niveaux) sont envisagés. Le signal sortant est au format AES 42 ; il nécessite un boîtier externe pour être converti au format AES/EBU.

4. Caractéristiques générales

Nous résumerons ici les caractéristiques techniques essentielles – données par le constructeur – qu'il est nécessaire de connaître avant tout achat ou toute utilisation d'un microphone.

La sensibilité

C'est le rapport entre le niveau électrique de sortie du microphone et la pression sonore incidente. Elle est généralement donnée soit en mV/Pa, soit en dB (référence à 1 V/Pa) pour une fréquence de 1 000 Hz, microphone chargé sur une impédance de 1 kΩ. Certains constructeurs indiquent encore la sensibilité en µbar (1 Pa = 10 µbar). À titre d'exemple, un microphone électrostatique qui délivre 10 mV pour une pression incidente de 1 Pa aura une sensibilité de **10 mV/Pa** ou **-40 dB**.

Ce rapport doit être élevé afin que le signal utile soit grand vis-à-vis du bruit de fond. Les microphones électrostatiques ont une sensibilité supérieure à celle des microphones électrodynamiques (voir tableau, page 110).

Le bruit de fond propre au microphone

Il est dû à la résistance de la bobine ou du ruban ; pour les microphones à condensateurs, il s'agit du bruit thermique des résistances et du bruit électronique du préamplificateur. Il est donné pour un niveau sonore équivalent, ramené à l'entrée par rapport au seuil d'audibilité (2 × 105 Pa). Ce bruit est de l'ordre de **25 dB** pour un microphone électrostatique équivalent à **14 dB$_A$** en valeur pondérée (voir tableau, page 110).

Le rapport signal/bruit

C'est le rapport entre le signal utile délivré et le bruit de fond du microphone. Il est généralement donné en dB pour une pression de 1 Pa à 1 000 Hz. (Rappelons que 1 Pa correspond à 94 dB.)

Exemple : pour un niveau de bruit de 25 dB, le rapport signal/bruit sera égal à :

$$94 - 25 = \textbf{69 dB}$$

ou $\qquad\qquad 94 - 14 = \textbf{80 dB}$ (en valeur pondérée).

Le niveau maximal

Il s'agit du niveau maximal admissible par le microphone correspondant à une distorsion harmonique du signal électrique de 0,5 % à 1 000 Hz.

Pour un microphone électrostatique, la saturation a lieu principalement au niveau du préamplificateur. Un atténuateur de 10 dB, placé entre la capsule et le préamplificateur de certains microphones, permet un gain dynamique de 10 dB supplémentaires. Le niveau maximal admissible varie généralement entre 120 et 140 dB (voir tableau, page 110). Certains microphones électret peuvent tolérer jusqu'à 150 dB.

La dynamique

Absente des notices techniques, elle est égale en décibels à la différence entre le niveau maximal admissible et le niveau de bruit de fond. Dans le cas de notre microphone électrostatique :

130 dB - 25 dB= **105 dB**

130 dB - 14 dB = **116 dB** (en valeur pondérée).

La courbe de réponse

C'est la sensibilité du microphone de 20 à 20 000 Hz, pour une source située dans l'axe de la capsule. La courbe idéale est théoriquement une droite horizontale. Pratiquement, l'allure de ces courbes dépend des paramètres :

- acoustiques (pression, gradient de pression) ;
- mécaniques (résonance de la membrane) ;
- électriques (électrostatique, dynamique) du microphone.

La maîtrise de ces paramètres fait l'objet de recherches constantes des constructeurs.

Pour illustrer les performances d'un microphone, il faudrait plusieurs courbes de réponse relevées dans différentes conditions d'utilisation : en champ direct et diffus, dans et hors de l'axe de la membrane. Le tableau comparatif de la page suivante ne présente qu'une allure très générale de courbes de réponse dans l'axe. Certains constructeurs donnent une courbe de réponse dite « originale ». La distance n'est pas donnée. Tous les microphones à gradient ont, à faible distance, une accentuation aux basses fréquences (effet de proximité).

L'impédance de sortie

C'est la résistance en régime périodique vue par l'utilisateur (préamplificateur d'entrée d'une console, d'un magnétophone). Elle a été choisie :

- pour permettre d'utiliser de longs câbles de liaison sans perte sensible (capacité et résistance des câbles) et pour offrir une meilleure protection contre les perturbations extérieures ;
- pour ne pas affaiblir la tension de sortie car l'impédance d'entrée de la console ou du magnétophone est au moins de **1 kΩ**. Cette impédance doit en effet être au moins cinq fois supérieure à l'impédance de sortie du microphone ;
- sa valeur oscille aux environs de **200 Ω** ; elle peut descendre à 30, voire **20 Ω**, afin d'éviter des pertes de hautes fréquences.

Tableau comparatif

	Microphones électrostatiques	Microphones électrodynamiques	
		à bobine mobile	à ruban
Directivité	(diagrammes de directivité)	(diagrammes de directivité)	(diagrammes de directivité)
Sensibilité	de 10 à 50 mV/Pa	de 1 à 5 mV/Pa	1 mV/Pa
réf. IV/Pa	- 40 dB à -26 dB	- 60 dB à -50 dB	- 70 dB à - 60 dB
Courbe de réponse (allure générale très schématique)	(courbes de réponse)	(courbe de réponse)	(courbe de réponse)
Bruit de fond équivalent	22 à 30 dB (selon CCIR) 12 à 20 dB (pondéré A)	> 25 dB	> 25 dB
Rapport signal sur bruit réf. 1 Pa	64 à 72 dB (selon CCIR) 74 à 82 dB (pondéré A)	< 70 dB	< 70 dB
Niveau max. admissible 0,5 % de distorsion	130 dB	120 dB à 140 dB	< 120 dB
Impédance de sortie	< 200 ohms	50 à 200 ohms	200 ohms

5. Angle de captation

Lorsqu'une source sonore contourne un microphone directionnel et se déplace sur un cercle, on constate, au fur et à mesure du déplacement, une diminution du niveau de l'intensité directe captée par le microphone. Le rapport de l'intensité du son direct à l'intensité du champ réverbéré va donc décroître et le plan sonore sera modifié.

Une oreille exercée remarque une différence d'environ 3 dB. Dans le cas d'un microphone cardioïde, ces 3 dB d'atténuation sont obtenus pour un angle de 65° par rapport à l'axe du microphone. L'angle de captation est donc égal, par symétrie, au double de cette valeur, soit 130°.

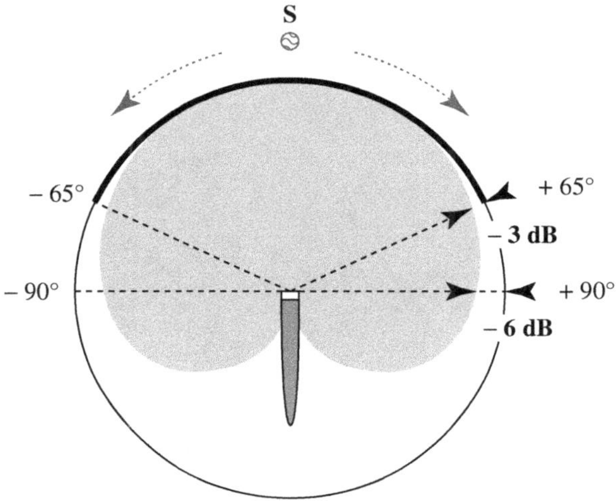

Figure 6.23 – *L'angle de captation d'un microphone.*

L'angle de captation d'un microphone cardioïde est de 130°.

Les sources sonores doivent se trouver par conséquent à l'intérieur de cet angle pour être restituées sur un même plan sonore. C'est également dans cette zone que l'on souhaite une courbe de réponse homogène. Pour comparer les performances de directivité des microphones, la littérature donne également cet angle pour une atténuation de 6 dB (voir le tableau de la page 114).

6. Facteur de directivité

C'est le rapport de l'intensité sonore du son direct capté dans l'axe du microphone et de celle du champ réverbéré capté selon toutes les directions.

- Pour un microphone omnidirectionnel, le son direct et le champ réverbéré sont captés de manière égale ; ce rapport est donc de **1**, soit **0 dB** (en décibels : 10 log 1 = 0 dB).
- Pour un microphone cardioïde, l'intensité du son direct est captée avec une sensibilité trois fois plus importante que celle du champ réverbéré ; ce rapport est donc de **3**, soit **4,8 dB** (en décibels : 10 log 3/1 = 4,8 dB).

La figure 6.24 montre deux microphones d'égale sensibilité – l'un cardioïde et l'autre omnidirectionnel – positionnés en un même lieu et face à une même source sonore.

Ils perçoivent la même intensité du son direct, mais une intensité du champ réverbéré inférieure de 4,8 dB pour le microphone cardioïde. Mais attention : si l'onde directe parvient au microphone cardioïde avec un angle de 65°, le facteur de directivité tombe à **1,8 dB** (4,8 - 3).

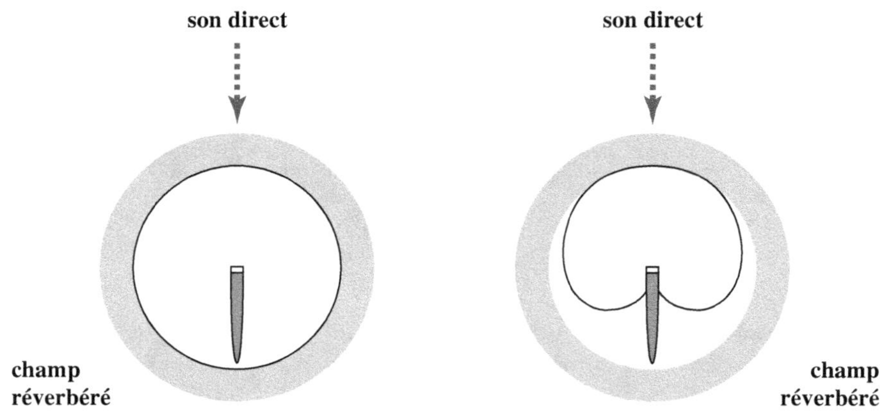

Figure 6.24 – *Facteurs de directivité comparés.*

Facteurs de directivité Q : - microphone omnidirectionnel : 1 (O dB)
 - microphone cardioïde : 3 (4,8 dB)

En dB, il est souvent nommé « indices de directivité ». Pratiquement, cela signifie aussi que le bruit d'ambiance capté par un microphone cardioïde est inférieur de 1/3 (4,8 dB) au son direct (voir le tableau de la page 114).

7. Facteur de distance

Considérons maintenant deux microphones de directivités différentes, mais placés à des endroits différents. S'ils délivrent le même plan sonore, le facteur de distance est le rapport des distances qui séparent les deux microphones de la source.

Le plan sonore dépend du rapport des intensités du son direct et du champ réverbéré à l'emplacement d'un microphone ainsi que du facteur de directivité Q que nous venons d'étudier. Le produit de ces deux termes s'appelle le « facteur de grossissement » du microphone.

Facteur de grossissement :
$$G = Q \, \frac{S_d}{S_r}$$

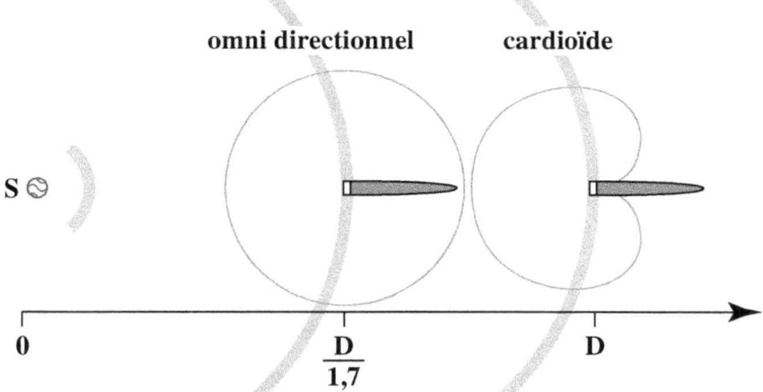

Figure 6.25 – *Ces deux microphones génèrent un même plan sonore (rapport de distance de 1,7).*

Par exemple, pour obtenir un même plan sonore avec deux microphones côte à côte, l'un omnidirectionnel et l'autre cardioïde, face à une source sonore, il faut :

- soit rapprocher le microphone omnidirectionnel de la source : on augmente ainsi le rapport Sd/Sr d'un facteur 3 pour compenser le facteur de directivité du microphone cardioïde qui est de 3 ;
- soit éloigner le microphone cardioïde de la source : on diminue ainsi le rapport Sd/Sr d'un facteur 3 pour compenser le facteur de directivité du microphone omnidirectionnel qui n'est que de 1.

Le rapport Sd/Sr décroissant avec l'inverse du carré de la distance, le rapprochement du microphone omnidirectionnel ou l'éloignement du microphone cardioïde se fera toujours dans un rapport de distance de 1,7.

Facteur de distance :
$$\frac{D_{cardio}}{D_{omni}} = 1,7$$

En pratique, si nous avons placé un microphone cardioïde à 10 m d'une source sonore et que le plan sonore nous convient, nous pouvons placer un microphone omnidirectionnel à 5,8 m (10/1,7) pour conserver le même plan sonore et bénéficier des caractéristiques d'un microphone omnidirectionnel (voir le tableau suivant).

8. Tableau récapitulatif

Directivité du microphone		Angle de captation		Indice de directivité	Facteur de distance
		à -3 dB	à -6 dB		
Omnidirectionnel		360°	360°	0 dB	1
Hypocardioïde ou infracardioïde		360°	360°	2,3 dB	1,3
Cardioïde		130°	180°	4,8 dB	1,7
Hypercardioïde		105°	140°	5,7 dB	2
Bidirectionnel		90°	120°	4,8 dB	1,7

Chapitre 7

La prise de son stéréophonique « mono dirigée » multimicrophonie

1. De la monophonie à la stéréophonie mono dirigée

Il peut sembler curieux de débuter ce chapitre consacré à la prise de son stéréophonique par un système utilisé depuis trois quarts de siècle : la monophonie. En fait, elle appartient encore bel et bien au présent. N'oublions pas que de nombreuses prises de son stéréophoniques font aujourd'hui appel directement à la monophonie ; il s'agit d'une stéréophonie monodirigée basée sur des prises de son en monophonie, comme nous allons le voir.

De manière très simplifiée, rappelons qu'une voie microphonique, avec son écoute, comporte :

- un microphone ;
- un adaptateur ;
- un atténuateur ou un potentiomètre ;
- un amplificateur de puissance ;
- un haut-parleur.

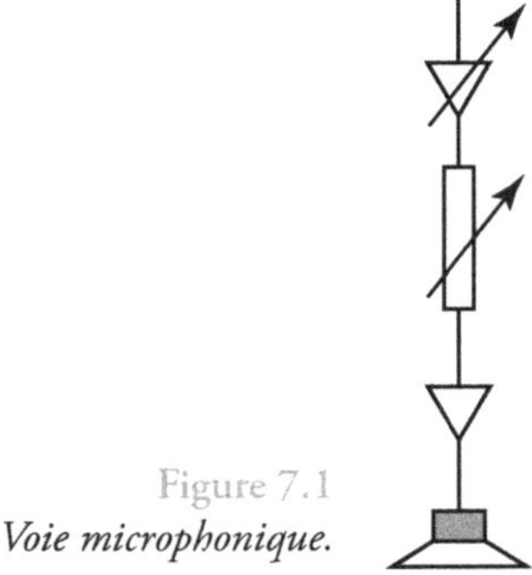

Figure 7.1
Voie microphonique.

Les premiers essais stéréophoniques ont été réalisés en employant deux consoles (deux pupitres) en parallèle pour former les voies gauche et droite. Certains preneurs de son astucieux assemblaient même deux microphones pour faire passer électriquement la source sonore de gauche à droite, car il n'était pas concevable de relier un seul microphone sur deux entrées.

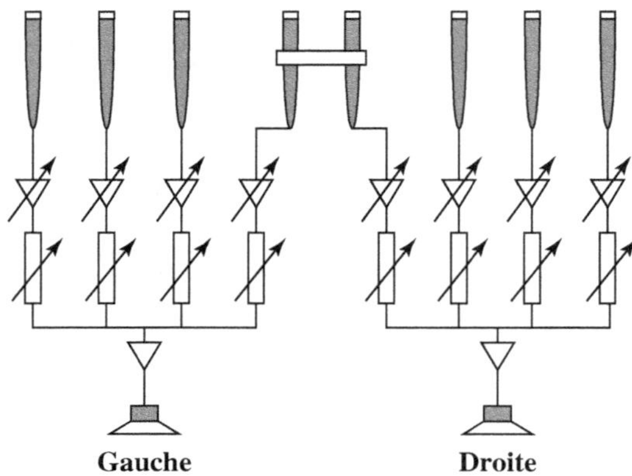

Figure 7.2 – *Couplage de deux consoles monophoniques à quatre voies pour une prise de son stéréophonique. Deux microphones sont reliés par une barrette.*

Les constructeurs cherchaient bien sûr à regrouper l'ensemble dans une console unique et imaginèrent un potentiomètre particulier, permettant d'aiguiller, au choix, la modulation d'un microphone entre le canal de gauche et de droite : le potentiomètre panoramique.

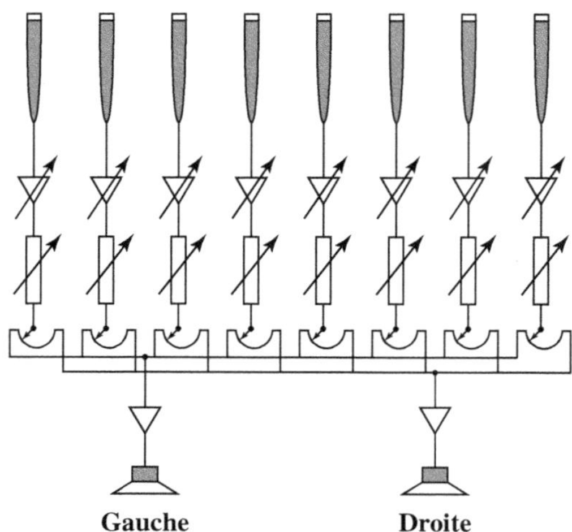

Figure 7.3 – *Principe simplifié d'une console multipiste (8 voies).*

Ainsi sont apparues des consoles à 8, 16, 32 voies. Les sources sonores, monophoniques, sont traitées électroniquement par des « périphériques » avant ou pendant le mélange final stéréophonique sur deux pistes ou lors d'un mixage multicanal en *surround*. Mais, précisons-le encore une fois, chacune des voies microphoniques est et reste une voie monophonique que l'on peut diriger sur les sorties gauche et droite (voir annexe 3). Nous verrons aux chapitres suivants que la stéréophonie dite « globale ou naturelle » implique l'utilisation de microphones non pas uniques, mais groupés par paires sur les voies gauche et droite de la console.

La plupart des situations actuelles conjuguent prise de son stéréophonique globale et monophonie dirigée (voir figure 7.4). Toutes les consoles possèdent les configurations souhaitées, une ergonomie poussée, une grande facilité d'accès et une grande souplesse d'utilisation.

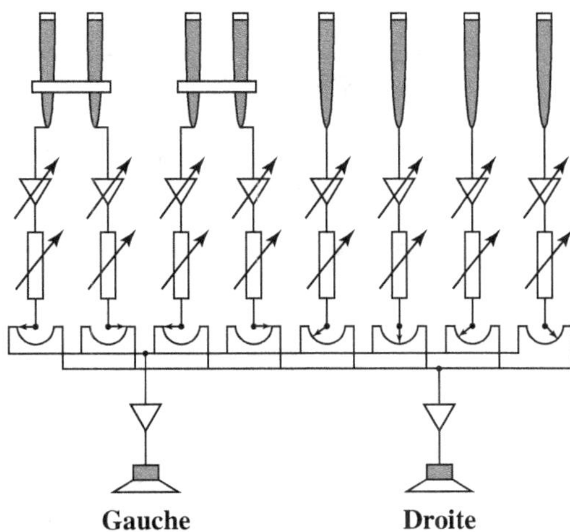

Figure 7.4 – *Console avec deux paires stéréophoniques et quatre voies monophoniques.*

2. Principe de la monophonie dirigée

Le signal microphonique est envoyé sur un seul ou sur les deux haut-parleurs. L'effet de localisation, conformément à l'écoute stéréophonique, est obtenu exclusivement par différence de niveau sonore entre les haut-parleurs gauche et droit. On réalise ce dosage en intensité par le potentiomètre panoramique ou « pan ».

Suivant l'orientation du potentiomètre, la source virtuelle est déplacée linéairement entre les deux haut-parleurs en fonction des différences de niveau introduites entre les deux canaux.

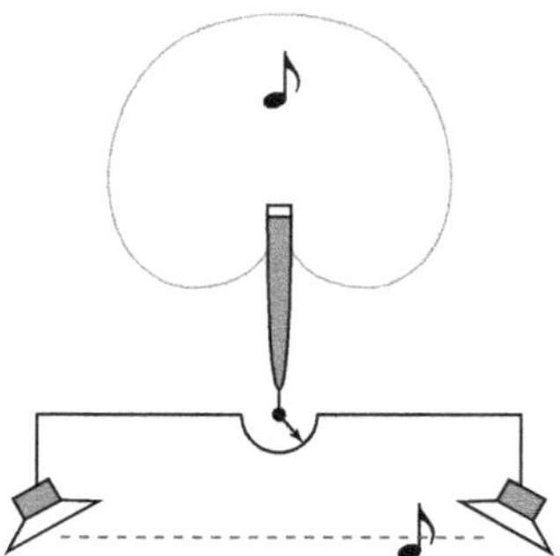

Figure 7.5 – *Prise de son et restitution sonore par un potentiomètre panoramique.*

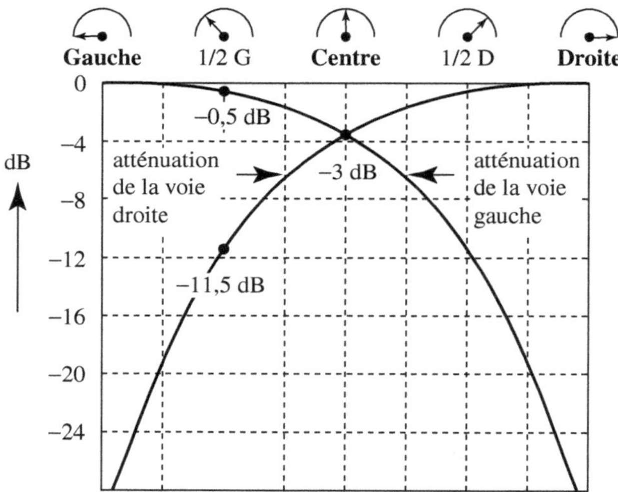

Figure 7.6 – *Action du potentiomètre panoramique sur les atténuations respectives des voies gauche et droite.*

La figure 7.6 montre les courbes d'atténuation obtenues sur chacune des voies par le double potentiomètre que constitue le pan-pot. Par addition des courbes, on constate que la source virtuelle conserve un niveau sonore constant quelle que soit sa position entre les deux haut-parleurs. Le potentiomètre panoramique :

- orienté à gauche introduit une atténuation totale sur la voie droite sans atténuer la voie gauche. La source image est donc localisée sur l'enceinte gauche en une source réelle S'1 ;
- orienté à mi-chemin entre l'extrême gauche et le centre, il introduit une atténuation de 11,5 dB sur la voie gauche et 0,5 dB sur la voie droite. La différence d'intensité est de 11 dB, et la source image est située en S'2 ;

- orienté au centre introduit une atténuation de 3 dB sur chaque voie afin de compenser l'augmentation de niveau sonore due au doublement des voies. La différence d'intensité est nulle et la source image est positionnée au centre en S'3 ;
- un raisonnement semblable explique les positionnements S'4 et S'5.

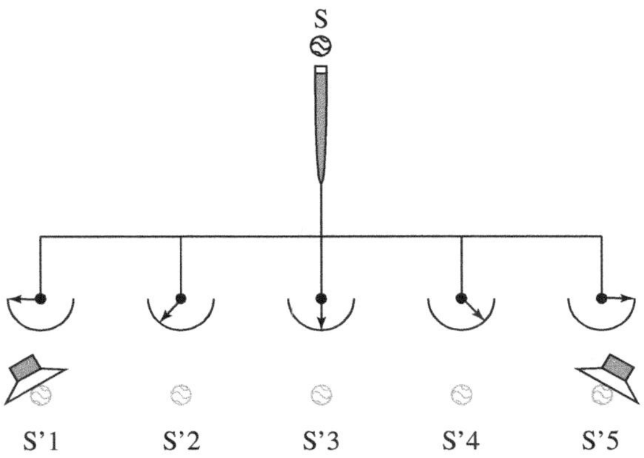

Figure 7.7 – *Influence du pan-pot sur la position de la source image restituée.*

La réduction monophonique est obtenue par la somme électrique des signaux gauche et droit qui peuvent prendre différentes valeurs. On constate :

- une dégradation spectrale nulle du signal. Il n'y a en effet aucune différence de temps donc de phase : la compatibilité monophonique est donc excellente ;
- une augmentation de niveau de 3 dB à l'écoute lorsque la source sonore a été orientée au centre. En effet, par addition des deux canaux, on obtient +6 dB auxquels il faut soustraire les 3 dB introduits par le panoramique.

La figure 7.8 illustre les valeurs de cette augmentation du niveau sonore monophonique pour des orientations du pan-pot de gauche à droite. À noter que pour limiter cet inconvénient, certains constructeurs proposent en option un compromis d'atténuation de 4,5 dB.

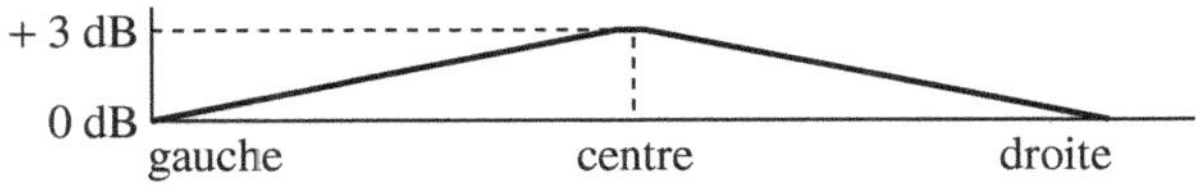

Figure 7.8 – *Augmentation du niveau sonore monophonique en fonction de l'orientation du panoramique.*

3. Multimicrophonie

Dans son *Traité de prise de son*, édité par Eyrolles en 1949, José Bernhart montre qu'il est possible d'améliorer la « mise en page » d'un orchestre par un microphone unique en plaçant un second microphone dans la salle pour capter l'ambiance. Il décrit avec pertinence le rôle de la réverbération face à un micro unique et les difficultés d'équilibre en présence de plusieurs microphones. À cette époque, les mélangeurs étaient composés de un à quatre potentiomètres rotatifs permettant le réglage des niveaux (jusqu'à quatre microphones).

En présence de plusieurs sources sonores (voix, instruments), le nombre de microphones à mettre en action peut augmenter. Au besoin, nous trouverons autant de microphones que d'artistes ou de groupes d'artistes. Chaque microphone étant relié à une voie d'entrée spécifique, les consoles devront posséder un grand nombre de voies d'entrée selon l'importance du studio. Les différentes modulations seront orientées à volonté entre les deux haut-parleurs.

On consultera avec intérêt l'annexe 3, « Représentation simplifiée d'un module d'entrée en ligne d'une console multivoie analogique ». Ce type de module se trouve encore couramment dans certains studios d'enregistrement.

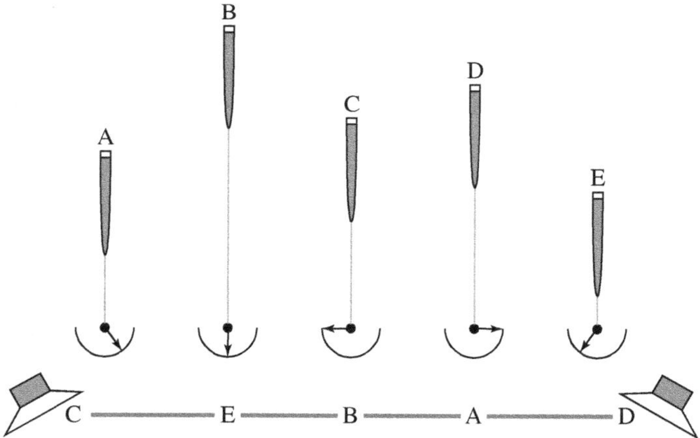

Figure 7.9 – *Principe de la multimicrophonie.*

À leur demande, les industriels ont cherché à satisfaire les souhaits des preneurs de son. Les consoles se sont progressivement perfectionnées, avec notamment une numérisation systématique de tous les éléments, une augmentation du nombre des voies d'entrées avec accès possible de toutes les fonctions sur chacune des voies.

Le principe « une fonction/un bouton » est révolu ; aujourd'hui une même fonction est assignable à tout élément. On trouvera dans le tableau ci-après les différentes fonctions telles qu'elles se sont développées dans le temps. Leurs abréviations, souvent anglo-saxonnes – parfois représentées par un symbole – sont reportées sur un écran. À chacun d'étudier le mode d'emploi de la console choisie, généralement très bien détaillé en plusieurs langues.

Figure 7.10 – *Vue partielle d'un écran de contrôle d'une console numérique (© Yamaha).*

Exemples de quelques fonctions d'une console numérique et leurs abréviations.

Fonctions apparues progressivement sur chaque voie d'une console numérique	Termes usuels, abréviations
Raccordement de périphériques spécifiques entrée-sortie	PATCH, INSERT
Adaptation des niveaux micro/ligne	GAIN, PHANTOME
Atténuation	PAD
Inversion de phase	PHASE REVERSE
Contrôle mono-stéréo	M/ST
Potentiomètre de voie	FADER
Écoute avant/après potentiomètre	PFL/AFL ou CUE ou SOLO

(Suite tableau page suivante)

121

Touche Silence	MUTE
Filtrages 3 ou 4 bandes de fréquences	EQ
Dynamique	COMP GATE ou EXPAND
Potentiomètre panoramique	PAN
Potentiomètre *surround*	PAN 360°
Titrage des voies	NAMES
Groupement de voies	GROUP
Réverbération	REVER
Synoptique des liaisons	PATCH ou ROUTING
Contrôles visuels des niveaux (VU-mètre et crête-mètre)	VU METER, PEAK-METER
Corrélateur de phase	PHASE METER
Retard du signal (ms)	DELAY
Matriçage système M-S	MS
Sorties auxiliaires avant/après potentiomètre de voie	PRE ou POST FADER
Sorties sans réglage des niveaux	FIXED
Sorties avec réglage des niveaux pour artistes, scène, sonorisation, médias, enregistrements	AUX SEND, BUS SEND, INSERT
Branchement de consoles supplémentaires	CASCADE
Couplage d'ordinateurs complémentaires	LINK, USB, FIRE WIRE MADI ETHERNET
Raccordements à des stations de travail type Pro Tool, Pyramix, Cubase	WORKSTATION
Pilotages de programmes, plug-ins, logiciels	TRANS PAN
Banque de sons	LIBRARY

La visualisation sur écran de chacune des pistes et des traitements apportés aux signaux constitue une aide précieuse pour l'ingénieur du son. L'accès à la structure fine du signal, par effet de zoom, permet de visualiser clairement l'onde sonore et facilite les points de montage (fig. 7.11).

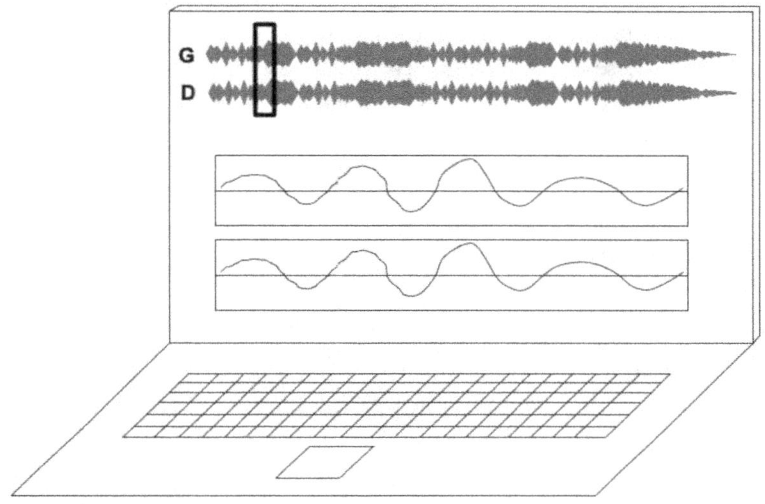

Figure 7.11 – *Vue de deux pistes G,D et détail de la forme de l'onde dans la fenêtre d'analyse.*

Les sources sonores (voix, instruments, groupe homogène d'instruments) étant captées séparément, une isolation phonique minimale est nécessaire si l'on veut éviter toute reprise sonore par des microphones voisins. Pour réaliser cette isolation, les sources sonores seront soit :

- captées par des microphones directionnels ;
- disposées dans un studio peu réverbérant, compte tenu de leur volume sonore et de leur rayonnement acoustique ;
- séparées à l'aide de panneaux acoustiques absorbants (veiller à la visibilité entre les interprètes) ;
- placées dans des cabines isolées phoniquement et pourvues de vitrages (échanges visuels) ; ces cabines sont conçues pour recevoir des instruments à forte dynamique (percussions, cuivres) et sont traitées acoustiquement afin d'éviter une trop forte « coloration ». Une distribution casque ou haut-parleur d'un mélange provisoire *(foldback)*, partiel ou global, est nécessaire pour obtenir une parfaite synchronisation entre les interprètes ;
- reliées directement à la console de prise de son, sans passer par un microphone s'il s'agit d'instruments électro-acoustiques ou de capteurs. Le raccordement est réalisé par un boîtier de liaison – boîte de direct – qui a pour rôle d'adapter le signal électrique sortant de l'instrument ou de son amplificateur à l'entrée de la console. Ce boîtier comprend également un atténuateur de niveau permettant de ramener le signal à un niveau microphonique, un inverseur de phase et une interruption de la masse électrique ;

• traitées par des portes de bruit *(noise gate)* qui ont pour rôle de laisser passer intégralement le signal, dès qu'il dépasse un certain seuil de niveau sonore ; en dessous,
il est éliminé. Ce seuil est ajustable en niveau, en fréquence, en durée et en temps
d'ouverture. La porte de bruit est particulièrement appréciée sur des signaux
percussifs (grosse caisse, caisse claire) : elle permet d'éliminer électroniquement
chaque frappe des autres éléments de la batterie.

La balance sonore

En cabine, l'équilibre sonore doit répondre à certaines exigences :

• l'équilibre spectral : la modulation de chaque voie microphonique peut être
corrigée par l'insertion de filtres et de périphériques extérieurs à la console : effets
de retard, variateur de tonalité *(delay, harmoniser, flanger…)* ;
• la dynamique : cette opération reste délicate car il s'agit d'éviter le bruit de fond
et la saturation. L'introduction d'un compresseur permet une certaine protection
contre les surmodulations et une augmentation de l'énergie moyenne de la source
sonore ;
• la profondeur et les plans sonores : les conditions de captation rapprochée
impliquent à l'écoute une précision, une présence et une excellente localisation
qui s'avèrent sans relief, réparties le long d'une ligne reliant les deux haut-parleurs.
Il convient donc de traiter chaque source afin de la positionner artificiellement en
profondeur et de lui donner l'enveloppe acoustique qui lui manque par l'introduction de chambres de réverbération dont la couleur et la durée sont adaptées à
chaque élément sonore ;
• la localisation latérale : il convient d'équilibrer, de symétriser les sources par une
bonne balance sonore à l'intérieur de l'espace stéréophonique.

Tous ces critères sont tributaires des impératifs d'une production disque, radio, télévision, cinéma, sonorisation en salle ou en plein air.

4. La prise de son multimicrophonique : technique de play-back et de mixage

En 1947, Les Paul, guitariste, démontre avec succès, qu'il est possible d'enregistrer
avec une seule guitare, en surimpression les différentes voies d'un titre, par un seul
microphone mais en utilisant, avec un succès mondial, en alternance deux magnétophones : le play-back. Ce procédé d'enregistrement fractionné, est couramment
connu sous le nom de *re-recording*, d'*over-dubbing*.

Ce type de prise de son est réalisé par fragments, en plusieurs étapes, en plusieurs séances, en différents lieux et s'impose :

- lorsqu'il est impossible d'isoler et de corriger individuellement et correctement les sources sonores entre elles et de les rendre suffisamment présentes, par exemple, quand on a une flûte à faire ressortir d'une formation de quatre saxophones et de quatre trombones ;
- lorsque les lieux de prise de son sont différents, par exemple un studio de bonne dimension pour l'enregistrement d'un piano et un studio plus petit mais mieux équipé pour des prises de son de voix et de synthétiseurs ;
- lorsque des prises de son différentes sont choisies pour capter et équilibrer la base rythmique, les cuivres, les cordes ;
- lorsque les artistes ne peuvent être réunis au même moment ou si les conditions financières limitent les temps de prestation ;
- pour donner à chaque interprète la possibilité de reprendre et de peaufiner son intervention sans perte de temps pour le groupe ;
- s'il y a obligation d'enregistrer des œuvres insolites :
  - les cloches, les flibustiers de l'*Ouverture 1812* de Piotr Ilyitch Tchaïkovski,
  - les canons de *La Victoire de Wellington*, de Ludwig van Beethoven,
  - le *Quatuor à cordes d'hélicoptères*, de Karlheinz Stockhausen ;
- pour réduire les temps de prestation des artistes en les faisant intervenir à des moments déterminés ;
- pour réaliser, lors du mixage final, un équilibre sonore loin de toutes les tensions présentes à la prise de son.

Principe du play-back

Phase 1 : réalisation de la base

Les sources sonores A, B, C, D sont captées individuellement, contrôlées en cabine et enregistrées séparément sur les pistes A, B, C, D.

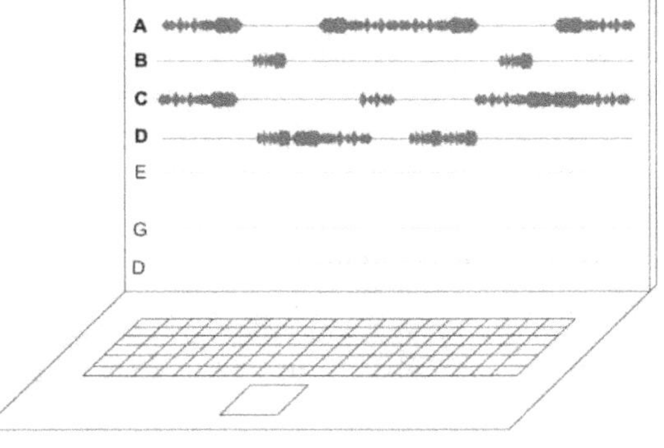

Figure 7.12 – *Visualisation des sources sonores A, B, C, D.*

Phase 2 : play-back ou *re-recording*

La base, dans un équilibre sonore provisoire, est diffusée dans le studio par casques ou par haut-parleurs. Une nouvelle source sonore E en parfait synchronisme est captée par un microphone, contrôlée en cabine et enregistrée séparément sur une nouvelle piste E.

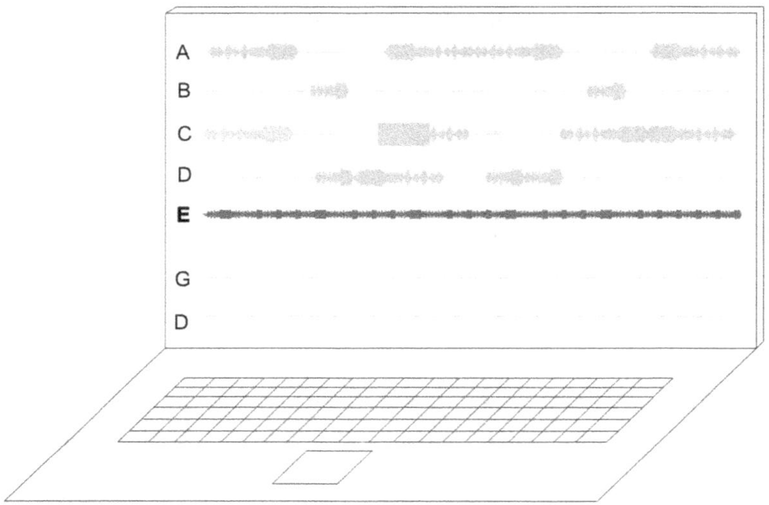

Figure 7.13 – *Visualisation de la nouvelle piste E.*

Phases suivantes

Il est possible de répéter cette deuxième phase, d'autres prises de son seront enregistrées à leur tour sur d'autres pistes. Un interprète, souvent en cabine, peut remplir seul de nombreuses pistes avec des sons de synthèse ou de nouveaux effets. Il se raccorde alors directement aux entrées de la console et profite de l'écoute de contrôle.

Phase finale : le mixage

La réduction finale stéréophonique ou multicanale des pistes, appelée *mixdown*, se réalise une fois tous les enregistrements terminés.

À noter que sur la base d'un même titre orchestral :

• un chanteur peut interpréter les paroles en différentes langues ;
• plusieurs chanteurs ou solistes peuvent interpréter la mélodie de différentes façons.

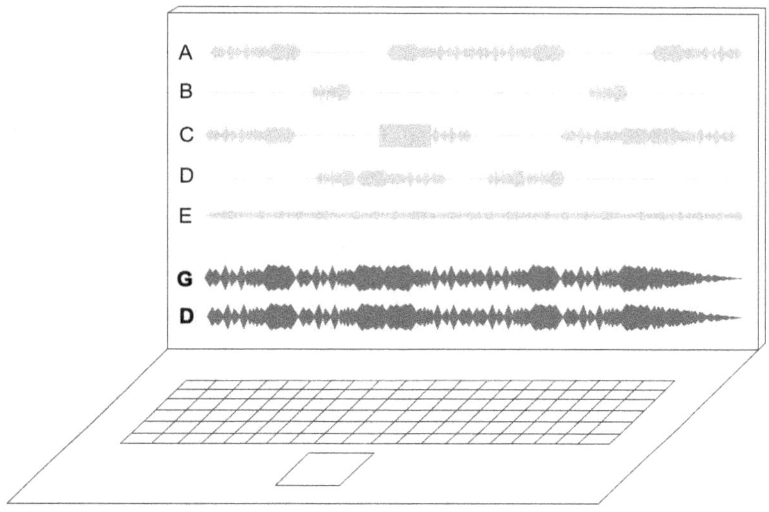

Figure 7.14 – *Visualisation de la réduction finale stéréophonique G, D.*

Mixage final

Le mixage se réalise au cours de longues séances durant lesquelles on peaufine l'équilibre des timbres et la balance des niveaux. On ajoute des transformations sonores propres à chaque style musical, aux possibilités créatives infinies : on reconstitue le plus souvent un nouvel espace sonore. Le support final est nommé *master*.

Le mixeur n'est pas toujours celui qui a réalisé la prise de son. Ses compétences de spécialiste dans tel ou tel style musical lui permettent de doser, traiter, mélanger ; recherches souvent laborieuses, toujours longues et compliquées, avant que le producteur artistique ou commercial ne soit satisfait. L'automatisation des consoles facilite aujourd'hui les nombreuses manipulations du mixeur par la mise en mémoire et la reproduction (motorisée ou sur écran) des ajustements de niveau, des retouches ultérieures, des commandes de certains périphériques pour des effets sonores réussis :

- hier, lorsqu'il fallait gérer les 150 voies de la console et les trois fois 24 pistes multipistes du dernier album de Michael Jackson ;
- aujourd'hui, pour gérer les 600 voies d'une console équipée de huit processeurs numériques (DSP : *Digital Signal Processing*).

Chaque réglage est mémorisé, affiné et reproduit inlassablement avec la même précision jusqu'à la réussite totale d'un titre, d'une œuvre, sans recopie d'une piste, donc sans pertes de qualité. On travaille toujours sur l'enregistrement original. En fin de séance, la mise en mémoire de la configuration générale de la console sur une empreinte numérique est indispensable aux éventuelles retouches ultérieures nécessaires à d'autres supports *(re-mix)*.

Lors d'une répétition d'un spectacle composé de plusieurs groupes, il est possible aujourd'hui de mettre en mémoire les équilibres sonores et les corrections d'une centaine de titres, et de les rappeler – en une seconde – lors du spectacle lui-même. Cette démarche méthodologique implique un certain nombre de spécificités ergonomiques des consoles de prise de son et/ou de sonorisation, qui différent selon les genres :

- production et postproduction son (audio, vidéo et film) ;
- concerts de musique *live* (rock, variété, jazz, musique classique) ;
- musiques expérimentales et électro-acoustiques.

Aussi le mixeur doit-il imaginer une stratégie :

- l'échafaudage, la construction sonore sera différente selon les styles musicaux : par exemple, l'élément sonore autour duquel se construit le mixage peut être rythmique (jazz, rock…) ou vocal (chant avec accompagnement orchestral) ;
- le support final : les conditions de diffusion doivent être connues du mixeur ; aux médias déjà cités, n'oublions pas le théâtre, les spectacles « son et lumière », les vidéo-clips, les différents supports multicanaux ;
- la destination du *master* (CD, Blu-ray, DVD, musique en ligne, radio, TV, multimédia, écoute baladeur) peut déterminer les conditions d'écoute durant le mixage.

5. Le *home studio*

Avec le développement numérique, la création d'un home studio est facilitée aujourd'hui pour celui qui possède un ordinateur avec l'ajout :

- d'une interface entrée/sortie ;
- d'un logiciel (station de travail) ;
- de plug-ins ;
- d'un ou de plusieurs microphone(s) ;
- d'une mixette – souvent destinée au monitoring ;
- d'un système d'écoute par haut-parleurs ou à un casque.

Chacun, débutant ou amateur chevronné – interprète, musicien, comédien, technicien ou non – peut, avec méthode, patience et beaucoup d'imagination, sur une base rythmique par exemple, ajouter des voix, des instruments de musique à partir d'instruments acoustiques, produits par des synthétiseurs ou provenant de banques de sons. Il peut les enregistrer, les transformer, les modifier, les travailler et créer des sonorités nouvelles, « retailler » les hauteurs, les timbres, les intensités des sons traditionnels sur une station de travail type Pyramix, Pro Tools, Cubase L'œuvre enregistrée sur empreinte numérique – disque dur, clef USB, CD, DVD, Blu-ray, par fichiers – peut même faire l'objet d'une édition limitée sur tout support ou site de téléchargement.

Toujours plus d'amateurs sonorisent leurs tournages vidéo en faisant une bande son originale. D'autres créent des spots publicitaires, des enregistrements de promotion, des vidéo-clips ou des parodies. Des amateurs éclairés s'essayent même à la composition et à son interprétation. De nombreux compositeurs réalisent à domicile une partie importante de la production musicale de courts-métrages de musique de film, de scènes, de publicités.

D'autres utilisent le *home studio* pour la conception de maquettes destinées à préparer un prochain enregistrement en studio ou pour mettre en place les structures instrumentales, ou tout simplement pour entendre (et retoucher) leur composition. Cette technique aura surtout permis une concrétisation sonore rapide (sans risque et à moindre coût) que tout compositeur souhaite obtenir au fur et à mesure de sa progression musicale. Il est possible à un compositeur de recevoir, par fichiers linaires ou compressés (formats WAVE, AIFF, BWF, MP3, AAC, etc.), une maquette préenregistrée à l'autre bout du monde pour l'auditionner, pour souhaiter quelques adaptations... avant d'en réaliser une version finale en studio.

La société Apple met à disposition une banque de sons de qualité moyenne (logiciel GarageBand) qui permet :

- leur reconnaissance ;
- d'en régler la dynamique ;
- de faire des crescendos ;
- de les mixer sur pistes séparées ;
- de les superposer ;
- de les spatialiser, de les reconnaître, tout simplement.

Le résultat stéréophonique ou multicanal peut être écouté dans un *home cinema* pour en apprécier le rendu spatial.

Pour la réalisation finale, le compositeur se rendra finalement dans un studio professionnel consacré aux grandes réalisations musicales, théâtrales, cinématographiques, ainsi qu'à la « mastérisation » des supports commerciaux.

6. Prise de son de proximité

Une prise de son rapprochée ne cherche à capter que la source sonore, sans environnement acoustique.

Captation d'une partie du rayonnement sonore

De par la complexité du rayonnement sonore, tout microphone proche d'une source ne captera qu'une partie du spectre rayonné. On le vérifie aisément en se déplaçant soi-même ou en déplaçant un microphone autour d'un instrument. Le timbre varie dans des proportions importantes, liées à sa directivité spectrale ainsi qu'à la position de l'interprète qui fait obstacle.

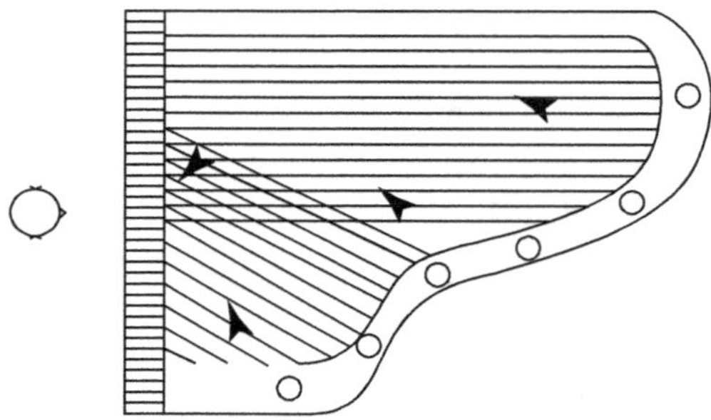

Figure 7.15 – *Exemple de positionnements microphoniques dans le cas d'une prise de son rapprochée de piano.*

Placer un microphone à proximité d'un instrument revient donc à ne prélever qu'une partie du signal d'émission. Pour parer à cet inconvénient, l'ingénieur du son a recours à plusieurs microphones disposés dans des zones de rayonnement privilégiées. Dans le cas du piano :

- un microphone proche des cordes longues privilégie les fréquences basses ;
- un microphone proche des cordes courtes, les fréquences élevées ;
- un microphone proche des marteaux, les bruits d'attaque, les étouffoirs ;
- un microphone sous la table d'harmonie, les résonances.

Les sources sonores sont ensuite équilibrées, mixées, filtrées, positionnées dans l'espace stéréophonique, et enfin spatialisées. Le preneur de son reconstitue ainsi la sonorité du piano.

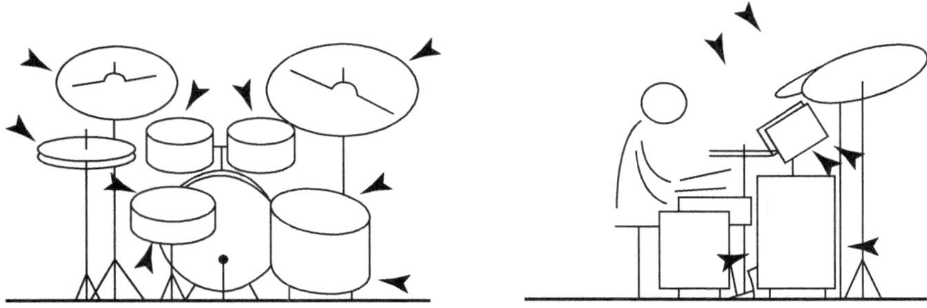

Figure 7.16 – Prise de son polymicrophonique d'une batterie.

Dans le cas d'une batterie (caisse claire, grosse caisse, toms, cymbales, charleston), on dénombre jusqu'à deux à trois microphones par instrument. Chaque microphone ne doit capter que la source concernée. Souvent très directif, il est placé au plus près, sans gêner le musicien. Il est généralement de type électrodynamique (peu sensible et apte à supporter des niveaux de pression élevés).

Bruits annexes

Le tableau suivant présente les bruits des instruments souvent indésirables captés par un microphone proche d'une source sonore.

Exemples de bruits indésirables produits par différentes sources sonores.

Cordes	- Pincements de cordes (guitare, clavecin) - Frappe des cordes (marteaux) - Frottements d'archet
Bois, cuivres	- Bruit d'embouchure - Déplacements de clés
Percussions voix	- Bruits mécaniques, résonances parasites - Bruit de bouche - Bruit de respiration - Bruit de souffle : frottement (fricatives s, z, ch, f, v) et explosion (occlusives p, t, k, b, d)
Haut-parleurs	- Souffle - Ronflement

Cependant, en musique contemporaine, certains sons et bruits sont recherchés et font partie intégrante de la partition. Les sources sonores sont alors « travaillées » à la console, quelquefois en présence du compositeur. Dans notre exemple (voir figure 7.17), le microphone sur la bouche capte principalement le souffle et les attaques ; les deux autres, les bruits de clés ainsi que des sonorités complémentaires notées dans la partition (*Densité 21,5* d'Edgard Varese, *Traits suspendus*, de Paul Méfano).

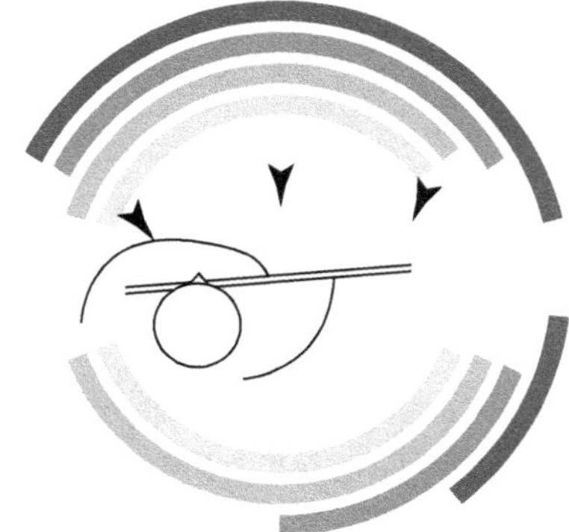

Figure 7.17 – *Exemple de prise de son multimicrophonique d'une flûte.*

Mode d'excitation

La multiplicité de microphones peut se justifier également par le mode d'excitation des sources sonores :

- cymbale frappée ou frottée (voir figure 7.18) ;
- trompette normale ou bouchée ;
- voix parlée, chantée ou chuchotée.

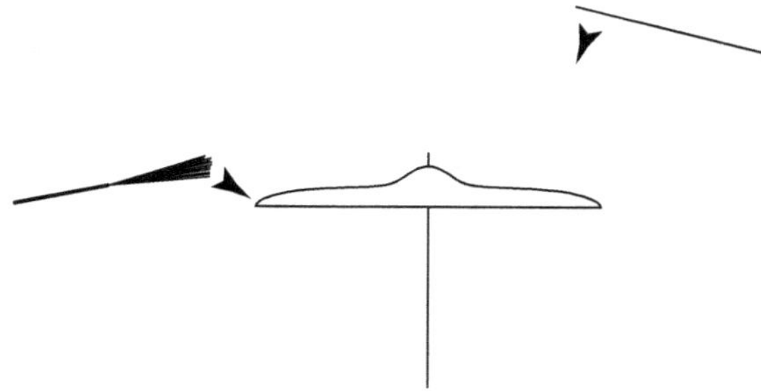

Figure 7.18 – *Exemple de deux captations différentes d'une cymbale : à gauche, frottée et, à droite, frappée.*

Pour certains instruments sonorisés (guitare électrique, guitare basse), un microphone placé devant le haut-parleur peut compléter et enrichir le signal sonore obtenu en sortie directe de l'instrument ou de l'amplificateur. Il peut même fournir le signal principal donnant le timbre de l'instrument (guitare avec distorsion).

Cas des microphones utilisés en proximité

La directivité cardioïde ou hypercardioïde permet de s'affranchir partiellement des autres sources sonores et d'éventuels retours de sonorisation. On tiendra compte de l'effet de proximité dû au gradient de pression (remontée des fréquences basses), qui peut être compensé par un filtre d'atténuation coupe-bas (donc passe-haut) à pente ajustable, incorporé sur certains microphones.

Les microphones de chant ont une courbe de réponse qui croît avec la fréquence pour compenser précisément cet effet de proximité. La capsule est isolée du corps du microphone pour éviter les bruits de manipulation. Ces microphones sont généralement équipés d'une bonnette intégrée en mousse qui protège la capsule des surpressions dues aux « explosives ».

Un microphone non prévu pour être utilisé en proximité doit être protégé par un écran anti-pop ou par une bonnette en mousse ou en toile (plus coûteuse, mais dont l'atténuation aux fréquences élevées est moins prononcée). Utilisés en proximité, les microphones doivent supporter quelquefois des niveaux sonores dépassant 130 dB (cas d'une grosse caisse, d'une caisse claire). Afin de diminuer le risque de saturation du préamplificateur microphonique ou de celui de la console, les constructeurs intègrent quelquefois dans le microphone un atténuateur commutable de 10 ou 20 dB.

Les microphones de contact, de type magnétique ou piézo-électrique (meilleurs marché), ont leur membrane appliquée directement à une surface vibrante, sans passer par l'air. Ces mini-capteurs sont collés ou intégrés à l'instrument lui-même, ou encore fixés avec un ruban adhésif contre la caisse de résonance d'un instrument, la table d'harmonie d'un clavecin, l'anche d'un saxophone, l'âme d'un violon, le chevalet d'une guitare acoustique. Le timbre de l'instrument ne peut pas être restitué intégralement, même avec un égaliseur. En revanche, il est facile d'en modifier la couleur sonore au gré de son imagination.

Les micros de contact répondent aux vœux du musicien qui souhaite choisir et régler lui-même la qualité du son qu'il produit. Ils permettent également de déclencher les circuits d'une porte qui ouvre la voie microphonique sur le jeu du musicien.

Pour conclure, relevons qu'en présence d'une sonorisation puissante on évite tout risque d'accrochage (effet Larsen), et qu'il est possible d'isoler l'instrument de toute autre source sonore.

Chapitre 8

Les systèmes de prise de son stéréophonique

Les systèmes de prise de son connus à ce jour ont été développés à partir des paramètres de perception de l'espace sonore étudiés au chapitre 4 : la différence d'intensité et la différence de temps.

Tous les procédés engendrent à la captation soit une différence d'intensité, soit une différence de temps, soit une différence d'intensité et de temps, et seront classés selon ces trois modes de fonctionnement. Avant d'aborder la description détaillée de ces trois modes de prise de son, définissons d'abord ce que l'on appelle « angle utile de prise de son », et que l'on pourrait également nommer « zone utile de prise de son ».

1. L'angle utile de prise de son

C'est l'angle à l'intérieur duquel doivent se trouver les sources sonores pour être reproduites entre et à l'arrière des deux haut-parleurs, donc à l'intérieur de l'espace stéréophonique restitué (voir figure 8.1). Nous verrons que chaque procédé de prise de son possède un angle utile qui lui est propre et qui dépend de l'ouverture angulaire et de l'espacement des deux microphones. On s'arrange donc pour que l'angle utile de prise de son de chaque procédé soit adapté à la largeur occupée par les sources sonores : il doit se rapprocher le plus possible de l'angle sous lequel les sources sonores sont « vues » depuis le système stéréophonique, comme dans le cas de la figure 8.1.

Sur la figure 8.2, l'angle utile de prise de son est trop fermé ; les sources sonores situées à l'extérieur de cet angle sont reproduites directement sur les deux haut-parleurs et l'image stéréophonique est déformée.

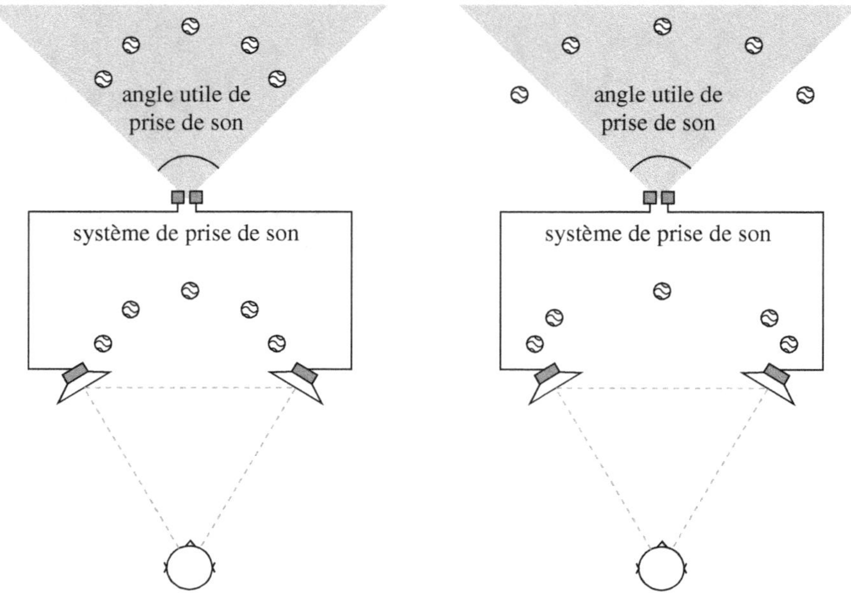

Figure 8.1 – *Angle utile de prise de son adapté à l'emplacement des cinq sources sonores.*

Figure 8.2 – *Angle utile de prise de son adapté trop fermé par rapport à la largeur des cinq sources sonores.*

2. La prise de son stéréophonique d'intensité

Le principe

La prise de son stéréophonique d'intensité consiste à n'utiliser, lors de la captation, que l'un des deux paramètres nécessaires à la localisation stéréophonique : la différence d'intensité.

Face à une source sonore, deux microphones cardioïdes sont positionnés l'un au-dessus de l'autre, de manière à ce que leurs capsules coïncident et forment entre elles un angle physique θ. Lorsque la source S se situe sur la bissectrice de l'angle, elle sera captée à niveau égal par les deux capsules et localisée exactement entre les deux haut-parleurs en une source image S'.

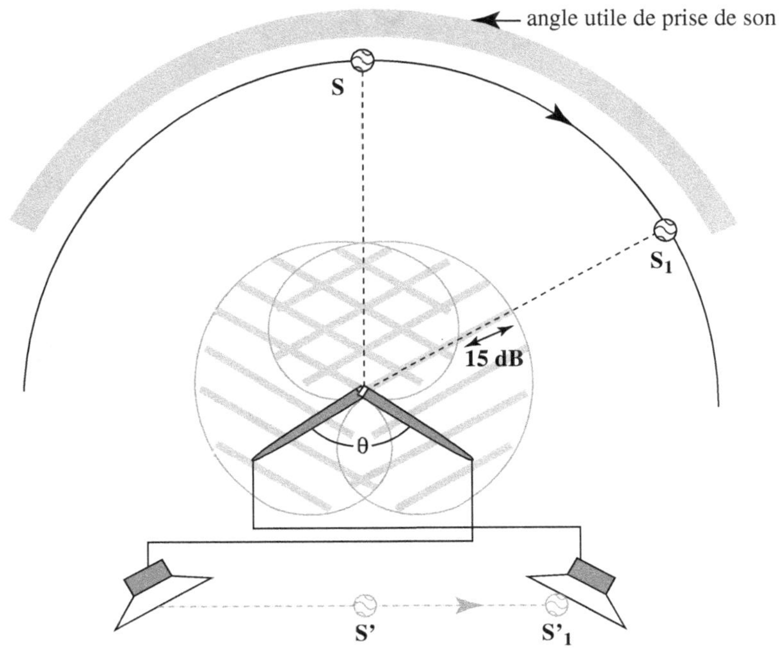

Figure 8.3 – *Principe de la prise de son stéréophonique d'intensité.*

Si la source se déplace le long d'un cercle, vers la droite, la différence d'intensité entre les deux microphones va croître progressivement, et la source image correspondante se déplacera en direction du haut-parleur de droite. Lorsque la différence d'intensité captée par les deux microphones atteindra environ 15 dB (voir la section « La perception stéréophonique », chapitre 4, p. 69), la source sonore sera par exemple en S_1, et la source image S'_1 proviendra du haut-parleur de droite. S_1 est donc la position limite de l'angle utile de prise de son ; au-delà, la source image restera bloquée sur le haut-parleur de droite.

Si la source sonore reste en S_1 et si l'on réduit l'angle physique des capsules (voir figure 8.4), la différence d'intensité captée par les deux microphones diminuera, et la source image sera perçue plus à l'intérieur de l'espace stéréophonique. Il faut déplacer la source sonore au-delà de S_1 (en S_2) pour obtenir à nouveau une différence d'intensité de 15 dB et localiser à nouveau l'image sonore sur le haut-parleur de droite : l'angle utile de prise de son a donc augmenté.

Lorsque l'on diminue l'angle physique des microphones, on augmente l'angle utile de prise de son, et inversement.

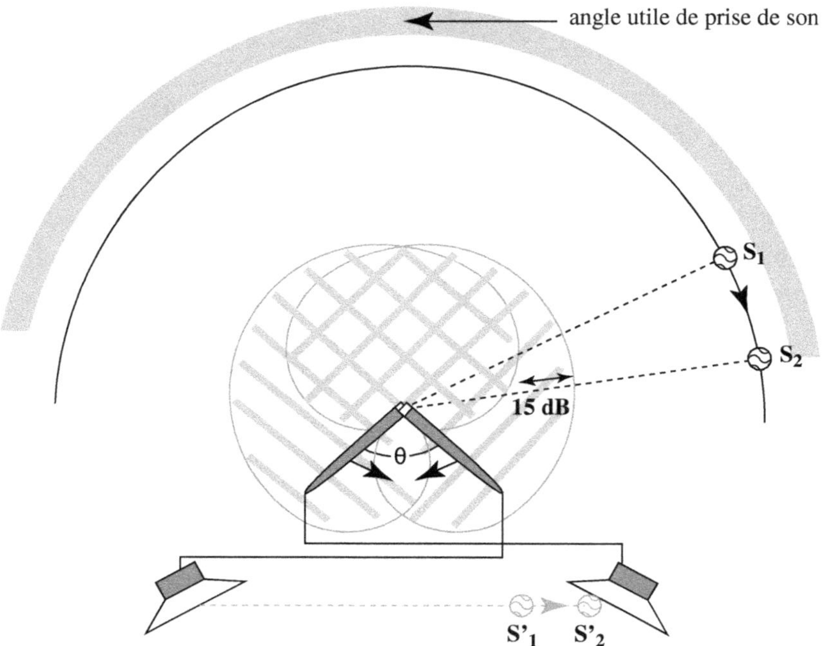

Figure 8.4 – *Augmentation de l'angle utile de prise de son par la diminution de l'angle physique θ des microphones.*

On ne peut évidemment pas augmenter ou diminuer l'angle physique des microphones au-delà de certaines valeurs, sans nuire à l'homogénéité de l'espace stéréophonique. Pour des microphones cardioïdes, nous nous limiterons à des angles physiques compris entre **80°** et **130°**.

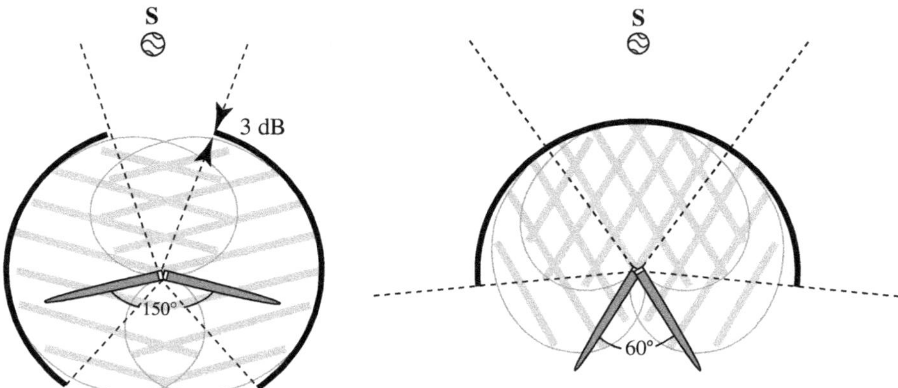

Figure 8.5 – *Angle physique supérieur à 130°.*

Figure 8.6 – *Angle physique inférieur à 80°.*

Si l'angle physique est supérieur à 130° (deux fois le demi-angle de captation), les sources centrales situées dans le secteur extérieur à l'angle de captation de chaque microphone seront perçues avec plus de 3 dB d'atténuation. De par la diminution du rapport son direct/champ réverbéré, ces sources apparaîtront plus éloignées (voir figure 8.5). Si l'angle physique est inférieur à 80°, l'angle utile de prise de son est alors supérieur à 180° ; les sources situées latéralement seront atténuées hors de la zone utile de captation (voir figure 8.6).

Le système XY : une paire de microphones coïncidents

Ce procédé associe deux microphones superposés dont les capsules coïncident sur un axe vertical. Les deux membranes doivent être appairées, de directivité identique, généralement cardioïde ; elles forment entre elles un angle physique θ qui peut varier de 80° à 130°, ce qui correspond à un angle utile de prise de son de 180° à 130° selon les abaques que nous verrons plus loin à la section « Cas des microphones cardioïdes » (page 157). Des angles physiques de **90°** et **120°** sont souvent choisis pour des angles de prise de son respectivement de **170°** et **140°**. Il convient de brancher correctement les câbles afin que le microphone situé à droite, qui capte les sons provenant de la gauche, aboutisse bien au haut-parleur de gauche, et inversement.

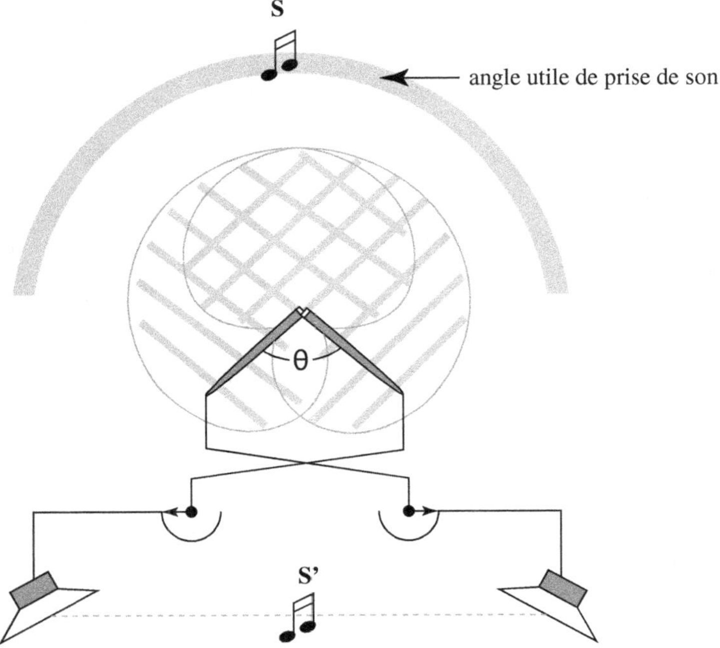

Figure 8.7 – *Le système XY. Dans cet exemple,* θ *= 90° et* α *= 170°.*

Correspondance entre l'angle utile de prise de son et l'angle physique du système X-Y.

Angle physique θ	Angle utile de prise de son α
80°	180°
90°	170°
100°	160°
110°	150°
120°	140°
130°	130°

Remarques d'utilisation

- Vu l'absence de différence de temps, l'image obtenue souffre d'un manque d'espace et de profondeur. Les éléments sonores sont relativement plats et stables (aux variations près des directivités microphoniques en fonction de la fréquence) mais, par contre, bien localisés dans l'espace stéréophonique.
- La compatibilité (l'écoute monophonique d'une source stéréophonique) est très bonne puisqu'il s'agit de la somme des intensités X et Y captées en un même point.
- L'ouverture importante de l'angle utile de prise de son permet une utilisation en proximité de la scène sonore, sans pour autant latéraliser les sources images sur les deux haut-parleurs.

On trouve sur le marché des microphones dont le boîtier est muni de deux capsules superposées : l'une fixe – celle du bas – et l'autre mobile – celle du haut –, pouvant pivoter d'un demi-tour. La pose du microphone et l'orientation des deux membranes sont simplifiées par rapport à deux microphones tête-bêche.

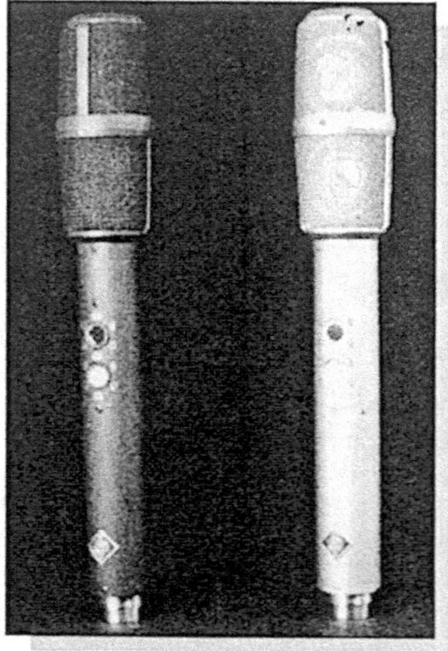

Figure 8.8 – *Microphones coïncidents USM 69 : la capsule supérieure peut s'orienter de plus ou moins 90° par rapport à la capsule inférieure qui est fixe. Les directivités peuvent être modifiées : omnidirectionnelles, infracardioïdes, cardioïdes, bidirectionnelles.*

Variante avec des microphones omnidirectionnels

Elle consiste à placer, face à la source sonore, deux microphones coïncidents : les deux membranes, de caractéristiques omnidirectionnelles, forment entre elles un angle physique de l'ordre de 90°. Cette disposition peut sembler à première vue curieuse, le résultat se rapprochant d'une prise de son monophonique. Il n'en est rien ; on joue sur l'effet de directivité des diagrammes polaires aux fréquences élevées et les différences d'intensité qui en découlent.

L'avantage de cette variante, pour une prise de son rapprochée, est de bénéficier de l'excellente linéarité aux fréquences basses sans souffrir de l'effet de proximité du microphone cardioïde.

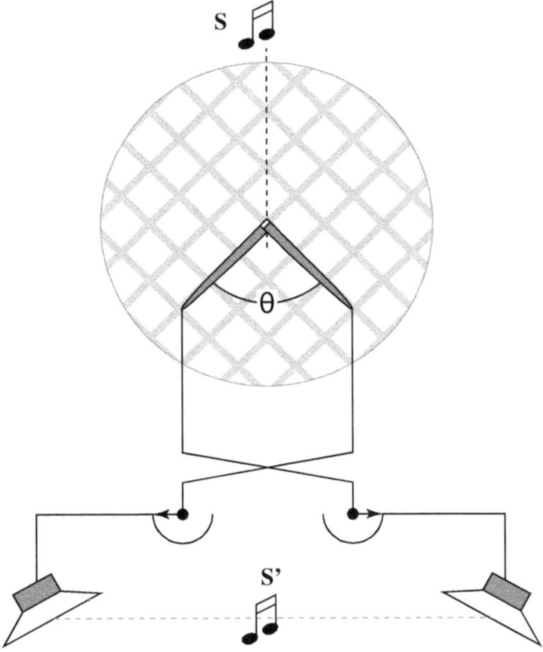

Figure 8.9 – *Couple d'omnidirectionnels coïncidents.*

Le système stéréosonic

Ce procédé consiste à placer, face à la source sonore, deux microphones aux directivités bidirectionnelles ; les deux membranes forment un angle physique de 90°. Cette disposition a l'avantage de reproduire une source image S' à niveau constant le long de la rampe stéréophonique. En effet, pour le déplacement d'une source sonore le long d'un cercle, la somme énergétique captée par les deux capsules est identique (voir figure 8.10b).

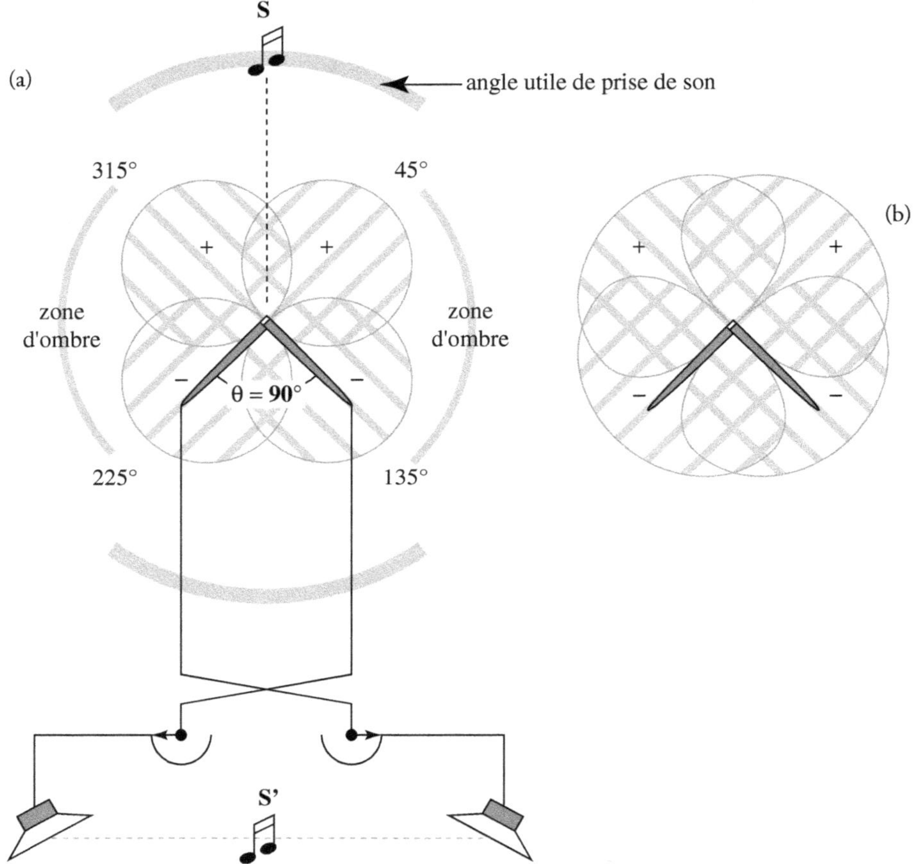

Figure 8.10 – *Le système stéréosonic. (a) Représentation en coordonnées linéaires. (b) Représentation en coordonnées logarithmiques. On se rend bien compte de la régularité de sensibilité autour du système.*

Mais voyons comment évolue la source image en fonction des polarités respectives des quatre lobes :

- **de 315° à 45°** : la source est captée en phase par les deux lobes positifs des membranes et la source image se déplace de la gauche vers la droite ;
- **de 45° à 135°** : la source est captée en opposition de phase (lobes positif et négatif) et la source image n'est plus localisable (zone d'ombre) ;

- **de 135° à 225°** : la source est à nouveau captée en phase par les deux lobes négatifs, mais la source image se déplace de la gauche vers la droite (à l'inverse du déplacement réel) ;
- **de 225° à 315°** : la source est captée en opposition de phase (lobes négatif et positif) et la source image n'est plus localisable (zone d'ombre).

Seules les zones avant et arrière, chacune de 90°, offrent une cohérence de phase à la restitution ; la localisation arrière est inversée.

Remarques d'utilisation

- Ce système demande à être manipulé avec précaution. On doit être attentif à l'inversion des sources sonores arrière superposées aux sources frontales. Dans le cas d'une salle réverbérante, cette inversion augmentera la faible spatialisation de ce procédé.
- La coïncidence des capsules entraîne une excellente localisation des sources images.
- L'angle de prise de son est de 70°, proche de l'angle d'écoute stéréophonique, d'où une répartition angulaire des sources images proche de la réalité.
- Cet angle de 70° assez fermé contraint à éloigner le système des sources sonores, ce qui rend délicate la création d'un plan proche en milieu réverbérant.
- La baisse de sensibilité du microphone bidirectionnel peut poser un problème de timbre aux fréquences basses < 200 Hz.

Cas d'une fiction

- Placer des comédiens à l'avant et à l'arrière du système facilite les dialogues avec une excellente visibilité.
- Placer l'artiste sur le côté du système permet d'obtenir un déphasage partiel (bienvenu dans ce cas...) donnant lieu à une voix irréelle.
- Créer un déplacement régulier entre les deux haut-parleurs : pour l'obtenir, il faut que le comédien se déplace selon une parabole à l'intérieur de l'angle utile de prise de son, puis lentement devant le microphone, pour ne pas avoir l'impression d'un saut de puce d'une enceinte à l'autre.
À l'inverse : un déplacement linéaire devant les deux capsules donnerait l'impression de rapprochement et d'éloignement avec un brusque passage gauche-droite à l'écoute. Après quelques essais, il est important d'indiquer le parcours, sur le sol du studio, à l'aide d'un ruban adhésif de couleur.

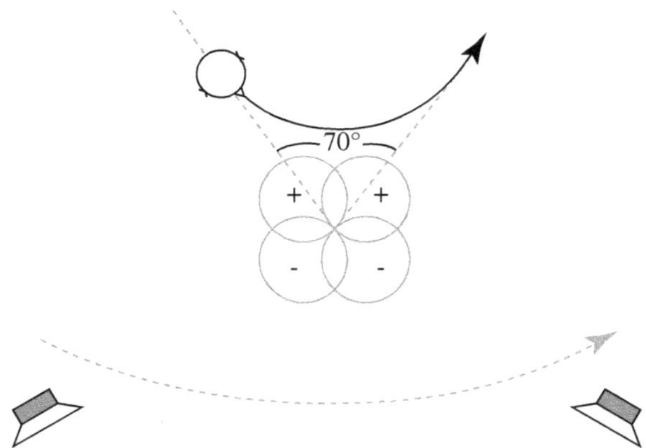

Figure 8.11 – *Déplacement d'un comédien face à un système stéréosonic pour obtenir un déplacement régulier à l'écoute.*

Le système MS *(Middle-Side)* : une paire de microphones coïncidents

Ce procédé associe deux microphones superposés, dont les capsules sont coïncidentes, tout comme pour le procédé XY. Le premier microphone est toujours placé face à l'axe de la scène sonore ; la membrane capte les informations centrales avec une directivité souvent cardioïde et délivre un signal appelé « M » (abréviation de *middle* ou *mitte*, c'est-à-dire « milieu »), correspondant à l'information monophonique.

Le second microphone a obligatoirement une directivité bidirectionnelle (élément bipolaire dont le lobe positif est à gauche), orientée perpendiculairement à l'axe de symétrie de la scène sonore. La membrane capte les informations latérales – beaucoup de champ réverbéré – et délivre un signal S (abréviation de *side* ou *seite*, c'est-à-dire « côté »).

Un circuit de matriçage, par addition et soustraction, restitue :

- le canal de gauche en faisant M + S = lobe cardioïde + lobe positif du microphone bidirectionnel dans le diagramme polaire ;
- le canal de droite en faisant M - S = lobe cardioïde + lobe négatif du microphone bidirectionnel dans le diagramme polaire.

L'effet stéréophonique provient des seules variations d'intensité, sans écart de temps. L'écoute monophonique est obtenue par l'addition des canaux gauche et droit, soit (M + S) + (M - S) = 2 M, et l'on retrouve bien le lobe cardioïde M. La compatibilité monophonique est donc excellente.

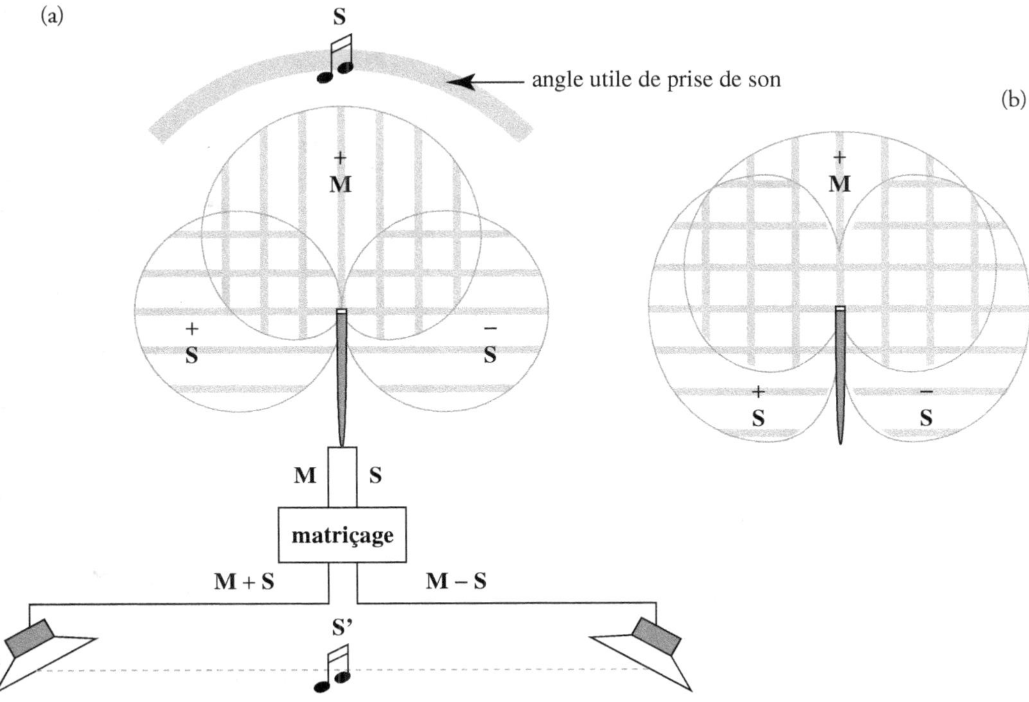

Figure 8.12 – *Le système MS. (a) Représentation en coordonnées linéaires.
(b) Représentation en coordonnées logarithmiques. On se rend bien compte de l'importance
du microphone bidirectionnel et de la régularité de sensibilité du système.*

À l'origine, un premier potentiomètre faisait varier l'amplitude du signal S par rapport au signal M, ce qui avait pour effet de modifier l'angle utile de prise de son, et un second potentiomètre faisait varier le déphasage du signal S par rapport au signal M de 0 à 180°, ce qui avait pour effet de modifier la direction de l'image sonore à l'intérieur de l'espace stéréophonique. Ces deux potentiomètres se trouvaient soit dans un boîtier, soit sur la console.

Aujourd'hui, certaines consoles ne sont pourvues que du dispositif de matriçage et du potentiomètre de réglage de l'angle utile de prise de son. Il est également possible de réaliser le matriçage par un transformateur particulier (voir figure 8.13) ou directement sur la console (voir figure 8.14) :

- le microphone M est connecté sur une voie d'entrée et dirigé sur les sorties gauche et droite ;
- le microphone S est connecté en parallèle sur deux voies d'entrée ; la première est dirigée sur la sortie gauche et la seconde sur la sortie droite, mais en opposition de phase ;

On obtient ainsi (M + S) sur la sortie gauche, (M - S) sur la sortie droite.

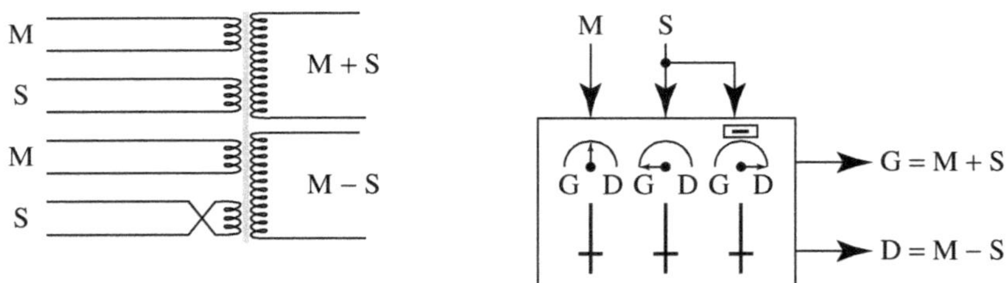

Figure 8.13 – *Matriçage par transformateur.*   Figure 8.14 – *Matriçage sur la console.*

Figure 8.15 – *Microphone MS (Schœps) avec multiplexage et décodeur pour écoute au casque et alimentation.*

L'un des principaux avantages du système MS est de pouvoir modifier l'angle utile de prise de son sans intervenir mécaniquement sur les microphones, mais en faisant varier de la console ou du boîtier d'alimentation le niveau de sortie du microphone bidirectionnel (on n'oubliera pas que cette opération a également pour effet de modifier l'influence du champ réverbéré).

Plus on augmente le niveau de S, plus on diminue l'angle utile de prise de son. En effet, l'influence grandissante du bidirectionnel entraîne une latéralisation plus forte de la source image (voir figure 8.16).

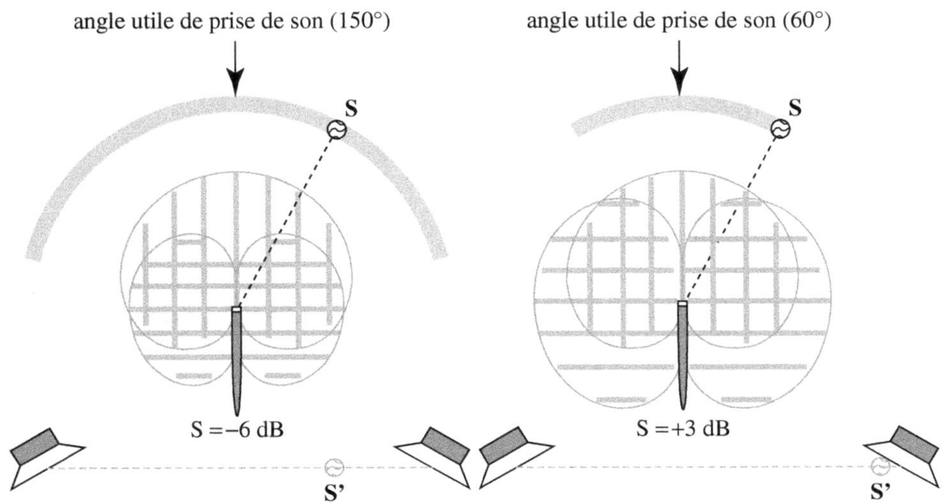

Figure 8.16 – *Diminution de l'angle utile de prise de son par augmentation de niveau du microphone bidirectionnel.*

Correspondance entre l'angle utile de prise de son et des niveaux de S
pour un microphone M cardioïde.

Niveau de S par rapport à M	Angle utile de prise de son α
-6 dB	150°
-3 dB	120°
0 dB	90°
+3 dB	60°

- Si S est supérieur de 3 dB, l'angle a encore diminué mais S, devenu prépondérant par rapport à M, peut introduire des oppositions de phase trop marquées, notamment sur le champ réverbéré. La localisation devient par ailleurs difficile.
- Si S est inférieur de -6 dB, l'angle a augmente au-delà de 150°, mais les sources latérales, extérieures à l'angle de captation du microphone cardioïde (130°), seront captées avec une trop forte atténuation.
- Pour chaque valeur de S, toute source située à l'extérieur d'un certain angle défini par les intersections du M et du S sera captée en opposition de phase (la valeur de S devient en effet prépondérante). On évitera donc (sauf pour effet particulier) de positionner les sources sonores à l'extérieur de ces angles.

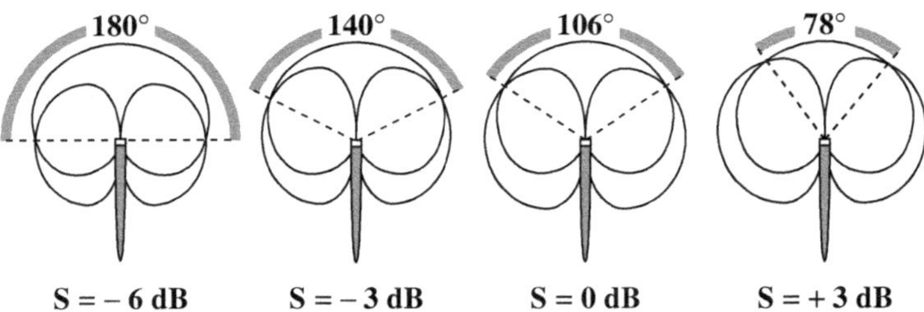

Figure 8.17 – *Angles à l'extérieur desquels les sources sonores sont captées hors phase (le bidirectionnel devenant prépondérant) pour différentes valeurs de S par rapport à M, directivité cardioïde.*

Les valeurs extrêmes peuvent poser des problèmes d'homogénéité de l'image stéréophonique.

Cas du microphone M omnidirectionnel

Les sources sonores sont captées sur 360° : la symétrie de captation entraîne en écoute stéréophonique une juxtaposition des sources images avant et arrière.

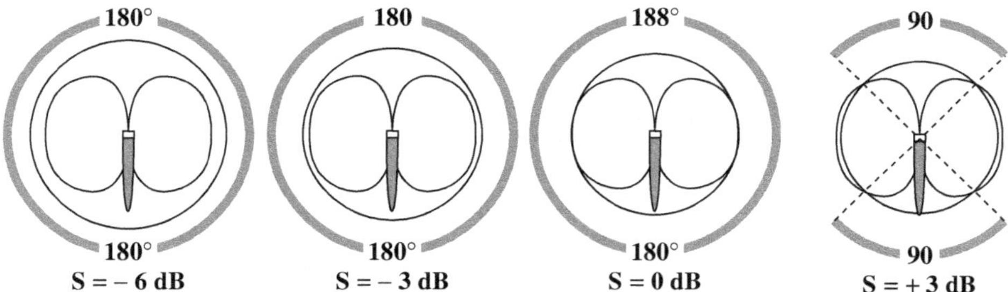

Figure 8.18 – *Angles à l'extérieur desquels les sources sonores sont captées hors phase (le microphone bidirectionnel devenant prépondérant), pour différentes valeurs de S par rapport à M, directivité omnidirectionnelle.*

Correspondance entre l'angle utile de prise de son et des niveaux de S pour un microphone M omnidirectionnel.

Niveau de S par rapport à M	Angle utile de prise de son α
-6 dB	180°
-3 dB	150°
0 dB	110°
+3 dB	70°

Remarques d'utilisation

- Les angles indiqués dans nos diagrammes, définis par la littérature, sont toujours supérieurs à nos angles utiles de prises de son.
- Les directives infra ou hypercardioïdes et bidirectionnelles peuvent être généralement employées pour obtenir le signal M.
- Les changements de directivité peuvent être obtenus avec des microphones à double membrane, par modification à distance de la tension de polarisation. Cela constitue un avantage pratique si le microphone est suspendu ou fixé sur une longue perche.
- Le procédé MS a toujours été apprécié en prise de son stéréophonique télévisuelle et cinématographique.

Pendant le tournage, les signaux M et S, enregistrés séparément sur les deux pistes d'un magnétophone, sont contrôlés auditivement par prématriçage des voies M et S. L'avantage, en postproduction, est de pouvoir ajuster la largeur de l'image stéréophonique aux différents plans images (ceci faisant varier le rapport de S par rapport à M). De plus, on dispose en permanence du signal monophonique compatible M.

3. La prise de son stéréophonique de temps

Le principe

La prise de son stéréophonique de temps consiste à n'utiliser lors de la captation que l'un des deux paramètres nécessaires à la localisation stéréophonique : la différence de temps.

Deux microphones omnidirectionnels distants de quelques centimètres sont placés face à une source sonore S ; les deux capsules forment entre elles un angle nul. La distance source-microphone est grande par rapport à l'espacement des capsules, ce qui permet de négliger l'atténuation de niveau due au trajet supplémentaire.

Lorsque la source se situe à mi-distance entre les deux microphones, elle est captée sans aucune différence de temps entre les deux capsules et localisée exactement entre les deux haut-parleurs en une source image S'.

Si la source se déplace le long d'un cercle, vers la droite, la différence de temps Δt entre les deux microphones va croître progressivement, et la source image correspondante se déplace en direction du haut-parleur de droite.

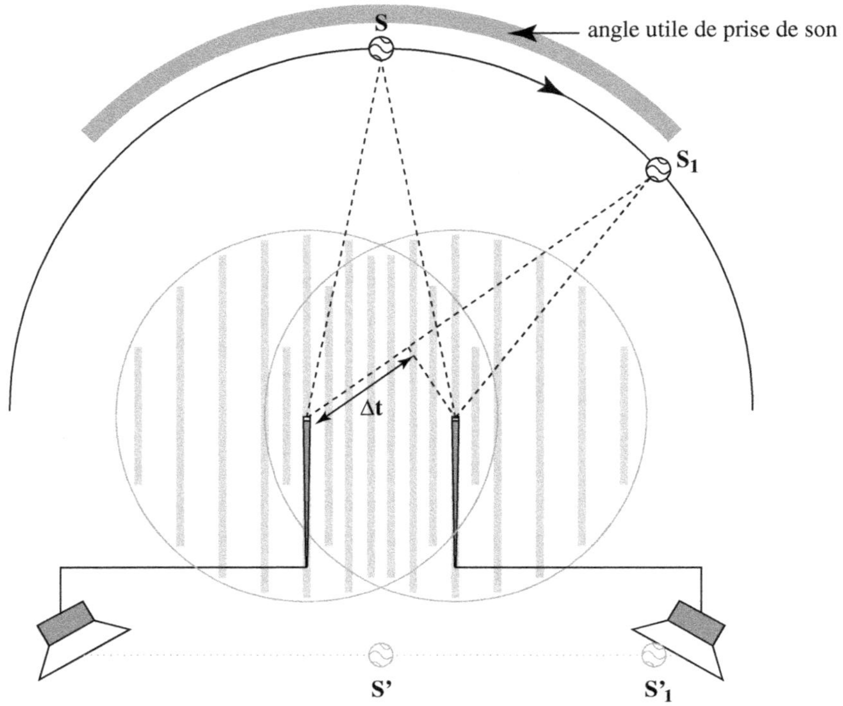

Figure 8.19 – *Principe de la prise de son stéréophonique de temps.*

Lorsque la différence de temps captée par les deux microphones atteindra environ 1,1 ms (voir la section « La perception stéréophonique », au chapitre 4), la source sonore sera en S_1, et la source image proviendra du haut-parleur de droite. S'_1 est donc la position limite de l'angle de prise de son ; au-delà, la source image restera bloquée sur le haut-parleur de droite.

Si la source sonore reste en S_1 et si l'on réduit l'espacement des capsules (voir figure 8.20), la différence de temps d'arrivée aux deux microphones diminuera et la source image sera perçue plus à l'intérieur de l'espace stéréophonique. Il faut déplacer la source sonore au-delà de S_1 (en S_2) pour obtenir à nouveau une différence de temps de 1,1 ms et localiser à nouveau l'image sonore sur le haut-parleur de droite : l'angle utile de prise de son a augmenté.

Lorsque l'on diminue l'espacement des deux microphones, on augmente l'angle utile de prise de son, et inversement.

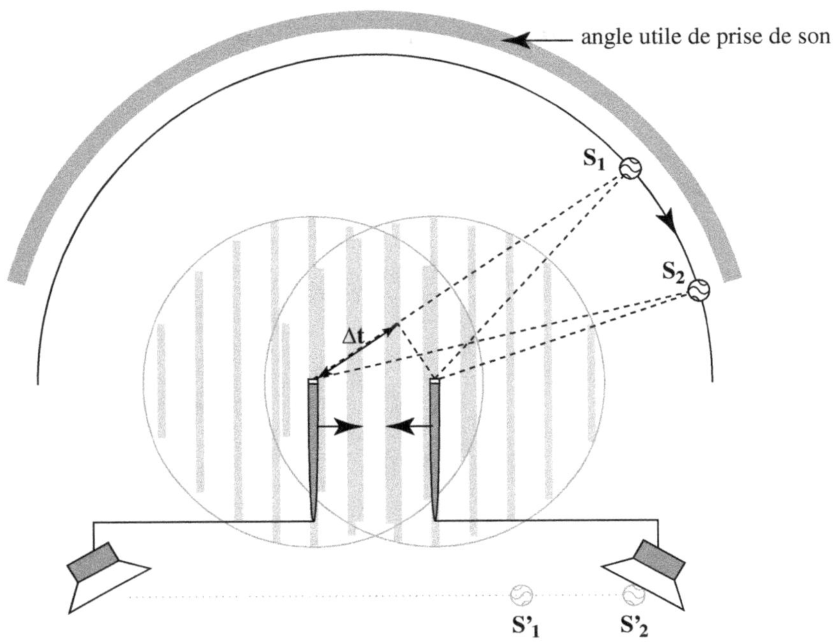

Figure 8.20 – *Effet de la diminution de la distance entre les capsules pour une position inchangée de S₁.*

On ne peut évidemment pas augmenter ou diminuer l'espacement des microphones au-delà de certaines valeurs sans nuire à l'homogénéité de l'espace stéréophonique reproduit. Nous nous limiterons à des distances de **25 à 50 cm** qui correspondent à des angles d'environ **180°** à **130°**.

Correspondance entre l'angle utile de prise de son et l'espacement d'un couple A-B.

Espacement	Angle de prise de son α
50 cm	130°
45 cm	140°
40 cm	150°
35 cm	160°
30 cm	170°
25 cm	180°

Un espacement inférieur à 25 cm est insuffisant pour latéraliser suffisamment les sources images dans l'espace stéréophonique ; un espacement supérieur à 50 cm crée un effet de tassement des sources virtuelles en direction des haut-parleurs.

Le système AB utilisant deux capsules omnidirectionnelles

Principe de fonctionnement

Le système associe deux microphones omnidirectionnels, appairés, dont les capsules sont espacées de plusieurs dizaines de centimètres.

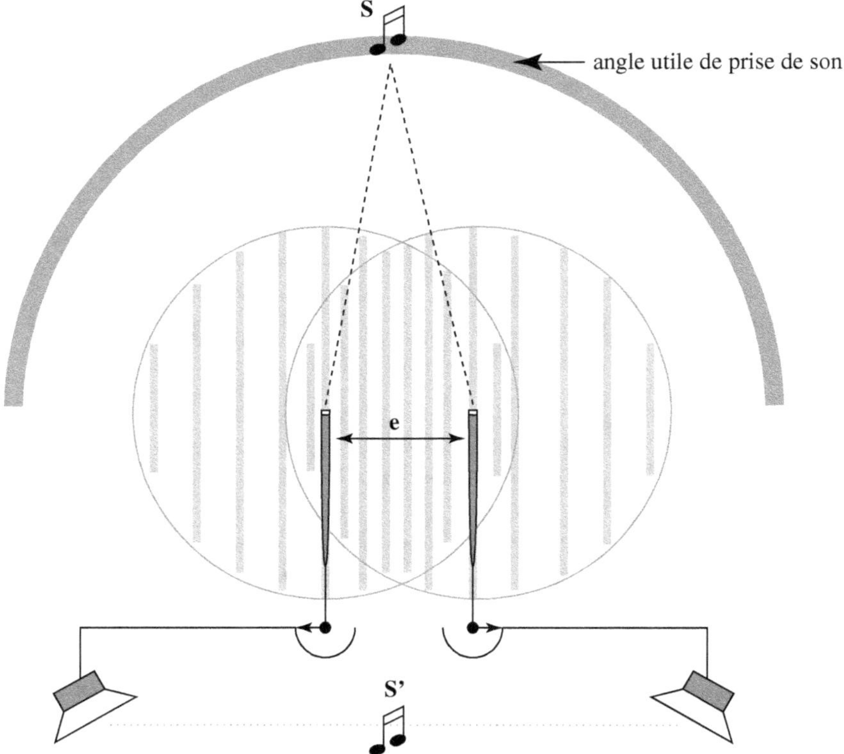

Figure 8.21 – *Le système AB omnidirectionnel. Dans notre exemple, la distance est de 25 cm et l'angle utile est de 180°.*

Remarques d'utilisation

- Ce système restitue avec beaucoup d'ampleur les grandes masses sonores en milieu semi-réverbérant.
- La précision de localisation n'est possible que sur les transitoires, donc sur les sources sonores les plus proches. Pour des sons tenus, on observe des déplacements de la source image en fonction du contenu fréquentiel.
- Si le système est très proche d'une source sonore (quelques dizaines de centimètres), il provoque une source image qui s'étend entre les deux haut-parleurs : c'est « l'effet de loupe ».

- Grâce à l'espacement des capsules, les signaux arrivant aux microphones sont décalés en temps et, par conséquent, en phase. Pour des fréquences moyennes et élevées (longueur d'onde voisine de l'espacement « e »), des oppositions de phase se produisent sous certains angles de captation. L'addition des signaux gauche et droit se traduit par des annulations de niveaux : il s'agit d'un filtrage en peigne (voir chapitre 9).

4. La prise de son stéréophonique de temps et d'intensité

Le principe

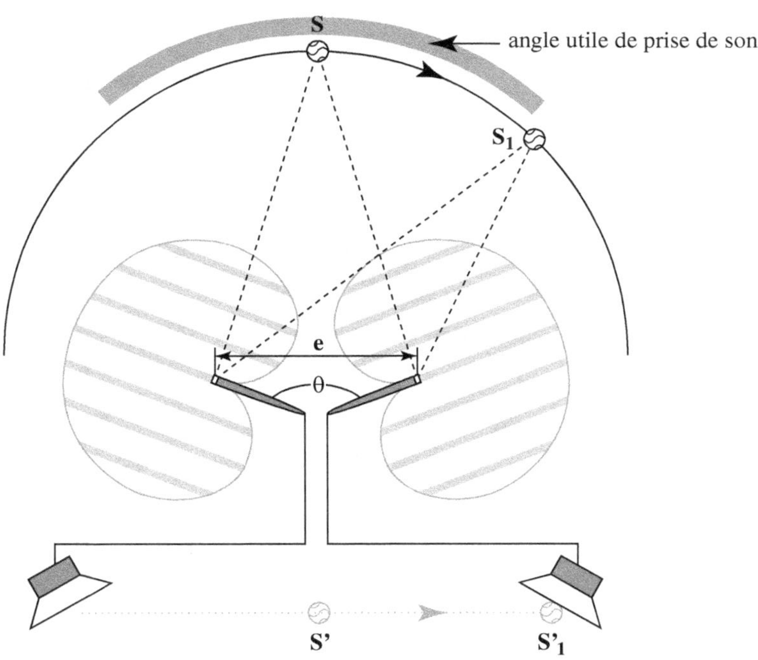

Figure 8.22 – *Principe de la prise de son stéréophonique de temps et d'intensité.*

La prise de son stéréophonique de temps et d'intensité consiste à utiliser lors de la captation les deux paramètres nécessaires à la localisation stéréophonique : la différence de temps et la différence d'intensité.

Deux microphones cardioïdes sont placés face à une source sonore. Les capsules sont espacées de quelques centimètres et forment un angle physique θ (voir figure 8.22).

Une source sonore S, située sur l'axe de symétrie des deux microphones, est captée avec une différence de temps nulle, une intensité égale, et une source image S' est localisée entre les deux haut-parleurs.

Lorsque la source se déplace vers la droite, le long d'un cercle ayant pour centre la mi-distance séparant les deux capsules, les différences de temps et d'intensité entre les deux microphones croissent progressivement et la source virtuelle correspondante se déplace en direction du haut-parleur de droite.

Pour une certaine valeur de différence de temps et d'intensité (voir la section « La perception stéréophonique », au chapitre 4), la source image est perçue totalement sur le haut-parleur de droite, la source sonore étant en S_1, position correspondant à la limite de l'angle de prise de son ; au-delà de la position S_1, la source image reste bloquée sur le haut-parleur de droite.

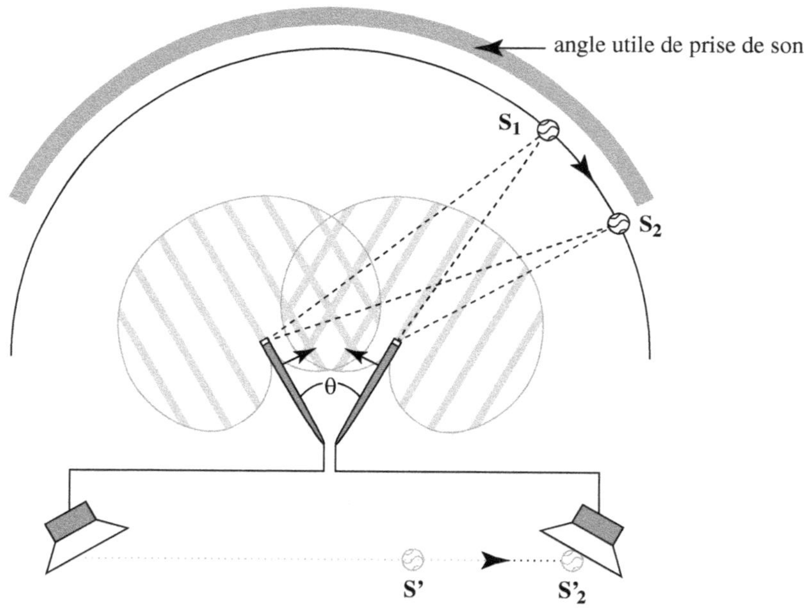

Figure 8.23 – *Augmentation de l'angle utile de prise de son par rapprochement des capsules et diminution de l'angle physique des microphones.*

Si la source sonore reste en S_1 et si l'on réduit l'espacement ou l'angle physique des microphones, les différences de temps ou d'intensité entre les deux microphones diminuent et la source image est perçue plus à l'intérieur de l'espace stéréophonique. Il faut déplacer la source sonore au-delà de S_1 (en S_2) pour obtenir à nouveau une différence de temps et d'intensité suffisante, et localiser la source image S'_2 sur le haut-parleur de droite. L'angle de prise de son augmente.

> On augmente l'angle utile de prise de son si l'on diminue l'espacement des deux capsules ou si l'on ferme l'angle physique des deux microphones, et inversement.

On ne peut modifier l'espacement des capsules ou l'angle physique des microphones au-delà de certaines valeurs, sans nuire à l'homogénéité de l'espace stéréophonique reproduit, comme nous le verrons plus loin.

Le système AB : une paire de microphones faiblement espacés

Principe de fonctionnement

Le procédé associe deux microphones directionnels de type infracardioïde, cardioïde ou hypercardioïde. Les microphones étant appairés ; ils présentent des caractéristiques identiques. Face à une source sonore, les capsules, placées symétriquement, peuvent être espacées de quelques centimètres à quelques décimètres, et forment entre elles un angle physique ajustable.

Ce procédé est nommé « technique de microphones faiblement espacés » (*closely spaced microphone technics* ou *near coïncident technics*), car il se comporte comme un système coïncident aux basses fréquences (signaux captés en phase).

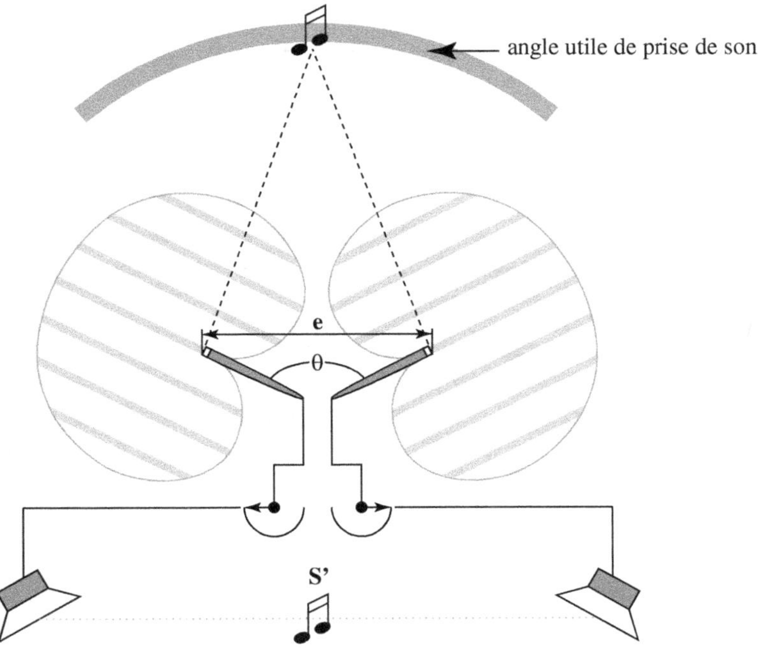

Figure 8.24 – *Le système AB.*

Un même angle utile de prise de son pourra être obtenu :

- soit en augmentant les différences d'intensité : plus grande ouverture physique des microphones et espacement plus faible des capsules ;
- soit en augmentant les différences de temps : plus grand espacement des capsules et ouverture plus faible des microphones.

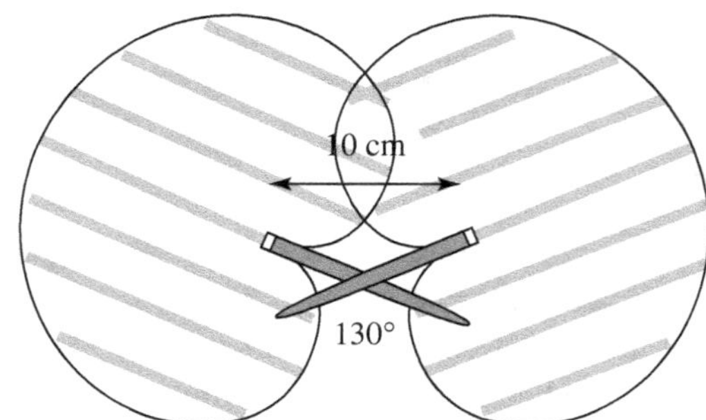

Figure 8.25 – *Exemple de système AB pour un angle de prise de son de l'ordre de 100°.*

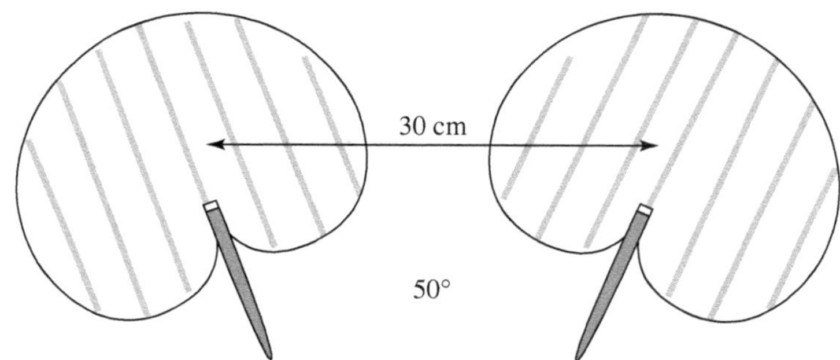

Figure 8.26 – *Exemple de système AB pour un angle de prise de son de l'ordre de 100°.*

Le lecteur comprendra que pour un même angle utile de prise son, toutes les conjugaisons de temps et d'intensité sont possibles. C'est ce que nous allons étudier dans les abaques qui suivent, tirés des travaux de Henri Mertens, Cari Ceoen et Mike Williams.

Nous avons porté sur la figure 8.27 :

- en ordonnée, les angles physiques formés par les deux microphones ;
- en abscisse, les espacements entre les deux capsules ;
- les points (130°/10 cm et 50°/30 cm), même angle utile de 100° ;
- la ligne qui passe par ces deux points correspondant à un même angle utile de 100°.

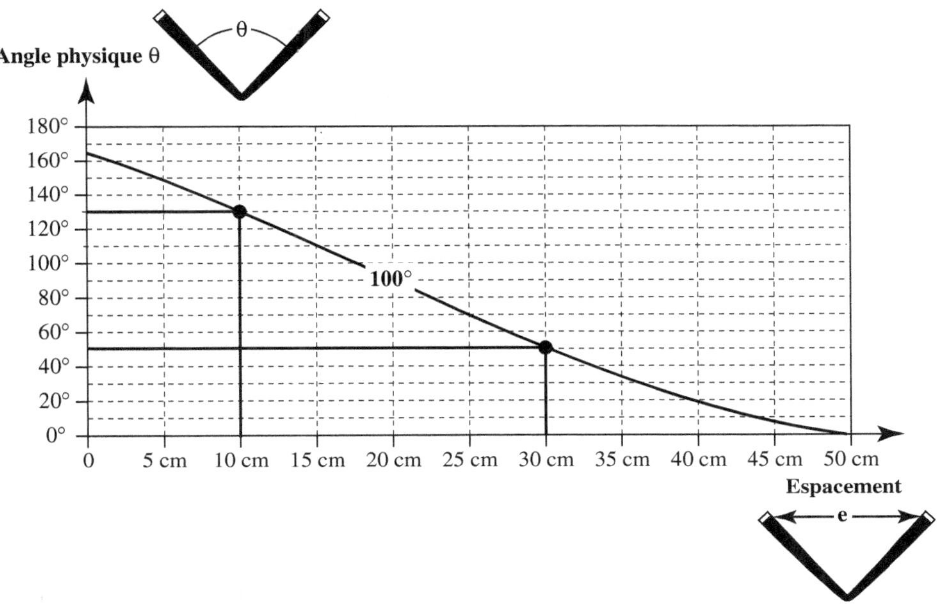

Figure 8.27 – *Relation entre l'angle physique des microphones et l'espacement des capsules pour un même angle de prise de son de 100°.*

Pour modifier l'angle utile de prise de son, il faut changer :

- l'angle physique des microphones ;
- l'espacement des capsules ;
- la directivité des microphones : infracardioïde, cardioïde ou hypercardioïde.

Cas des microphones cardioïdes

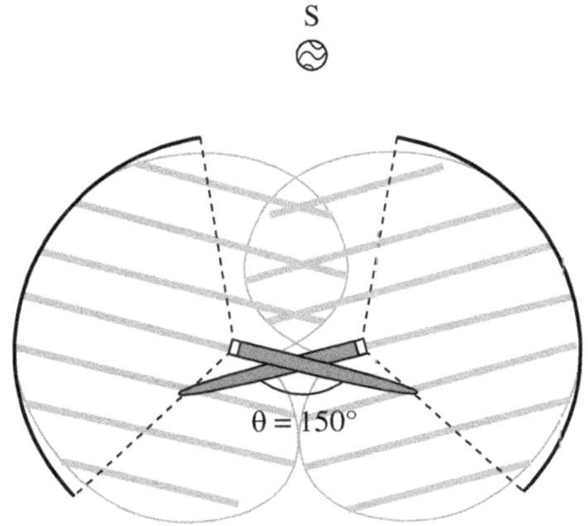

Figure 8.28 – *Cas d'un angle physique supérieur à 130° (par exemple, 150°).*

Nous avons choisi des angles physiques compris entre **50° et 130°** et des espacements de capsules inférieurs à **35 cm**. Lorsque l'espacement tend vers 0, le système AB se comporte comme un système XY. La limite supérieure de 130° (deux fois le demi-angle de captation) est la même que celle du procédé XY. Elle répond au même souci de ne pas atténuer les sources centrales situées à l'extérieur de l'angle de captation.

Si l'angle physique est inférieur à 50°, les sources sonores latérales extérieures à l'angle de captation seront perçues avec plus de 3 dB d'atténuation et apparaîtront sur un plan sonore plus éloigné. Par ailleurs, un angle trop faible entraîne des distorsions d'espace très marquées de l'image stéréophonique (distorsion frontale).

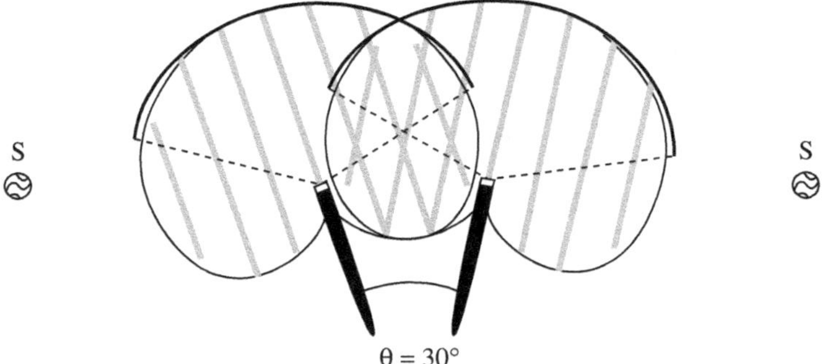

Figure 8.29 – *Cas d'un angle physique inférieur à 50° (par exemple, 30°).*

La limite supérieure conseillée de 35 cm permet d'éviter à l'écoute des effets de tassement latéral des sources sonores. Nous savons que la localisation stéréophonique basée sur la seule différence de temps est caractérisée par une relation linéaire entre la localisation angulaire et la différence de temps jusqu'à 0,7 ms (valeur qui correspond déjà à une source captée sous 45°).

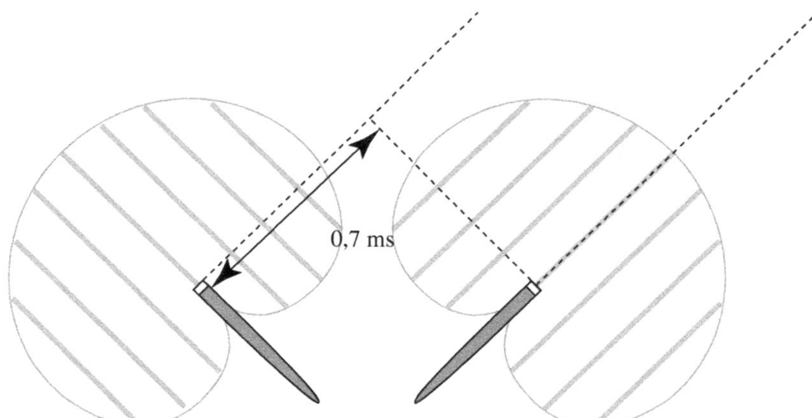

Figure 8.30 – *Limite supérieure d'espacement correspondant à une différence de temps d'arrivée de 0,7 ms pour une source à 45°.*

L'évolution de l'angle utile de prise de son est représentée sur la figure 8.31 en fonction des différentes valeurs d'angle physique des microphones et des espacements entre les capsules.

158

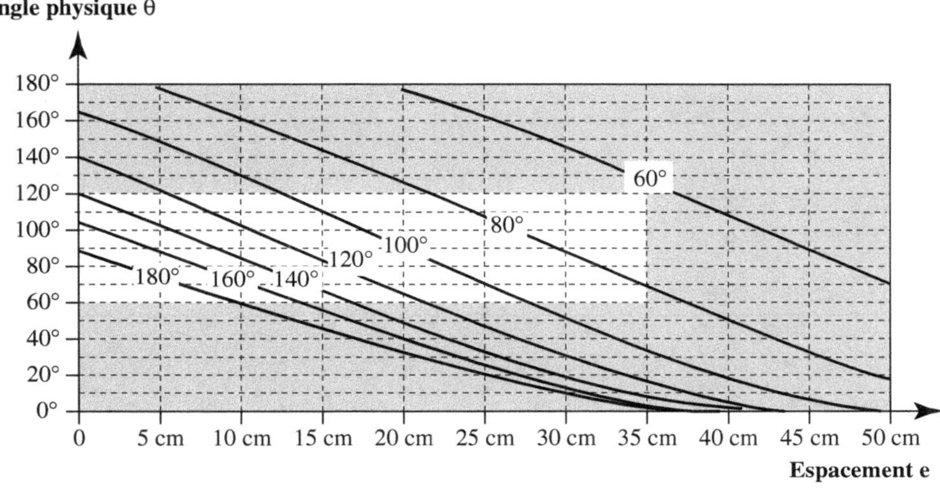

Figure 8.31 – Relation entre l'angle physique des microphones cardioïdes et l'espacement entre les capsules pour différents angles utiles de prise de son (d'après M. Williams).

On constate que l'angle utile de prise de son peut varier de **60°** à **180°** (compte tenu de nos limitations), et que l'augmentation de cet angle s'obtient par diminution de l'angle physique des microphones ou de l'espacement des capsules.

Les parties hachurées sont des zones de distorsion frontale et d'affaiblissement des sources images centrales (supérieures à 130°) et latérales (inférieures à 50°). Par exemple, pour un espacement de 17 cm nous obtenons les valeurs indiquées dans le tableau suivant.

Correspondance entre l'angle utile de prise de son et l'angle physique d'un couple A-B.

Angle physique θ	Angle utile de prise de son α
130°	80°
110°	90°
90°	110°
70°	130°
50°	16 0°

Dans le cas d'un espacement nul, les capsules sont coïncidentes : il s'agit du système XY, cas particulier du système AB.

Dans les années 1950, les résultats de nombreuses expérimentations, répondant aux exigences des preneurs de son, ont donné lieu à différentes configurations que nous citons ici à titre indicatif.

Procédé NOS. Radiodiffusion hollandaise. Angle utile de prise de son : 80°.	30 cm — 90°
Procédé OLSON. Angle utile de prise de son : 80°.	20 cm — 135°
Procédé ORTF. Radiodiffusion française. Angle utile de prise de son : 90°.	17 cm — 110°
Procédé RAI. Radiodiffusion italienne. Angle utile de prise de son : 90°.	21 cm — 100°
Procédé DIN. Proposition d'une norme en Allemagne. Angle utile de prise de son : 100°.	20 cm — 90°

Il est intéressant de reporter ces valeurs dans notre tableau pour en déduire les constatations suivantes (voir figure 8.32) :

- les cinq systèmes ont des angles de prise de son compris entre 80° et 100° ;
- ils se situent à l'intérieur ou à la limite des angles et des espacements microphoniques que nous avons choisis.

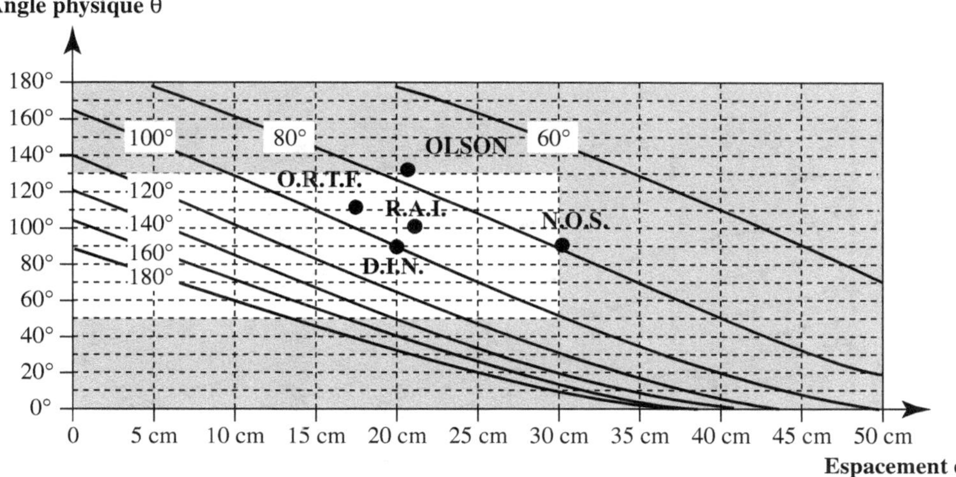

Figure 8.32 – *Positionnement des différents systèmes AB dans le diagramme de la figure 8.31.*

Le système AB ORTF est souvent utilisé depuis lors :

- pour l'homogénéité de l'image stéréophonique restituée (localisation, profondeur) ;
- pour un angle utile de prise de son (90°) favorable dans de nombreux cas ;
- pour sa facilité d'utilisation : intégration des deux capsules sur un support unique ;
- malgré une faiblesse quant à la compatibilité monophonique.

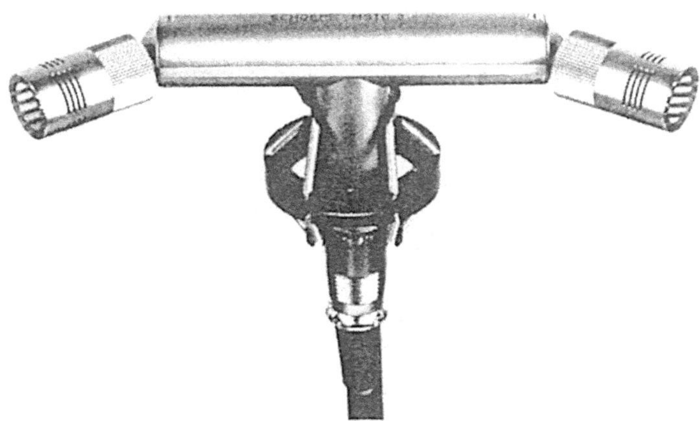

Figure 8.33 – *Couple AB ORTF de Schœps.*

D'autres systèmes font aujourd'hui appel à des directivités hypocardioïdes, des angles physiques de 100° et des espacements de 30 à 40 cm entre les capsules.

Cas de microphones hypercardioïdes

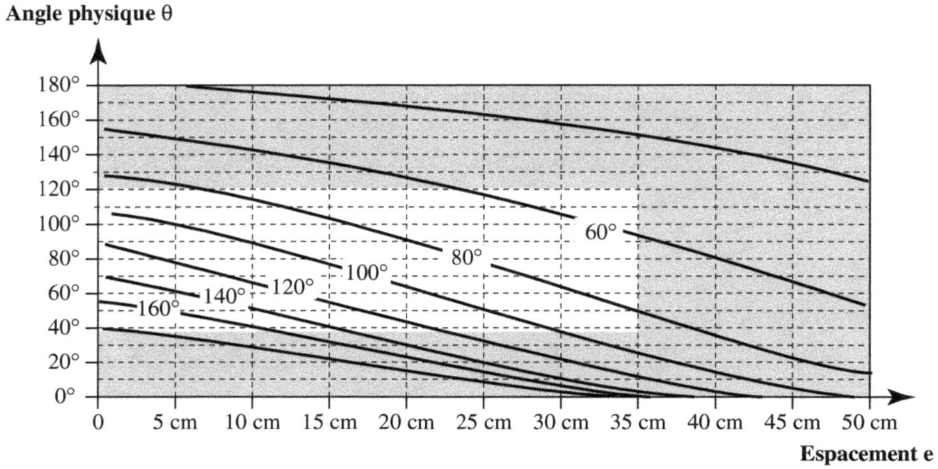

Figure 8.34 – *Angles utiles de prise de son en fonction de l'angle physique des microphones et de l'espacement de capsules (d'après M. Williams).*

Pour les mêmes raisons énoncées dans le cas des microphones cardioïdes, nous avons choisi, compte tenu de l'angle de captation de 105° de ces microphones :

- un angle physique des microphones compris entre **40° et 105°** ;
- un espacement entre les capsules inférieur à **35 cm**.

Cas de microphones infracardioïdes

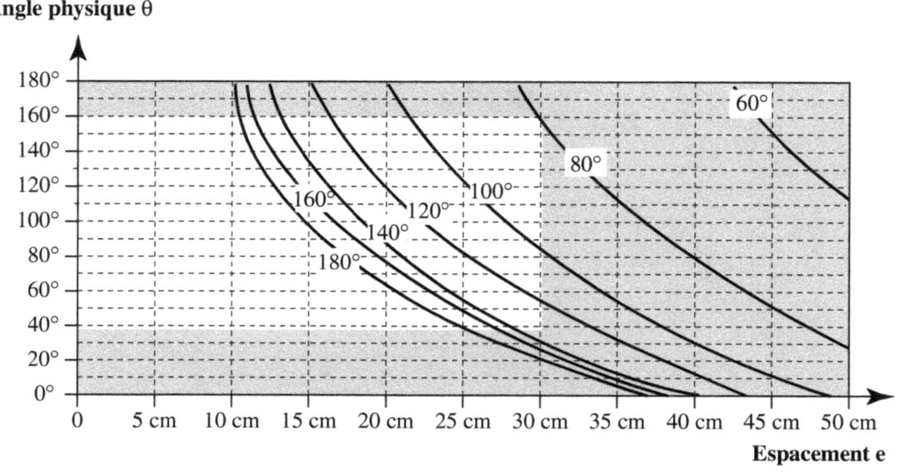

Figure 8.35 – *Angle de prise de son en fonction de l'angle physique et de l'espacement de microphones infracardioïdes (d'après M. Williams).*

Pour les mêmes raisons énoncées dans le cas des microphones cardioïdes, nous avons choisi, compte tenu de l'angle de captation de 160° de ces microphones :

- un angle physique des microphones compris entre **40°** et **160°** ;
- un espacement entre les capsules inférieur à **40 cm.**

Compatibilité monophonique

L'espacement des deux capsules provoque un déphasage entre les deux signaux qui est atténué par les différences d'intensité propres au système. Sans conséquence audible aux basses fréquences, le déphasage devient plus marqué aux fréquences élevées supérieures à 2 kHz. Par addition des deux canaux, on constate une perte de brillance, un détimbrage (altération spectrale) qui diffère selon l'espacement des capsules.

Remarques d'utilisation :

- ce système présente un bon compromis entre l'effet de spatialisation et la précision de localisation. Il restitue avec ampleur les grandes masses sonores même dans un milieu réverbérant ;
- les sources sonores extérieures (bruits et sons de la nature, bruits industriels) sont rendus avec réalisme ;
- de légers mouvements latéraux d'une voix, d'un instrument soliste produisent des sauts entre les haut-parleurs (effet de loupe introduit par la différence de temps). S'ils deviennent gênants, il faut opter pour un autre système.

Paire de microphones espacés de quelques décimètres à plusieurs mètres

Ce procédé est nommé « grand AB » et, aux États-Unis, *Largely Spaced Microphone Systems* (système à capsules largement espacées). Les deux microphones sont placés symétriquement face à une source sonore. Les microphones sont suffisamment espacés pour obtenir, entre les deux canaux, des variations d'intensité et des écarts de temps importants.

L'espacement entre les capsules étant de l'ordre de grandeur des sources sonores, nous ne pouvons plus parler d'angle utile de prise de son, mais de « zone utile de prise de son ». C'est dans ce secteur que devraient être situées les sources sonores pour être captées avec une différence de temps inférieure ou égale à 1,1 ms.

La figure 8.36 nous montre une zone utile très étroite qui s'élargit légèrement avec l'éloignement des sources, pour deux capsules distantes de seulement un mètre. Toutes les sources sonores situées en dehors de ce secteur seront « tassées » sur chaque haut-parleur. Ce système convient pour des sources éloignées et espacées en profondeur au détriment de la présence et de la localisation.

Des microphones distants de quelques mètres sont quelquefois utilisés pour « récupérer » les sources les plus éloignées latéralement mais, souvent, avec un affaiblissement des sources centrales et un effet de tassement sur haut-parleurs (trou au centre) très prononcé.

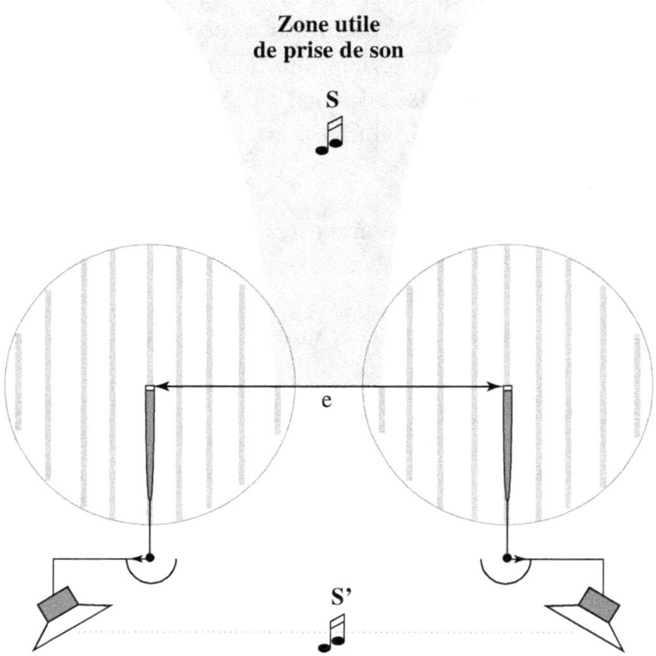

Figure 8.36 – *Le système « grand AB ». Dans notre exemple, e = 1 m.*

Variante

Une autre utilisation consiste à placer face à la source sonore deux microphones omnidirectionnels avec un espacement égal, cette fois, à la distance séparant les deux haut-parleurs d'écoute. On compare le son original au son restitué par les deux haut-parleurs placés dans la salle, à l'endroit des microphones de prise de son. Ce procédé tente de reconstituer le champ acoustique d'origine, expérimenté avec un rideau de microphones et de haut-parleurs (voir chapitre 1), mais réduit ici à deux microphones et deux haut-parleurs.

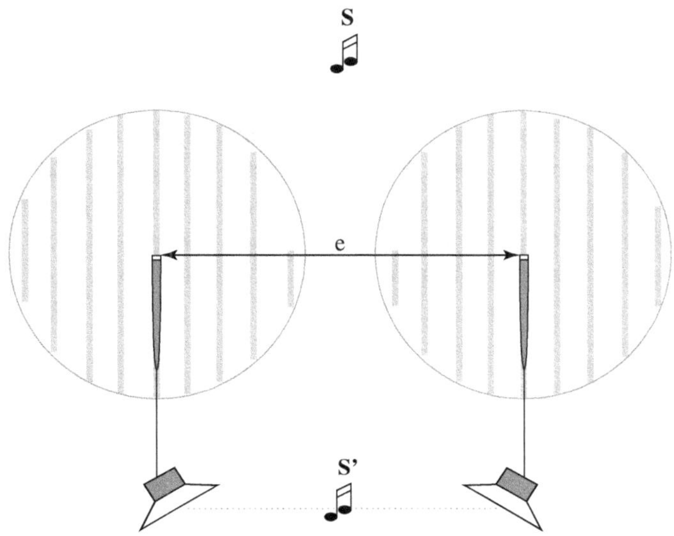

Figure 8.37 – *Principe de reconstitution du champ acoustique par deux enceintes espacées de la même manière que les microphones.*

Le système AB avec obstacle entre les deux microphones

Ce système tente de se rapprocher des conditions d'écoute naturelle. Il consiste à placer un écran entre deux microphones, généralement omnidirectionnels, faiblement espacés. Le système AB avec obstacle est conçu pour une reproduction stéréophonique par haut-parleurs :

- le faible espacement des capsules a pour but d'introduire une différence de temps à la prise de son, donc une bonne spatialisation ainsi qu'une bonne profondeur ;
- la directivité omnidirectionnelle des capsules assure une excellente réponse dans les basses fréquences ;
- un écran introduit une différence d'intensité à la prise de son, donc une image sonore plus stable que dans le cas d'une simple paire de microphones omnidirectionnels ;
- cette différence d'intensité, comme en écoute naturelle binaurale, augmente avec la fréquence, car l'obstacle devient prépondérant lorsque la longueur d'onde diminue. Il s'agit là d'une différence fondamentale avec les procédés AB, MS ou XY, où la différence d'intensité se veut précisément indépendante de la fréquence ;
- l'ajout d'une différence d'intensité à une différence de temps de propagation permet, par ailleurs, d'obtenir un angle utile de prise de son plus faible et plus facilement exploitable que celui d'un procédé AB avec deux capsules omnidirectionnelles.

On peut placer, entre les deux capsules microphoniques, un obstacle en bois ou en plastique recouvert d'un revêtement poreux. Citons :

- le procédé OSS *(Optimal Stereo Signal)* qui consiste à placer un disque absorbant de 28 cm de diamètre entre deux microphones omnidirectionnels distants de 16,5 cm. Ce disque (appelé « disque Jecklin ») augmente la séparation des deux canaux d'environ 5 dB vers 1 000 Hz et d'environ 10 dB vers 5 000 Hz ;
- la sphère, développée par Schœps, constituée d'une sphère creuse en matière plastique, acoustiquement réfléchissante, de 20 cm de diamètre et dont l'intérieur est absorbant.

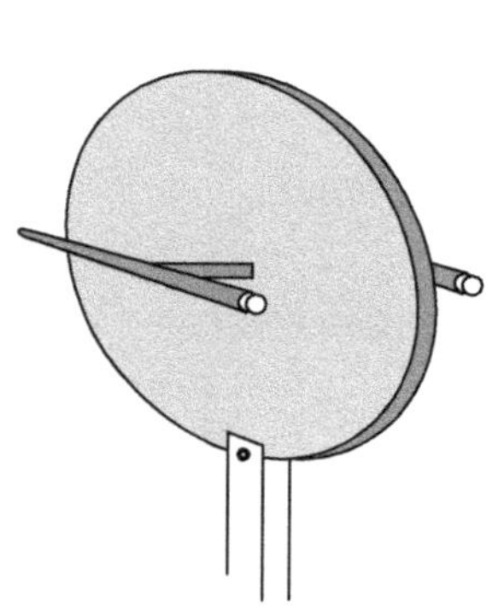

Figure 8.38 – *Principe du disque Jecklin.*

Figure 8.39 – *La sphère de prise de son Schœps munie de deux microphones omnidirectionnels (avec traitement du signal incorporé).*

Les capsules à pression des deux microphones suivies d'un amplificateur d'égalisation adapté ont fait l'objet d'une étude spécifique. Les membranes affleurent la surface de la sphère (pour éviter tout filtrage en peigne) en deux points diamétralement opposés, donc formant un angle de 180°.

Une diode électroluminescente montée au centre de la sphère facilite son positionnement.

Remarques d'utilisation de la sphère

- L'angle de prise de son est d'environ 90°. Il implique donc un emplacement relativement éloigné et nécessite une acoustique favorable, sans excès de réverbération.

- Comme tout système à obstacle, la sphère introduit une différence d'intensité qui varie avec la fréquence et qui est bien maîtrisée ; correctement placée, la sphère restitue une image stéréophonique très homogène en fréquence et en énergie. La sonorité est proche de celle du système AB omnidirectionnel, avec toutefois une meilleure localisation due à l'effet d'obstacle.

La tête artificielle

La figure 8.40 montre un enregistrement réalisé à l'aide de deux microphones miniatures, insérés à l'entrée des canaux auditifs d'un auditeur. Cet enregistrement est ensuite écouté au casque par la même personne. Toutes les expérimentations prouvent le réalisme de l'image sonore reproduite : les sources sonores sont parfaitement localisées en tout point de l'espace, comme en écoute naturelle.

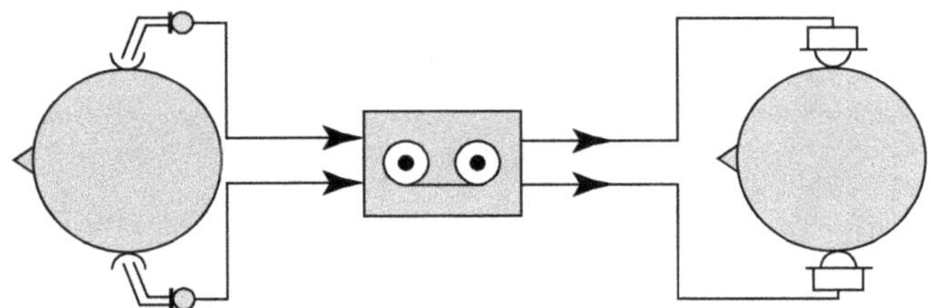

Figure 8.40 – *Prise de son et reproduction réalisée sur la même personne.*

Une démarche plus sérieuse d'exploitation (et, surtout, plus pratique) consiste à remplacer la tête naturelle par une tête artificielle (voir figure 8.41). Ce système présente une morphologie (jusqu'à la forme des pavillons) et une texture proches de celles de la tête humaine ; il contient deux microphones à pression (omnidirectionnels) disposés généralement à l'entrée des canaux auditifs.

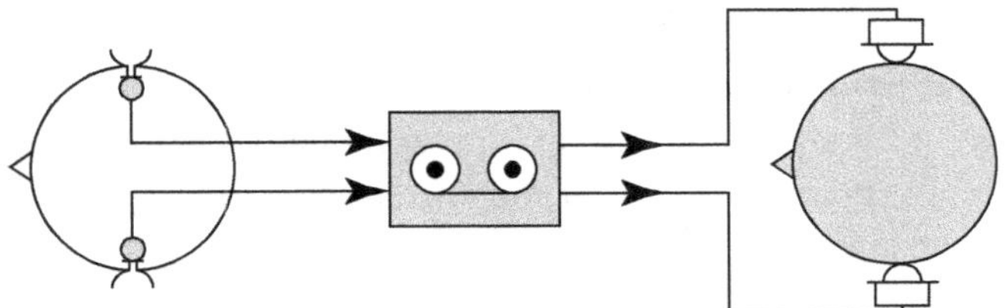

Figure 8.41 – *Prise de son avec tête artificielle et reproduction au casque.*

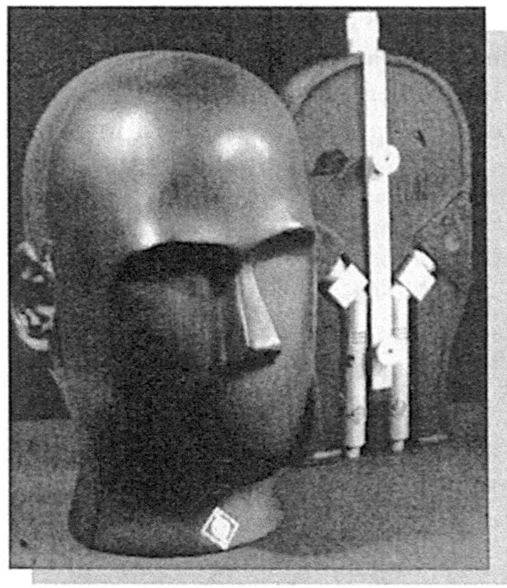

Figure 8.42 – *Tête artificielle de Neumann, vues extérieure et intérieure avec ses deux microphones.*

Dans la plupart des cas, l'impression auditive perçue au casque est assez naturelle. Selon le degré de finition de la tête, les sources sont généralement bien disposées dans l'espace et en profondeur avec cependant une difficulté à pouvoir faire ressortir les images à l'extérieur et devant la tête de l'auditeur.

En France, les premières prises de son avec une tête artificielle ont été celles d'André Charlin, dès 1958. La tête, de forme souvent sphérique, était munie de deux microphones électrostatiques directionnels ou omnidirectionnels. Mais c'est en Allemagne que s'est réellement développé ce système : depuis 1969, de nombreuses têtes artificielles ont été réalisées par l'institut Heinrich Hertz et plusieurs constructeurs, avec le souci constant de se rapprocher au mieux de la tête humaine.

À ce jour, la tête artificielle n'a pas connu le succès espéré car :

- elle a été conçue pour l'écoute au casque et non sur enceintes. L'incompatibilité de reproduction sur haut-parleurs se traduit notamment par un détimbrage des sonorités par le double filtrage apporté à l'enregistrement et à la reproduction ;
- chaque personne présentant une morphologie différente, les différents constructeurs ont rencontré de nombreuses difficultés dans la réalisation d'une tête artificielle qui puisse convenir au plus grand nombre. Même à l'écoute au casque, la confusion avant-arrière reste l'une des erreurs de localisation les plus souvent constatées.

Malgré cela, plusieurs bonnes raisons nous laissent à penser que la tête artificielle peut encore connaître un nouveau développement :

- la technologie du casque a fait d'importants progrès en quelques années : il est devenu léger, très linéaire en fréquences ; il n'isole plus l'auditeur du monde sonore extérieur (casque ouvert) et ne constitue plus une gêne aux mouvements (casque récepteur à infrarouge) ;
- l'élimination du signal de contournement perçu en écoute stéréophonique rapproche l'auditeur des conditions d'écoute binaurale.

La figure 8.43 montre le principe de fonctionnement du système TRADIS *(True Reproduction of AU Directional Information by Stereopbony)*. Le signal gauche de contournement est annulé par le même signal provenant du haut-parleur droit, mais filtré, retardé et en opposition de phase, et inversement.

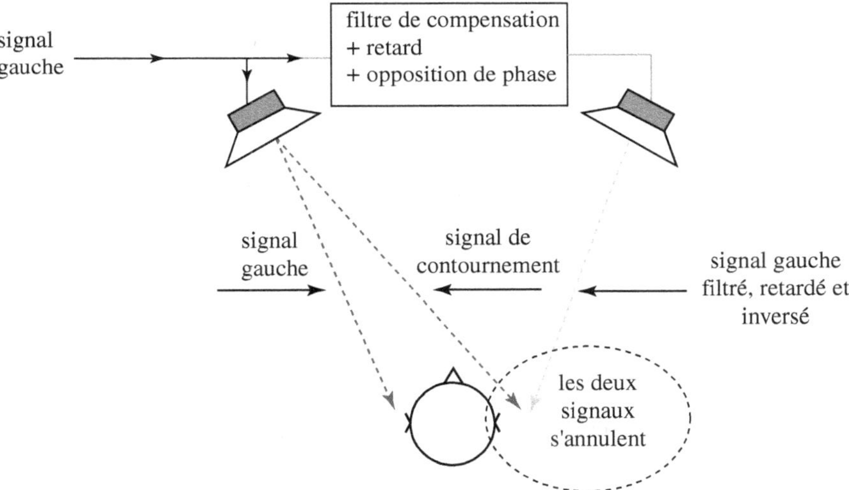

Figure 8.43 – *Principe d'annulation du signal de contournement (système TRADIS). Seule la voie gauche est ici représentée.*

Ce système de reproduction permet à l'auditeur d'être davantage à l'intérieur du champ acoustique et de localiser des sources images de part et d'autre de la base stéréophonique. Néanmoins, ce procédé nécessite un lieu d'écoute très absorbant ainsi qu'un positionnement précis de l'auditeur.

Les travaux réalisés à l'IRT ont montré qu'il est possible de reproduire par haut-parleurs, sans coloration, une prise de son réalisée avec une tête artificielle (voir figure 8.44). Un filtrage, nommé « filtrage en champ diffus », est introduit sur les canaux gauche et droit du système. Il s'agit du filtrage moyen qu'introduit la tête selon toutes les directions de l'espace. Il annule, par soustraction, celui produit par la tête artificielle.

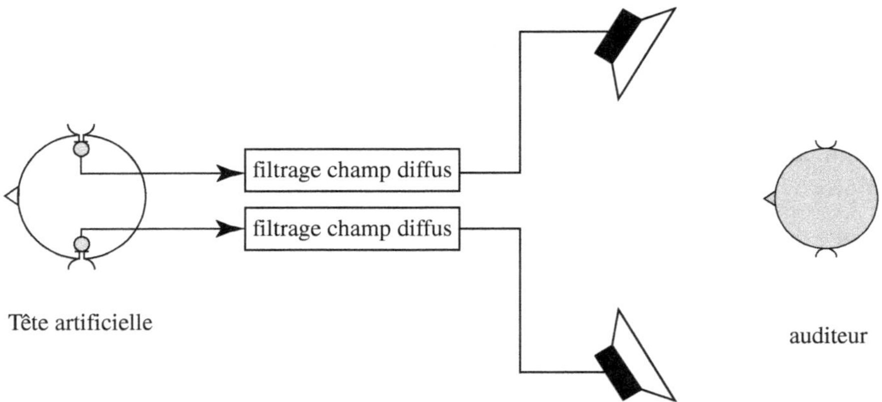

Figure 8.44 – *Restitution stéréophonique à partir d'une tête artificielle.*

5. Pratique des systèmes stéréophoniques

Au contraire de la prise de son rapprochée, analytique (voir chapitre 7), il s'agit d'une prise de son globale des sources sonores. Les instruments, les voix seront captés avec leur épanouissement naturel et l'acoustique du lieu. Ce type de prise de son rend compte de l'interaction des sources sonores.

Si l'on éloigne progressivement un système stéréophonique d'une source sonore, l'énergie captée sera de plus en plus homogène en spectre ; les toutes premières réflexions viendront enrichir le son direct et l'énergie du champ réverbéré sera mise en valeur.

Connaissance du rayonnement énergétique de la source

La connaissance du mode de rayonnement des sources sonores est indispensable :

• pour le positionnement de l'artiste et la mise en valeur du timbre instrumental. Les réflexions provenant du sol sont nécessaires à l'épanouissement sonore de nombreux instruments comme la clarinette, le hautbois, le violoncelle (voir figure 8.45), etc. – on comprend l'importance d'un parquet, par exemple.

Dans le cas du violoncelle ou de la contrebasse, la liaison au sol par le pic donne également une grande importance à la nature du matériau : un panneau de bois, un feutre ou une céramique entraîne des changements de timbre considérables. La nature du sol influence également la qualité du timbre dans le cas de la voix (voir figure 8.46).

Figure 8.45 – *Importance des premières réflexions dans le cas du violoncelle.*

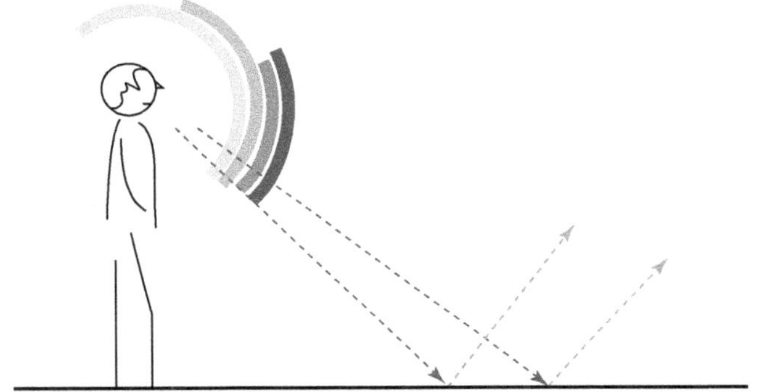

Figure 8.46 – *Importance des premières réflexions dans le cas de la voix.*

- pour le placement de panneaux acoustiques. Des panneaux réfléchissants renverront dans la direction souhaitée une partie de l'énergie ; on gagnera ainsi en timbre et en clarté. Si l'on désire au contraire diminuer la brillance et la clarté d'un instrument, on placera un panneau absorbant ;

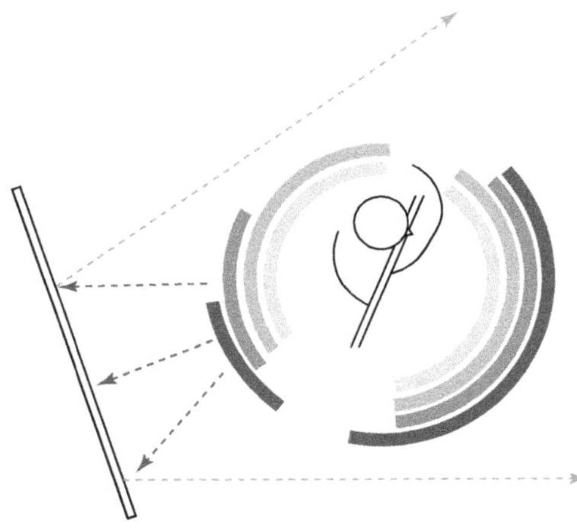

Figure 8.47 – *Prise en compte de la directivité du rayonnement de la flûte.*

- pour la mise en place du système de prise de son. Dans l'axe de l'instrument (position 1), l'énergie captée est répartie sur une plus large gamme de fréquences. Cependant, à une plus faible distance ou pour une acoustique peu réverbérante, l'instrument peut être ressenti comme trop agressif : on préférera alors se placer dans une zone moins privilégiée (position 2, par exemple) (voir figure 8.48).

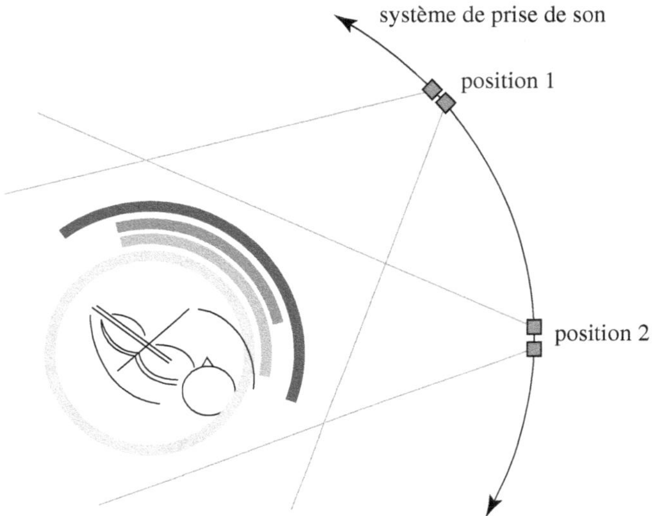

Figure 8.48 – *Déplacement horizontal du système stéréophonique autour du violon*

Placement du système par rapport à une seule source sonore

La question du placement du système microphonique reste un problème essentiel, lié au mode de production du son. Si le système microphonique est :

- plus proche de la source, on augmente le niveau du son direct. La source image devient plus présente, plus riche en transitoires. On privilégie une partie du rayonnement instrumental ;
- plus éloigné de la source, on diminue le niveau du son direct par rapport à celui du champ réverbéré. La source image est moins présente et gagne en homogénéité spectrale : le système capte en effet le rayonnement instrumental dans sa globalité et profite mieux des toutes premières réflexions (notamment celles du sol). Au-delà, le niveau du son direct est trop faible par rapport au champ réverbéré, la source image manque de clarté et perd en timbre ;
- au-dessus de la source, l'intensité du son direct peut décroître si l'on quitte la zone de directivité (ce n'est pas le cas pour certains instruments : tuba, percussions) ;

- plus près du sol, la source image gagne en premières réflexions et en basses fréquences.

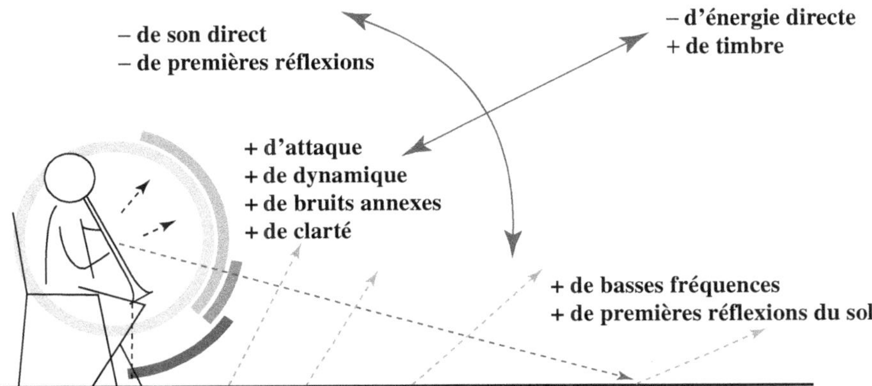

Figure 8.49 – *Effets du déplacement d'un système stéréophonique sur la qualité de l'image sonore.*

Prise de son globale de plusieurs sources sonores

Le preneur de son peut raisonner à partir de quatre critères d'appréciation objectifs qui définiront la qualité globale de son image stéréophonique :

- l'équilibre spectral ;
- le niveau sonore et la dynamique ;
- la localisation en profondeur et l'espace ;
- la localisation latérale.

1re étape : écoute dans la salle et position des interprètes

- Apprécier les qualités et les défauts acoustiques du lieu (voir chapitre 3).
- Favoriser le jeu des artistes. Les interprètes doivent se voir mais aussi s'entendre mutuellement. Dans le cas de conditions acoustiques difficiles, le recours à des panneaux acoustiques réfléchissants ou absorbants peut être bénéfique à l'écoute mutuelle des interprètes (voir chapitre 9).
- Écouter la salle et l'homogénéité en timbre et en niveau. Si la formation manque d'homogénéité sonore, on recherchera une solution par de petits déplacements des interprètes ou le recours à des panneaux acoustiques. De faibles déplacements suffisent quelquefois à rétablir un déséquilibre de niveau sonore (de présence) ou de timbre.
- Déterminer la distance critique (voir chapitre 3).

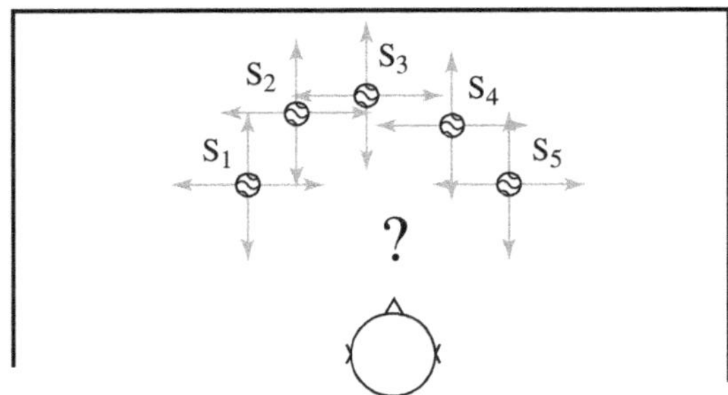

Figure 8.50 – *Écouter attentivement...*

2ᵉ étape : choix du système stéréophonique

Par rapport aux quatre critères cités, on peut dégager les généralités suivantes :

- l'équilibre spectral dépend des caractéristiques des microphones et de leur position dans la salle ;
- la courbe de réponse est déterminante et liée au choix de la directivité.

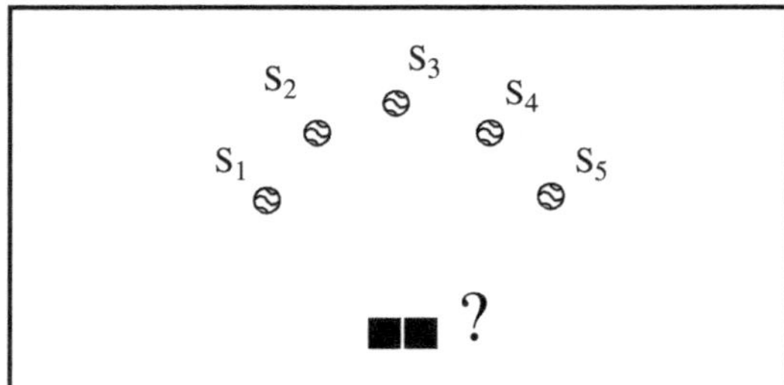

Figure 8.51 – *Choix et emplacement microphonique.*

Pour mémoire, un microphone omnidirectionnel offre un excellent rendu aux fréquences graves et un microphone cardioïde compense l'atténuation des fréquences élevées due à la distance, grâce à une légère accentuation à ces fréquences.

- Le niveau sonore et la dynamique dépendent moins des caractéristiques techniques des microphones que de l'éloignement du système par rapport aux sources.
- La localisation en profondeur est liée à la distance sources-système ainsi qu'à la directivité des microphones (prise en compte du champ réverbéré).
  L'effet d'espace est favorisé par des systèmes utilisant la différence de temps (AB cardioïdes, omnidirectionnels ou systèmes avec obstacle).
- La localisation latérale est liée à l'angle de prise de son du système adapté à l'étendue des sources sonores. La précision de localisation sera meilleure sur des systèmes basés sur la seule différence d'intensité (XY, MS ou stéréosonic).

On se méfiera de l'effet de loupe apporté par tout système (plus marqué sur le AB) placé à proximité de la source.

3ᵉ étape : mise en place du système de prise de son

Elle dépend de l'acoustique de la salle, de sa géométrie et de l'étendue des sources sonores. Une bonne approche consiste à placer le système à la distance critique, symétriquement par rapport aux sources sonores et à écouter attentivement à cet endroit. Cette attitude d'écoute ne signifie pas que l'image stéréophonique recherchée devra être l'image de ce que l'on entend dans la salle, ce serait peine perdue ; elle sera différente, souvent meilleure (une bonne acoustique naturelle est rare) et adaptée à l'écoute domestique.

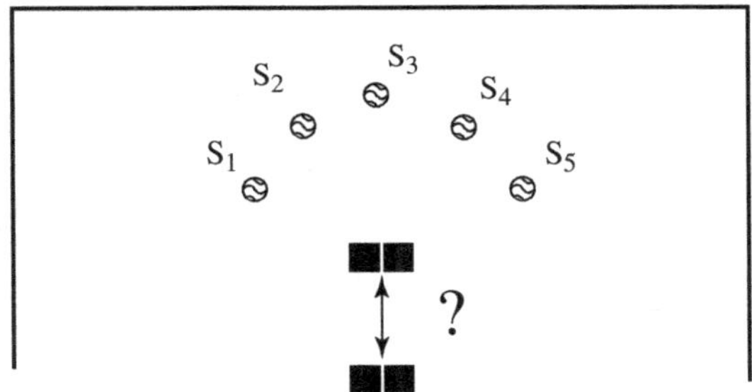

Figure 8.52 – *Observer, modifier, adapter...*

Quant à la distance « critique » que nous proposons comme point de départ théorique, il est évident que le meilleur positionnement microphonique se situera en deçà ou au-delà, en fonction du caractère de l'ouvrage et du résultat souhaité à l'écoute. L'angle utile de prise de son sera légèrement supérieur à l'angle sous lequel est vu l'ensemble des sources sonores.

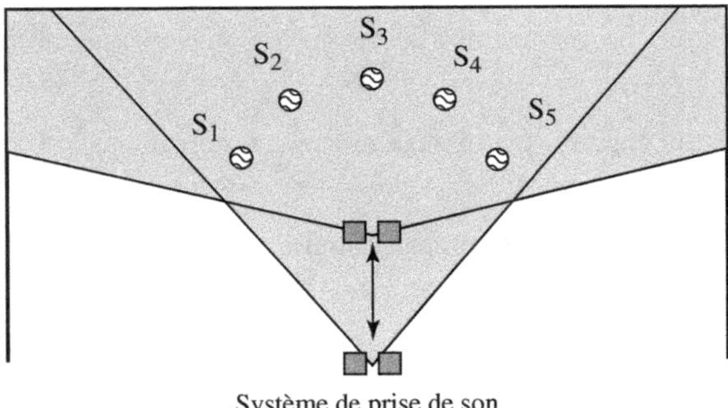

Figure 8.53 – *L'angle utile de prise de son doit tenir compte de la position du système.*

4ᵉ étape : écoute en cabine et réajustement du système

Il s'agit d'une première évaluation de la qualité globale de l'image stéréophonique. Sur la base des quatre critères précités, on fait une analyse dissociée :

- ajuster les niveaux d'entrée (voir chapitre 8). Vérifier que les sources sont équilibrées en niveau et que la dynamique sonore est correcte ;
- déceler un déséquilibre spectral global favorisant une zone fréquentielle particulière (basses, médiums, aigus). Cet effet peut mettre en avant le jeu de l'un des interprètes. Il s'agit de vérifier le timbre de chaque interprète ;
- modifier un excès ou un défaut de profondeur. Un plan trop lointain est dû à un excès de profondeur, un plan trop proche à un manque de profondeur et d'espace ;
- les sources image peuvent être trop centrées, trop latéralisées ou déséquilibrées dans l'espace stéréophonique (voir chapitre 9). Des sources image trop centrées dénoncent un angle utile de prise de son trop important, trop latéralisées gauche-droite un angle utile trop faible. Des images déséquilibrées spatialement dénoncent une dissymétrie du système vis-à-vis de la formation.

Un réajustement du système microphonique s'avère souvent nécessaire :

- il faut éviter de modifier de trop nombreux paramètres à la fois.
  Si l'on déplace le système vers les sources pour obtenir un plan sonore plus rapproché, on évitera, par exemple, de déplacer simultanément plusieurs panneaux acoustiques réfléchissants à l'arrière des interprètes ;
- il faut déplacer le système de manière à satisfaire aux quatre critères évoqués.

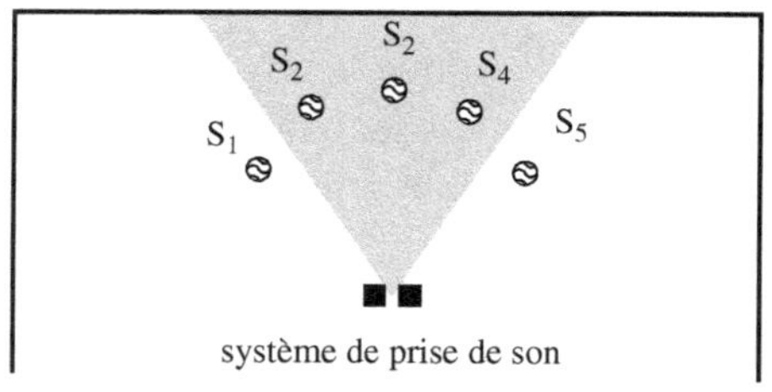

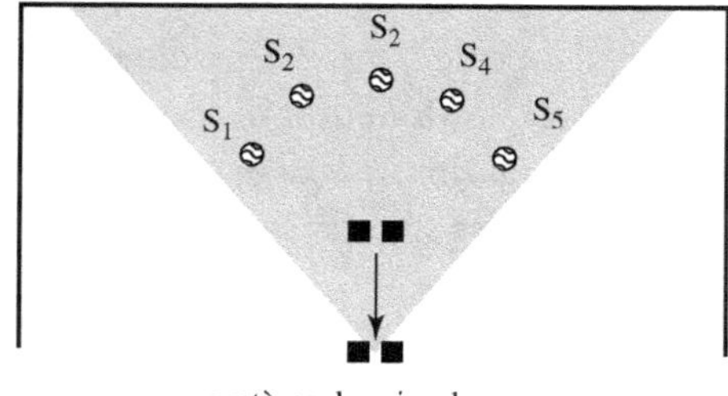

Figure 8.54 – *Recul du système de prise de son.*

Tous les critères peuvent être quelquefois améliorés simultanément. Avec l'augmentation de la distance sources-système :

- on gagne en équilibre spectral par une meilleure homogénéité de rayonnement des sources et la prise en compte des réflexions au sol ;
- on diminue la dynamique ;

- on modifie le plan sonore et on réduit les bruits annexes ;
- on resserre les sources image, car l'angle de prise de son englobe alors toute la formation.

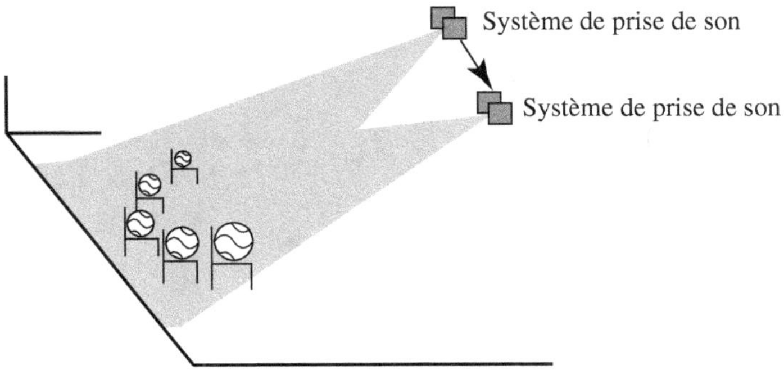

Figure 8.55 – *Déplacement du système de prise de son vers le bas.*

Avec un déplacement du système vers le haut, on bénéficie de plus de réverbération ; vers le bas, on capte davantage de premières réflexions du sol et de basses fréquences (voir figure 8.51). Il est très important de vérifier si l'axe du système est correctement orienté sur les sources que l'on souhaite privilégier.

Si le résultat à l'écoute ne donne pas satisfaction, le recours à des microphones d'appoint s'avère indispensable (voir chapitre 9).

5ᵉ étape : évaluation esthétique de la prise de son

L'écoute d'un enregistrement témoin avec les interprètes fait l'objet d'une appréciation générale. Quelques ajustements seront encore apportés pour tenir compte des critères esthétiques subjectifs évoqués.

La séance d'enregistrement, doublée de l'évaluation esthétique de l'interprétation artistique, peut alors débuter (voir chapitre 10).

Chapitre 9

Corrections acoustiques et recours aux microphones d'appoint

Nous avons insisté, dans le chapitre consacré à la prise de son globale, sur l'importance d'une méthodologie permettant de progresser, en connaissance de cause, par corrections successives. Elle a surtout concerné le placement des musiciens, le choix du système stéréophonique et sa disposition.

Si l'écoute n'est pas satisfaisante, on peut être amené à réaliser certaines modifications :

- par une correction des conditions acoustiques du lieu ;
- par le recours à des microphones et systèmes d'appoint.

1. Corrections acoustiques

Les artistes s'entendent difficilement

Lorsque les artistes s'entendent difficilement entre eux et qu'il est impossible de trouver une meilleure disposition dans la salle, le recours à des parois acoustiques s'impose.

- Des parois réfléchissantes bien orientées favorisent une bonne écoute mutuelle.
- Des parois absorbantes réduisent le niveau des sources sonores (avec le risque de diminuer l'écoute mutuelle et de modifier les couleurs sonores).

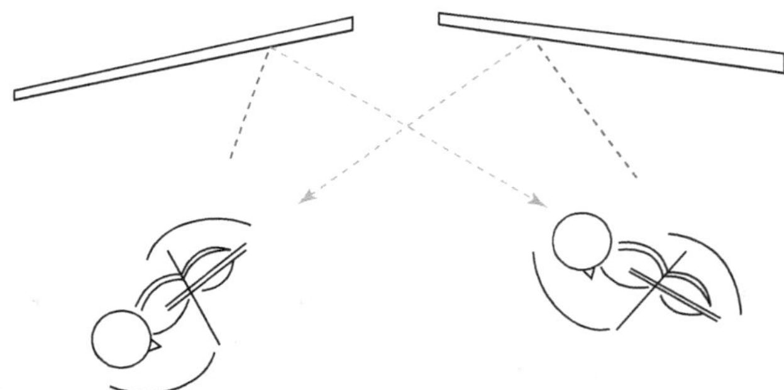

Figure 9.1 – *Exemple de recours à des parois réfléchissantes pour améliorer les retours naturels.*

Excès de réverbération

Le temps de réverbération d'une salle dépend de son volume ainsi que de sa surface totale d'absorption (voir chapitre 3).

Réduction du volume

Quelques salles ont été conçues à volume variable. Au studio 106 de la maison de Radio France, on intervient sur la hauteur d'une partie du plafond et sur la position des gradins (voir figure 9.2). Dans l'espace de projection de l'IRCAM, la totalité du plafond peut passer d'une hauteur de 4 à 11 mètres. Certaines salles modulables par parois amovibles permettent de jouer sur le volume. Dans un théâtre, le rideau de feu peut être utilisé pour former deux volumes : celui de la scène et celui de la salle.

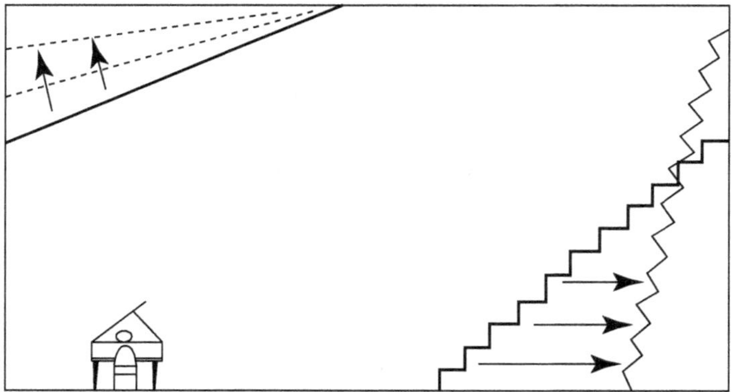

Figure 9.2 – *Principe de variation du volume du studio 106 de Radio France.*

Une solution consiste à créer un « volume » restreint à l'aide de panneaux mobiles. Des panneaux peuvent être réalisés avec une face absorbante (molleton, mousse, laine minérale) et l'autre réfléchissante (bois vernis ou laqué). Ils doivent être assez lourds et de dimensions suffisantes pour être efficaces également aux fréquences graves. Un léger retour de la partie supérieure (la casquette) augmente l'effet d'absorption. Dans le cas d'une batterie, la face absorbante est évidemment du côté des instruments.

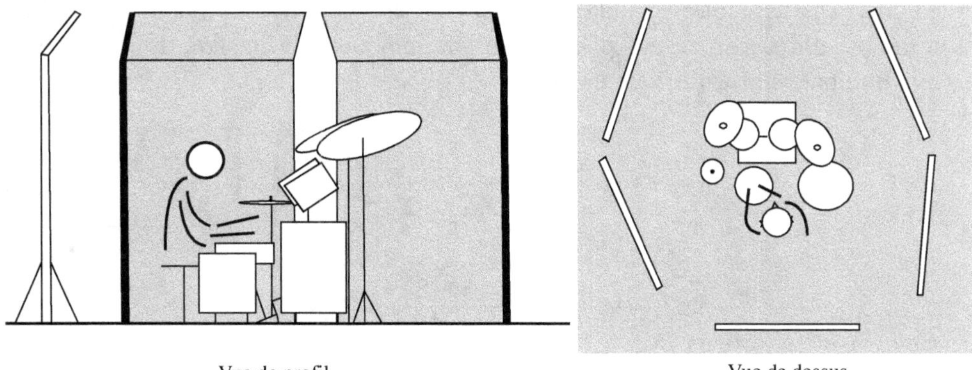

Figure 9.3 – *Création d'un volume réduit autour d'une batterie à l'aide de panneaux acoustiques.*

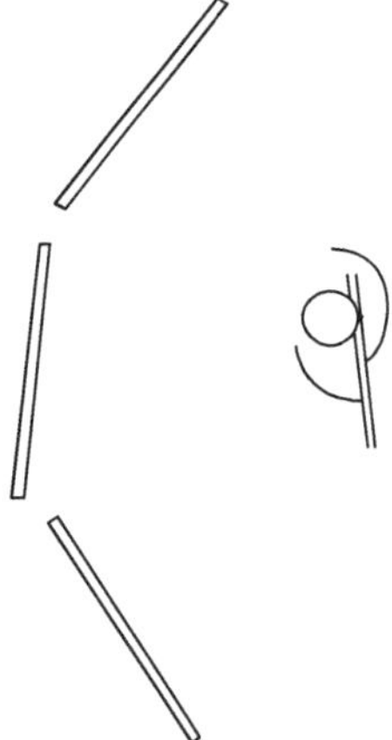

Figure 9.4 – *Réduction du volume par panneaux acoustiques derrière une flûte.*

Ces panneaux servent également à « couper » le volume : le côté réfléchissant, face aux artistes, augmente les premières réflexions sans nuire à la clarté.

Augmentation de la surface d'absorption

On l'obtient par l'adjonction de matériaux absorbants : panneaux acoustiques absorbants, rideaux, tentures, tapis, chaises rembourrées, lot de couvertures. Si le but est de diminuer la réverbération, il ne faut surtout pas nuire à la clarté du signal sonore.

On évitera de poser les absorbants sous ou à proximité des sources sonores. Ils seront par contre répartis en différents endroits : l'absorption obtenue par 10 pièces de 1 m^2 de tissu mural est beaucoup plus efficace qu'une pièce unique de 10 m^2.

Tout mobilier constitue un excellent absorbant aux fréquences hautes et aux médiums : chaises, tables, meubles correctement répartis peuvent « casser » les ondes sonores par diffraction et les « piéger » par effet de cavité. De ce fait, ils améliorent aussi l'homogénéité acoustique du lieu.

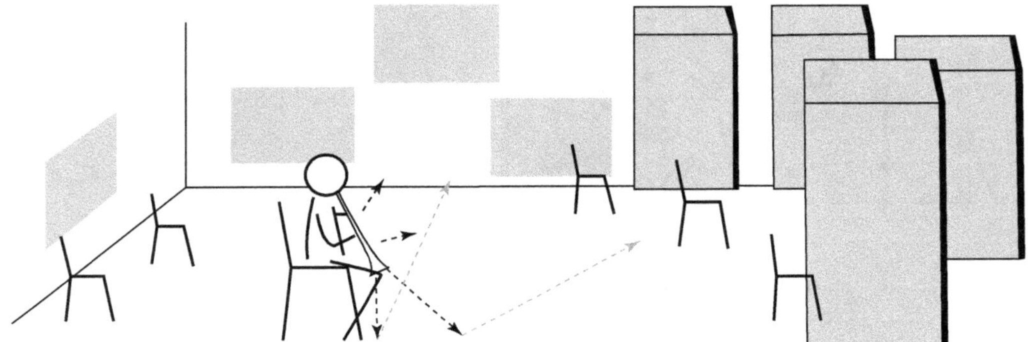

Figure 9.5 – *Exemple d'absorption par le mobilier, tentures et panneaux acoustiques et chaises.*

Manque de réverbération

Augmentation du volume

Il est toujours difficile d'augmenter le volume d'une salle. On peut dans certains cas supprimer des praticables ou des estrades.

Augmentation de la diffusion

Figure 9.6 – *Réduction de la surface absorbante par des surfaces réfléchissantes.*

Dans ce cas, il faut supprimer tous les éléments absorbants (tissus, tableaux, meubles) et introduire des surfaces réfléchissantes. Des panneaux de bois ou de métal, des tables que l'on renverse conviennent parfaitement à condition qu'ils ne réduisent pas le volume. Si le sol est recouvert de moquette, on placera sous l'instrument un panneau de bois afin d'enrichir le timbre instrumental et donner à l'artiste une écoute naturelle.

Recours à une réverbération artificielle

Les réverbérations sont aujourd'hui toutes numériques et leurs qualités sonores diffèrent selon le taux d'échantillonnage, la qualité des convertisseurs, la puissance des algorithmes. Généralement sont modifiables les paramètres suivants :

- temps de réverbération global et par bandes de fréquence ;
- niveau du son direct ;
- retard initial ;
- énergie et densité des premières réflexions ;
- énergie du champ diffus.

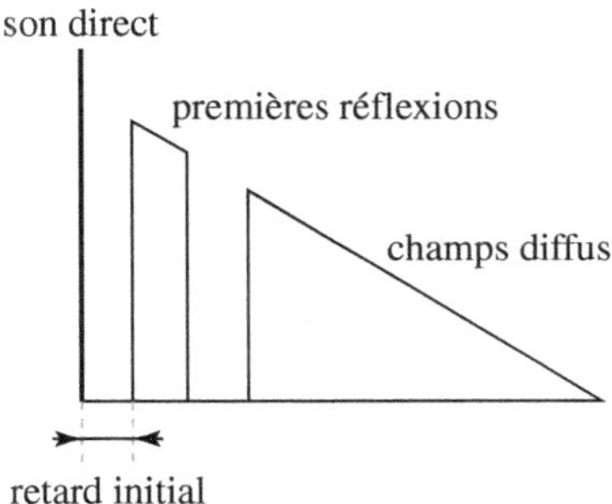

Figure 9.7 – *Différents paramètres réglables sur une réverbération numérique.*

Manque de clarté

La clarté d'une source sonore est directement liée à l'énergie des toutes premières réflexions (voir chapitre 3). Pour l'augmenter, il faut :

- diminuer l'importance du champ réverbéré, donc le temps de réverbération ;
- augmenter les premières réflexions, et notamment celles du sol.

Des panneaux réfléchissants à l'arrière de l'artiste augmenteront les premières réflexions. Les panneaux seront le plus ouverts possible afin d'éviter tout effet de focalisation. Un élément de bois ou un petit podium renforcera les réflexions.

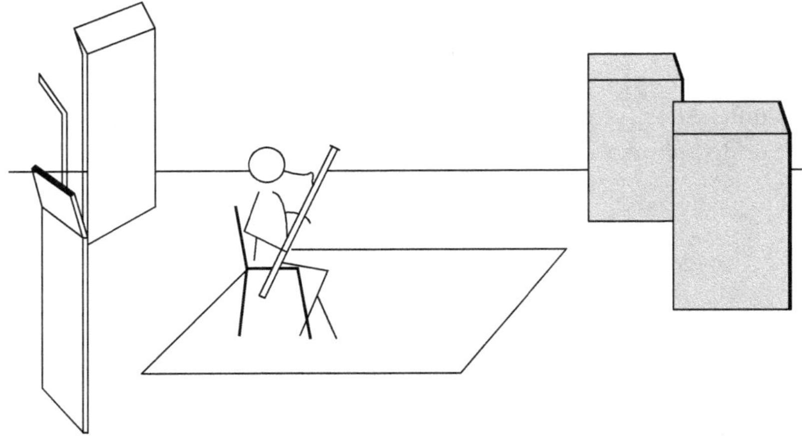

Figure 9.8 – *Exemple d'augmentation de la clarté par panneaux réfléchissants ou absorbants et surface réfléchissante au sol.*

Des surfaces absorbantes placées à une certaine distance réduiront légèrement le temps de réverbération, sans affecter l'énergie des premières réflexions.

Présence de *flutter echo*

Cet écho répété étant produit par des parois parallèles, il faut :

- soit casser l'onde sonore par toutes sortes de mobiliers, de paravents ;
- soit recouvrir les parois de surfaces absorbantes.

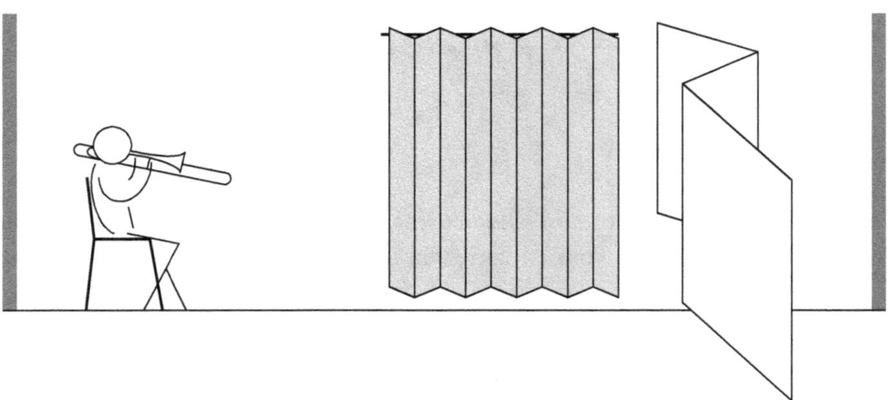

Figure 9.9 – *Exemple de suppression du* flutter echo *par un paravent ou un rideau.*

2. Corrections par des microphones d'appoint

Cas d'une prise de son globale

Renforcement d'une source sonore

Mettre en valeur un artiste. Un instrumentiste peut avoir pendant quelques mesures un rôle prédominant de soliste. Dans le domaine du jazz, il se lève pour être en évidence tant visuellement qu'auditivement ; dans une chorale, le soliste avance d'un pas. À la prise de son, on peut accentuer ces passages par un microphone d'appoint, lorsqu'il s'agit d'une source sonore ponctuelle, ou une paire de microphones dans le cas d'un ensemble de sources sonores.

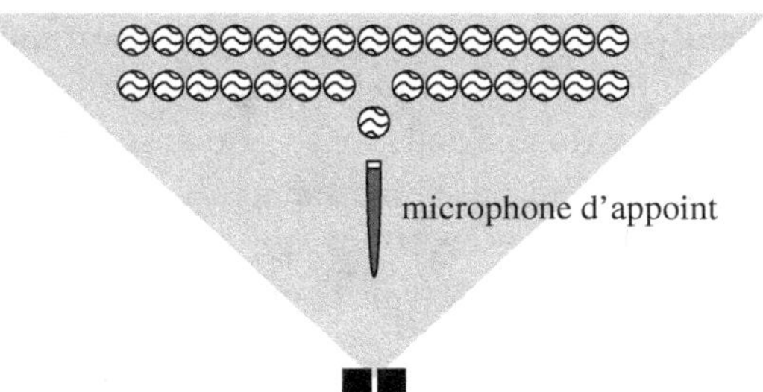

Figure 9.10 – *Renforcement d'une voix soliste dans un chœur.*

Soutenir un contre-chant. Il arrive qu'un orchestre se produise avec un effectif réduit pour un certain registre : violons, alti, celli ; quelques micros d'appoint suppléeront au manque de niveau. Cependant, on ne peut espérer, par cet artifice technique, faire sonner l'ensemble de cordes comme un orchestre symphonique.

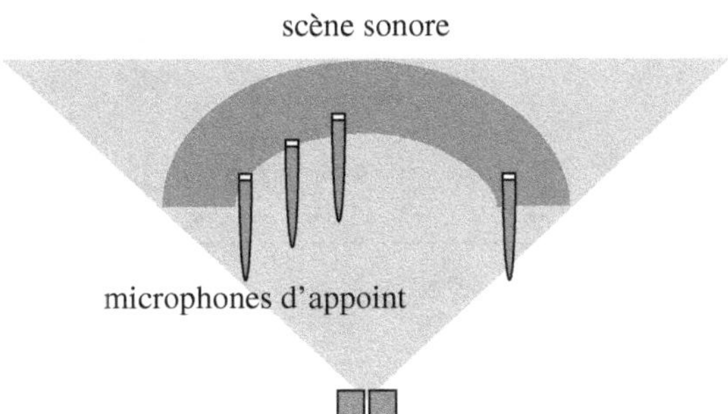

Figure 9.11 – *Renforcement sonore de certains éléments de l'orchestre.*

Renforcer une source sonore. Un clavecin, un luth, un célesta, conçus pour être joués en salon ou dans une salle de petites dimensions, peuvent souffrir d'un manque de niveau sonore dans une grande salle ou en présence de formation musicale importante.

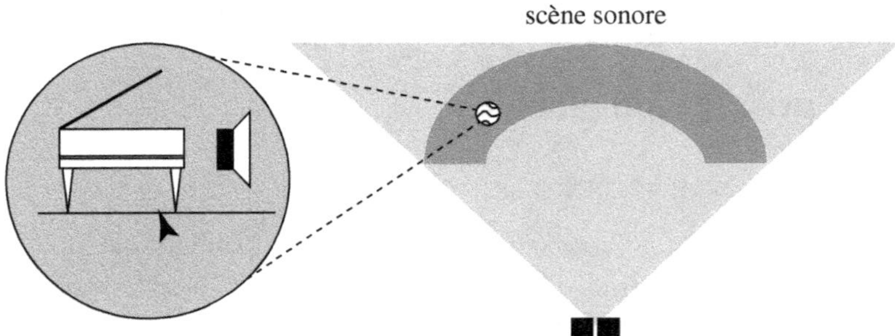

Figure 9.12 – *Exemple de renforcement électroacoustique d'un clavecin.*

Sans parler d'une réelle sonorisation, un léger renforcement électroacoustique peut être réalisé par un haut-parleur situé à proximité de l'instrument (microphone de contact fixé sous la table d'harmonie du clavecin, pour réduire les risques d'accrochage). Si le haut-parleur est éloigné de la source, on s'assurera que le signal amplifié arrive à l'auditeur après le son direct de l'instrument (quelques millisecondes suffisent) et ne dépasse pas le signal d'origine de 10 dB afin de ne pas délocaliser l'instrument et ne pas révéler l'effet d'amplification (voir figure 9.13).

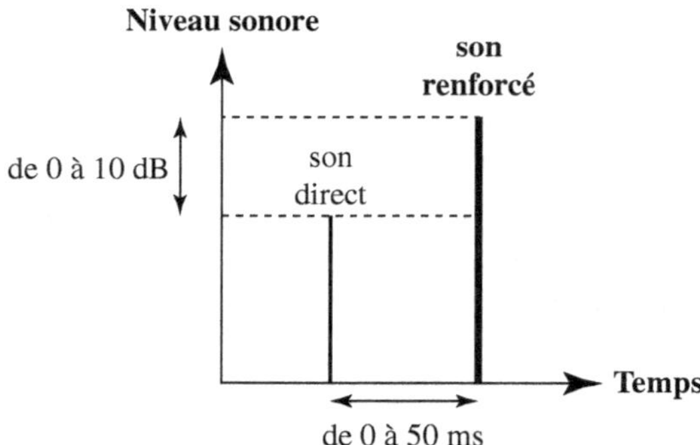

Figure 9.13 – *Limites d'utilisation d'un renforcement sonore sans qu'il y ait délocalisation de la source.*

Dans les trois cas, le renforcement sonore a également pour conséquence de modifier le timbre de la source concernée.

Amélioration de l'image stéréophonique

Correction spectrale. L'image stéréophonique peut être bien spatialisée, précise en localisation et en profondeur, équilibrée en dynamique et en clarté, mais manquer de niveau dans les basses fréquences : par exemple, avec le système AB cardioïdes une perte de niveau en dessous de 200 Hz. Dans notre exemple, le recours à un système type AB omnidirectionnels sera envisagé.

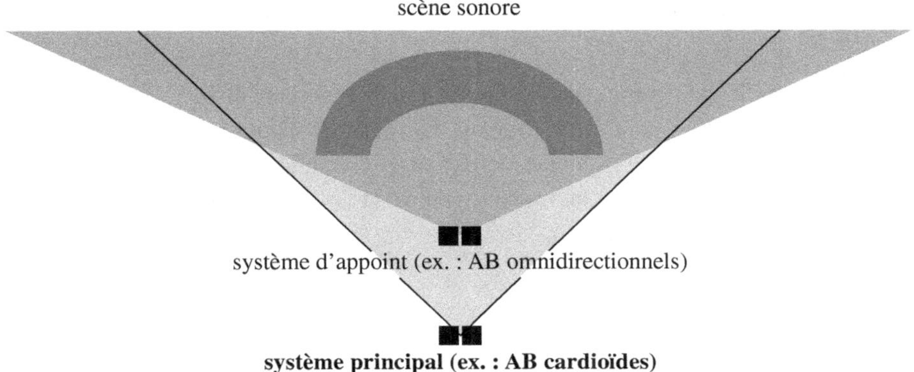

Figure 9.14 – *Exemple d'un apport spectral dû à un système d'appoint placé devant le système principal.*

Stabilisation de l'image. L'image stéréophonique peut être bien spatialisée, équilibrée en timbre, en dynamique et en profondeur, mais manquer de stabilité de localisation. Une paire de microphones omnidirectionnels génère des sources virtuelles, qui tendront, selon la tessiture de l'instrument, à se déplacer dans la base stéréophonique. Dans notre exemple, le recours à un système à capsules coïncidentes ou faiblement espacées peut être une bonne solution. Si l'instabilité concerne une source sonore particulière (soliste dans un concerto), un seul microphone d'appoint, ou mieux, un système XY est possible.

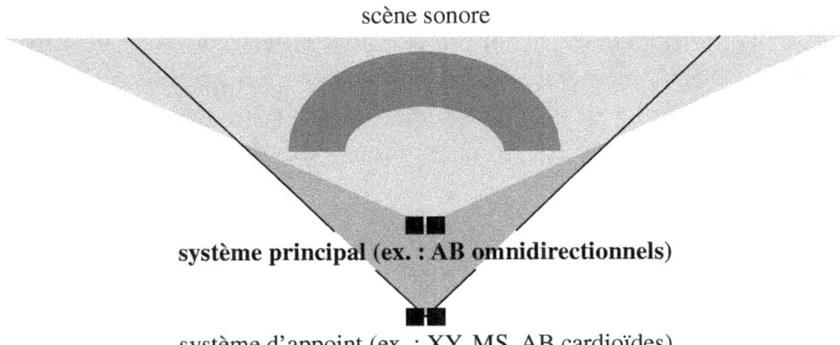

Figure 9.15 – *Exemple d'un apport de stabilité dû à un système d'appoint placé en arrière du système principal.*

Renforcement des sources image centrées. Nous avons vu qu'un système, utilisant la différence de temps de propagation comme un des critères de localisation (AB et AB omnidirectionnels), ne peut être trop rapproché d'une source sonore sous peine d'une latéralisation de cette source sur les deux enceintes et l'apparition d'un « trou au centre ».

S'il est impossible de prendre du recul, on le compensera, en dernier recours, en plaçant entre le système stéréophonique un microphone d'appoint dont le signal sera envoyé à parts égales sur les deux haut-parleurs. Un même microphone d'appoint stabilisera une source sonore ponctuelle (cas d'un violoniste) faisant de légers mouvements accentués à la reproduction.

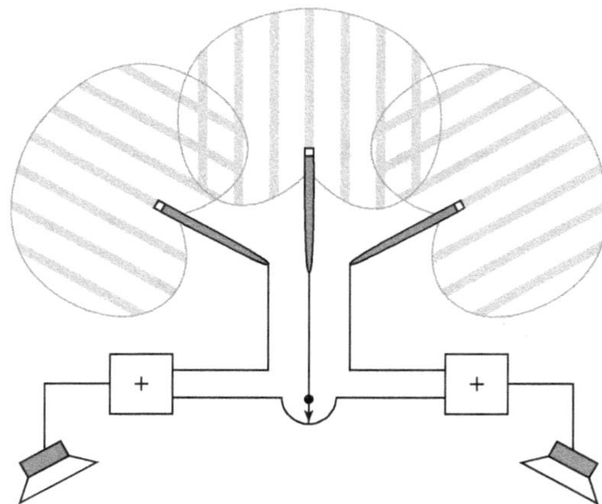

Figure 9.16 – *Exemple de microphone d'appoint positionné sur l'axe d'un système AB.*

À l'écoute, l'image est renforcée au centre avec une plus grande présence, mais au détriment de la profondeur et du timbre (sommation électrique de signaux décalés dans le temps). Pour les mêmes raisons, il peut s'avérer nécessaire de placer un microphone d'appoint entre les deux microphones d'un système aux capsules, cette fois largement espacées (grand AB) : système nommé « tripoint ».

Correction acoustique

Corriger l'acoustique d'un lieu. La présence d'un lourd rideau de scène qui ne s'ouvre qu'au premier tableau peut modifier considérablement, mais provisoirement, l'acoustique d'un opéra. Une paire supplémentaire de microphones placée dans la salle et orientée sur l'orchestre compensera l'excès d'absorption par une prise en compte des premières réflexions et de la réverbération du lieu ; l'angle de prise de son du système d'appoint doit être plus fermé.

À noter qu'il est rarement possible de suspendre le système principal dans la salle pour des raisons visuelles évidentes : on est souvent dans l'obligation de fixer une rampe de microphones dans la fosse d'orchestre et une deuxième rampe pour le plateau, sur le sol de l'avant-scène, et de travailler l'ensemble aux potentiomètres panoramiques.

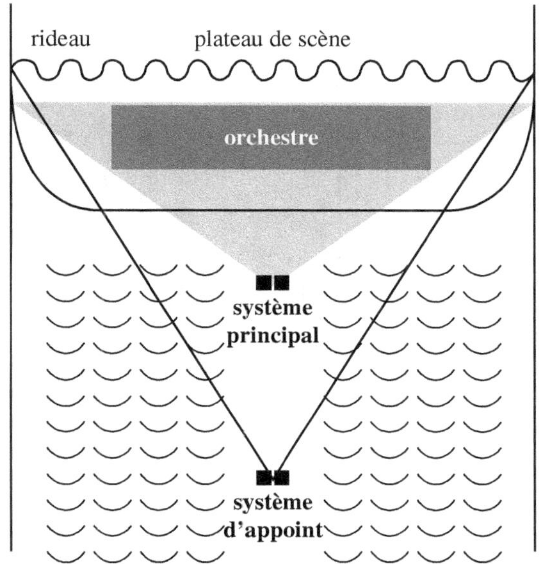

Figure 9.17 – *Exemple de positionnement du système d'appoint permettant de récupérer les réflexions acoustiques de la salle.*

La figure 9.18 montre un exemple de rampe avec cinq microphones, procédé mis en place lors de difficultés d'équilibre acoustique.

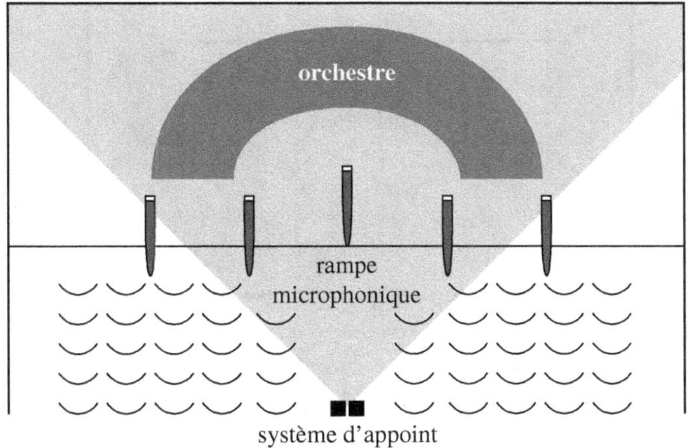

Figure 9.18 – *Exemple d'une rampe de cinq microphones principaux complétée d'un système stéréophonique (AB ou MS).*

Cette disposition est également courante lorsque l'on veut, en télévision, réaliser l'enregistrement d'une pièce de théâtre ou d'une comédie musicale sans micro-phones apparents. De nombreuses prises de son se font aujourd'hui dans des lieux inappropriés ou trop réverbérants. On cherche alors à s'affranchir de l'acoustique du lieu en rapprochant le système microphonique de la scène sonore et en positionnant divers microphones ou paires d'appoint. Comme le montre la figure 9.19, l'angle utile de prise de son du système doit être très ouvert.

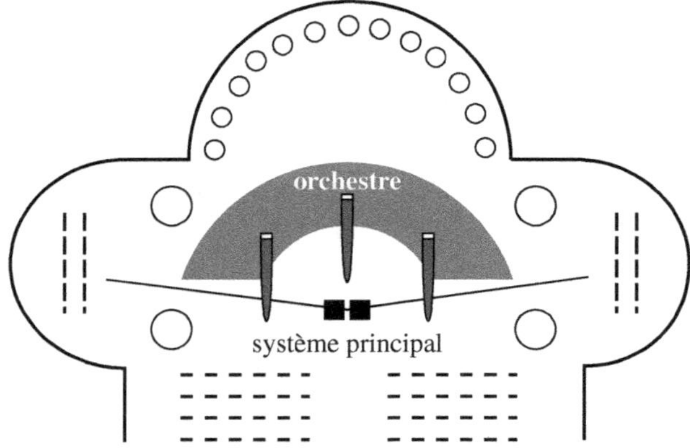

Figure 9.19 – *Exemple de positionnement microphonique permettant de s'affranchir de l'acoustique du lieu (cas d'une cathédrale).*

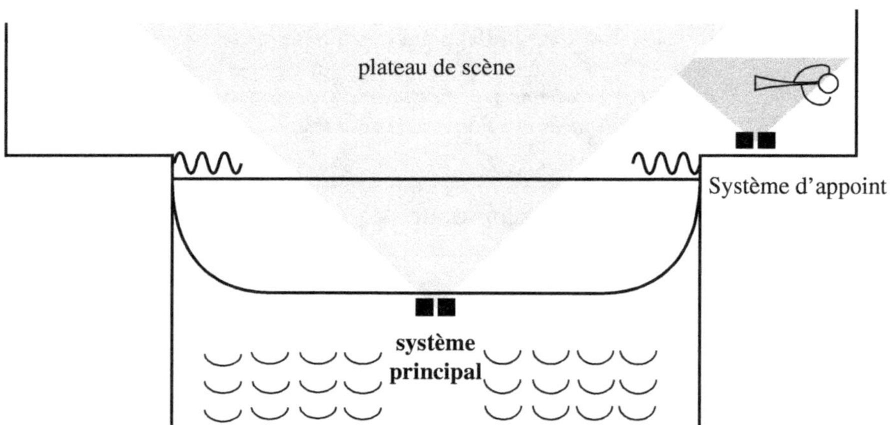

Figure 9.20 – *Exemple de positionnement microphonique d'appoint en coulisse.*

Corriger un équilibre sonore imposé par la mise en scène (ou par un composi-teur). Des artistes jouant dans les coulisses (cas de la musique de scène du *Don Juan* de Mozart ou jeu du trompettiste dans l'Ouverture d'*Eleonore* de Beethoven) apparaissent dans un plan éloigné. Si, à l'écoute du couple principal, le plan sonore paraît vraiment trop lointain, on placera en coulisses un microphone ou une paire de microphones d'appoint. Le signal résultant sera filtré, atténué et traité en réverbéra-tion afin de conserver l'impression d'éloignement.

Correction de l'emplacement des musiciens

Cas de sources sonores en profondeur sur un même axe. Dans le cas de deux plans principaux (un orchestre et un chœur, par exemple, voir figure 9.21), on peut ajouter au système principal une paire de microphones d'appoint dans le même axe de symétrie. Comme précédemment, les angles de prise de son respectifs de chaque système doivent être adaptés aux largeurs respectives des scènes sonores.

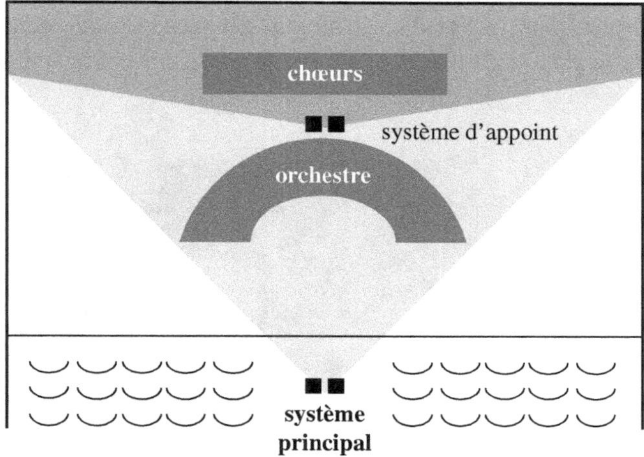

Figure 9.21 – *Exemple de positionnement d'un système d'appoint sur une deuxième formation (le chœur).*

Dans le cas de trois plans principaux (un orchestre, un chœur, un orgue, par exemple, voir figure 9.22), un troisième système est ajouté aux deux premiers. Les trois paires sont en cascade sur un même axe.

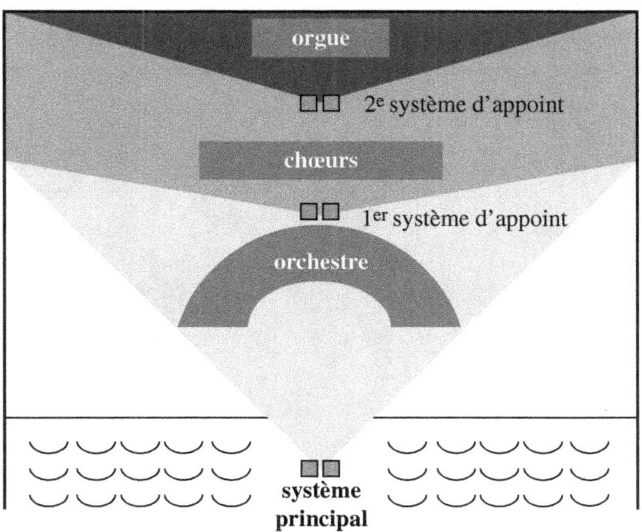

Figure 9.22 – *Configuration avec deux systèmes d'appoint dans le même axe.*

Cas de sources sonores sur deux axes différents. Sur une scène de théâtre ou d'opéra, l'orchestre placé dans une fosse est souvent capté par un couple stéréophonique ; le plateau est repris par un rideau de microphones ou par un second couple microphonique. Dans le cas d'une scène qui se passe uniquement côté cour ou jardin (scène de la prison dans *Fidelio* de Beethoven), un système d'appoint côté cour ou jardin favorisera le recentrage de l'image sonore.

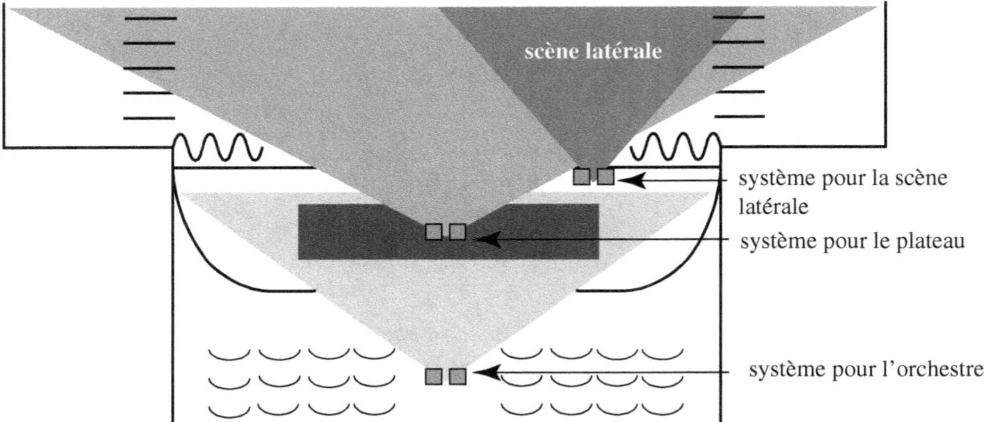

Figure 9.23 – *Exemple de système d'appoint placé côté cour, décentré par rapport à l'axe des autres systèmes.*

Cas de sources sonores disposées sur plusieurs axes. Dans la mesure où aucun système ne peut capter globalement toutes les formations (voir figure 9.24), chaque secteur sera « couvert » par un système stéréophonique approprié, avec cependant l'inconvénient d'une diaphonie entre voies droite et gauche.

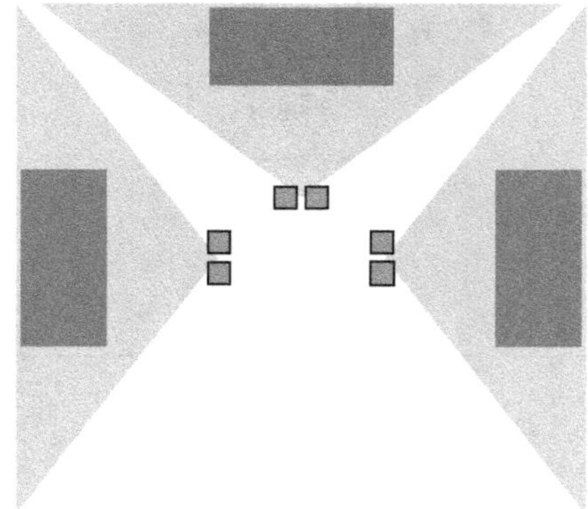

Figure 9.24 – *Exemple de prise de son selon trois axes différents.*

Il est donc nécessaire d'inverser les voies gauche et droite des couples latéraux pour qu'il n'y ait pas d'ambiguïté de direction et de corriger l'orientation de l'axe de symétrie des couples latéraux au pan-pot.

C'est l'exemple typique d'un orchestre dans la nef d'une église et de deux orgues sur les bas-côtés, ou d'un orchestre et de deux chœurs. Mais il peut s'agir également de trois plateaux sur lesquels se succèdent, en alternance, des ensembles très différents, avec des dispositions particulières, fréquentes en télévision et lors de festivals. Si ces formations se produisent en alternance, il s'agit en fait de trois prises de son.

Cas de sources sonores disposées en largeur. Si le système principal ne suffit pas, chaque secteur peut être capté par une paire distincte de microphones (voir figure 9.25). Comme précédemment, chaque système reprend les musiciens voisins, d'où une diaphonie des voies droite et gauche. Il est souhaitable d'inverser les voies gauche et droite des couples latéraux pour éviter toute ambiguïté de direction. À la console, il faut corriger l'orientation de l'axe de symétrie des couples latéraux au pan-pot. Pour les mêmes raisons de filtrage en peigne, le recours à des systèmes à capsules coïncidentes est conseillé.

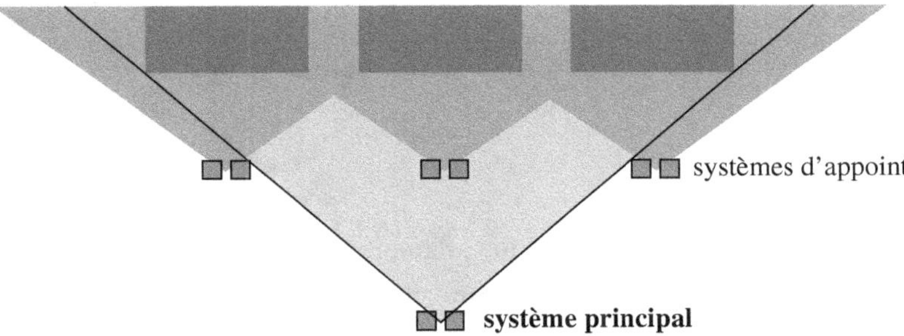

Figure 9.25 – *Exemple de systèmes d'appoint sur trois sources positionnées en largeur.*

Sources sonores enregistrées en plusieurs étapes

Le procédé du *re-recording* que nous avons étudié peut être également utile, voire indispensable pour certaines œuvres classiques telles que :

- la *Bataille de Wellington* de Beethoven : enregistrement des canons et flibustiers ;
- les *Pins de Rome* de Respighi : enregistrement des oiseaux ;
- *Ouverture 1812* de Tchaïkovski : enregistrement des cloches ;
- certaines œuvres contemporaines faisant appel à des effets sonores particuliers, réalisés au mixage ou en direct lors d'un spectacle.

Un exemple intéressant est le *Carmen* de Rosi enregistré sur magnétophone multipiste. Les versions mixées pour le disque et le cinéma sont forts différentes : les ambiances, les bruitages sont toujours présents et renforcés pour les besoins de l'image.

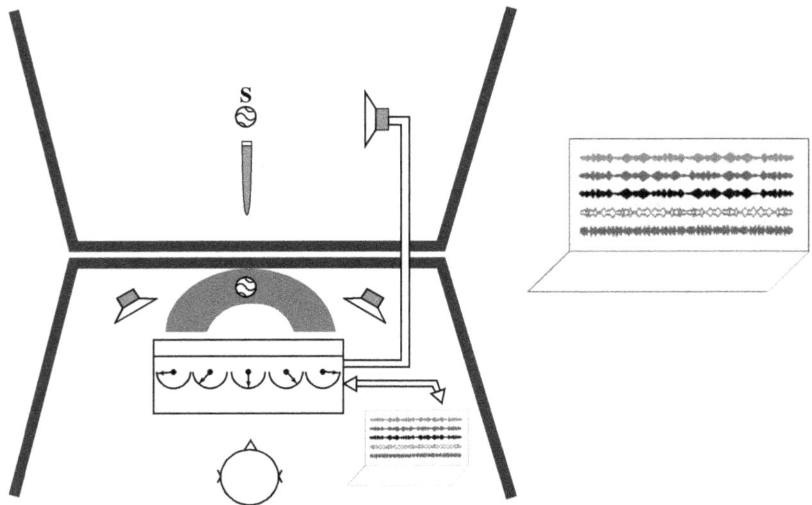

Figure 9.26 – *Microphone d'appoint sur une source enregistrée en play-back.*

Raisons diverses

Sauver une prise de son. Il arrive qu'un preneur de son ait à enregistrer sans répétition un orchestre et des œuvres qui lui sont inconnus, ou en disposant tout au plus de quelques minutes de raccords. Dans ce cas, un certain nombre de microphones placés arbitrairement et quelques microphones de réserve pourront sauver une telle situation. Lors d'une transmission en direct ou d'une sonorisation, il est indispensable d'installer un microphone de réserve pour parer à toute panne éventuelle.

Satisfaire un artiste. On placera un microphone d'appoint devant un artiste qui l'exige, même si le preneur de son estime l'équilibre correct ; il se permettra de ne l'utiliser que peu ou pas. Cette solution évite des conflits majeurs entre la scène et la cabine de prise de son. On peut réaliser un très bon équilibre chant et piano avec une seule paire microphonique et le chanteur face aux microphones. Si le chanteur désire impérativement voir son accompagnateur, il lui faut soit changer de place, soit avoir recours à un système d'appoint.

Suivre une image. Dans la scène de la forêt du deuxième acte de *Siegfried* de Wagner, le héros se déplace en diagonale de cour à jardin. Si la caméra 1 est dans l'axe des microphones, il y a concordance entre l'image et le son (de droite à gauche). Si le réalisateur ne souhaite pas une apparition de Siegfried entrecoupée par les arbres, il placera la caméra 2 en coulisses. Le chanteur s'approchera et une paire de microphones supplémentaires facilitera un passage progressif jusqu'au plan rapproché exigé par l'image.

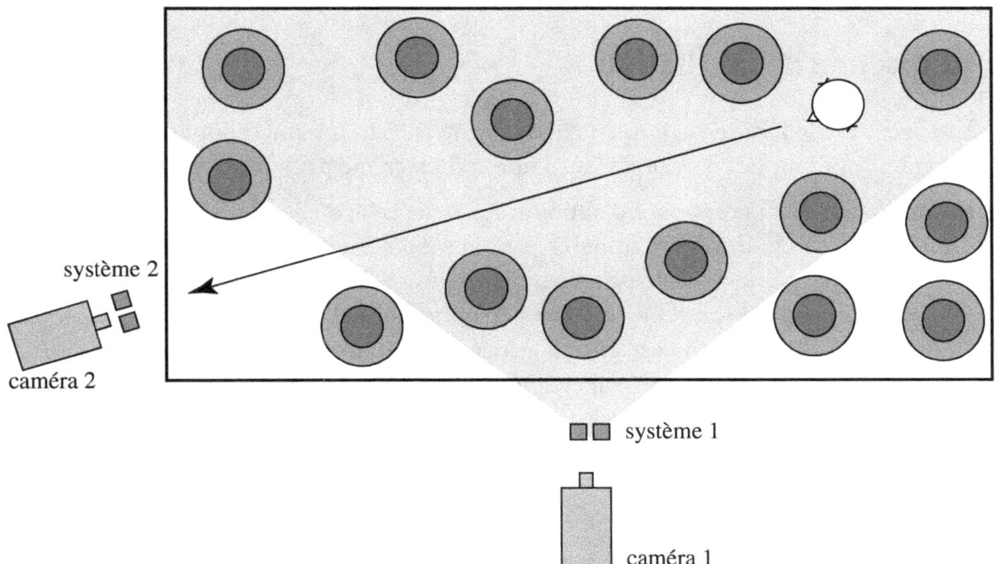

Figure 9.27 – *Problème du rapport entre le son et l'image.*

L'exemple ci-dessus montre, parmi d'autres, les difficultés de rapport entre son et image.

Cas d'une prise de son multimicrophonique

Ce type de prise de son peut faire appel à presque autant de microphones que de sources sonores. Il peut être intéressant d'utiliser une paire de microphones d'appoint à une distance assez éloignée des sources sonores, afin de permettre une captation globale :

- d'un ensemble d'instruments, de cuivres ou de cordes, d'un chœur avec un certain volume ;
- d'une batterie captée en polymicrophonie de proximité ;
- de la réaction et de l'atmosphère du public ;
- de l'acoustique de la salle.

3. Précautions à observer

Le recours aux microphones et aux systèmes d'appoint doit être parfaitement justifié car cet usage peut, en contrepartie, entraîner une altération de l'image stéréophonique. Certaines précautions élémentaires sont à observer pour ne pas dégrader la localisation, le timbre et la profondeur de champ.

Respect de la localisation

L'image stéréophonique complémentaire générée par un microphone ou par un système d'appoint doit se calquer sur l'image du système principal.

- Dans le cas de microphones d'appoint, les sources virtuelles renforcées sont positionnées à l'aide du potentiomètre panoramique, à l'emplacement de la source fictive captée par le système principal (voir figure 9.28).
- L'angle de prise de son d'un système stéréophonique d'appoint doit être adapté à la largeur de la scène sonore, afin de générer une image stéréophonique de même largeur que celle du système principal (voir figure 9.29).

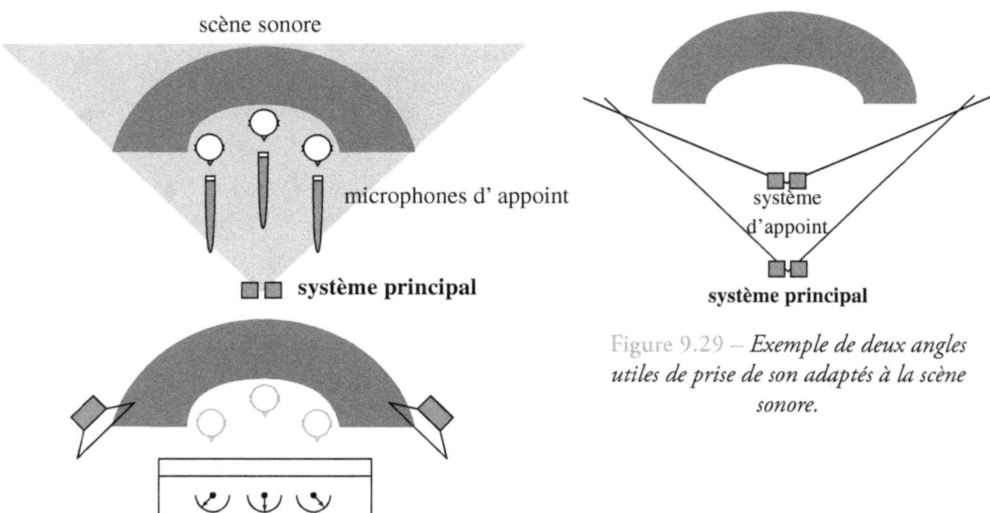

Figure 9.29 – *Exemple de deux angles utiles de prise de son adaptés à la scène sonore.*

Figure 9.28 – *Ajustement au pan-pot du positionnement des trois sources fictives renforcées.*

Respect du timbre

Lorsqu'une source sonore est captée par deux microphones voisins, la somme électrique des signaux en monophonie sur un canal, ou en stéréophonie sur chacun des deux canaux, introduit une modification caractéristique de la courbe de réponse du signal d'origine : filtrage en peigne.

La forme du filtrage dépend de la distance parcourue par l'onde sonore entre les deux microphones, ainsi que du niveau de sortie respectif de chaque microphone. La figure 9.30 montre le filtrage en peigne obtenu par addition de deux signaux identiques, de niveau égal mais décalés de 1 ms, soit 34 cm.

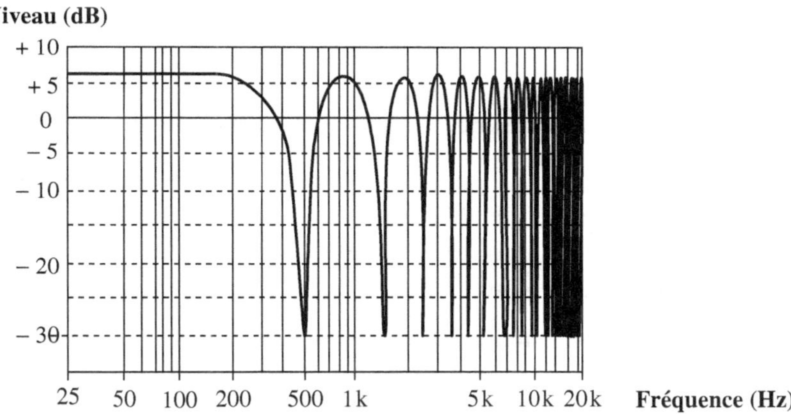

Figure 9.30 – *Filtrage en peigne obtenu par addition de deux signaux identiques, de niveau égal, décalés d'1 ms (34 cm).*

On remarque une série de pics et de creux :

• les pics correspondent à une addition (en phase) des signaux, soit 6 dB de gain ;
• les creux correspondent à une soustraction des signaux (hors phase) produisant une atténuation supérieure à 30 dB.

Dans notre exemple, le premier creux est à 500 Hz (0,5 ms) et les pics ou les creux apparaissent tous les 1 000 Hz (1 ms).

Plus la distance entre les microphones est grande, plus le premier creux apparaît en bas du spectre, et plus l'effet est audible. La figure 9.31 montre que :

• pour 1 m, la fréquence du premier creux est égale à 170 Hz ;
• pour 3,40 m, la fréquence du premier creux est égale à 50 Hz.

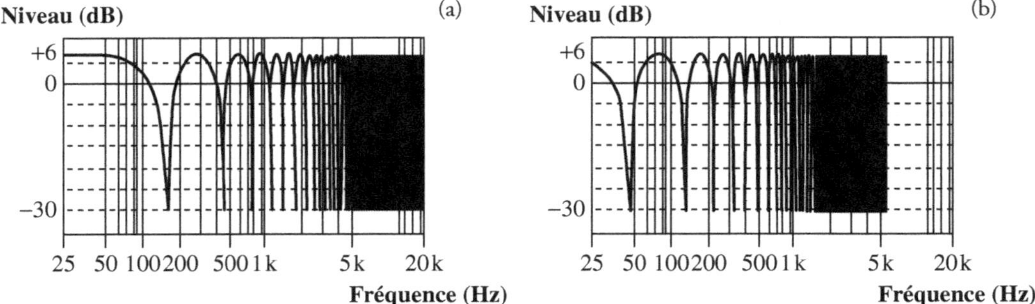

Figure 9.31 – *(a) Filtrage en peigne pour 1 m de distance entre les microphones.*
(b) Filtrage en peigne pour 3,40 m de distance entre les microphones.

Pour réduire l'effet de coloration du filtrage en peigne, on peut :

- réduire l'amplitude entre creux et pics ;
- faire remonter le premier creux du filtrage vers les fréquences élevées.

L'amplitude entre creux et pics peut être réduite par une atténuation de niveau du microphone ou du système d'appoint :

- de 3 dB, ce qui réduit l'amplitude d'ondulation à 15 dB ;
- de 6 dB, ce qui réduit l'amplitude d'ondulation à 10 dB.

La pratique montre qu'une amplitude d'ondulation inférieure à 4 dB reste acceptable (voir figure 9.32).

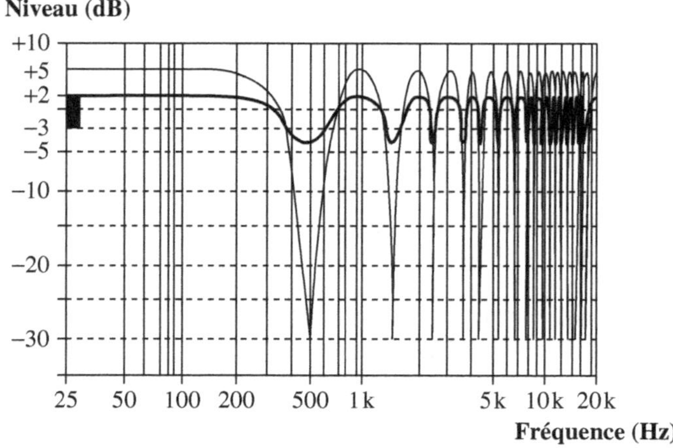

Figure 9.32 – *Filtrage en peigne ramené à une ondulation (trait noir) de 4 dB d'amplitude lorsque la différence de niveau est de 10 dB.*

Pour cela, l'atténuation du microphone d'appoint doit être au moins de 10 dB. Cette atténuation peut être réalisée soit :

- par le potentiomètre de la console : cas d'un système d'appoint devant le système principal ;
- par l'atténuation due à la distance : cas d'un système d'appoint derrière le système principal.

On peut remonter le premier creux du filtrage vers le haut du spectre en diminuant la distance entre les deux microphones, ou en introduisant un retard sur le microphone le plus proche de la source sonore. Lorsque plusieurs microphones d'appoint sont utilisés simultanément, on introduit un retard moyen. (Notons que les consoles numériques sont aujourd'hui équipées d'un retard par tranche.)

Relation entre la distance microphones d'appoint/microphone principal
et le retard (delay) à compenser.

Retard (ms)	1	5	10	15	20
Distance entre les deux microphones (m)	0,34	1,7	3,4	5,1	6,8

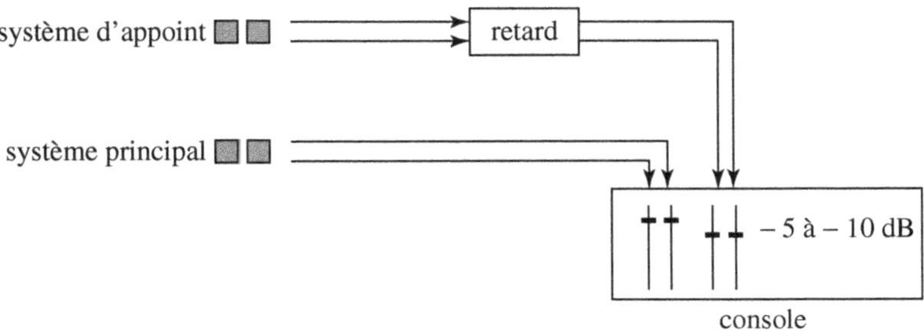

Figure 9.33 – *Atténuation et retard apportés sur le système d'appoint pour réduire les effets de filtrage en peigne.*

La Deutsche Grammophon a baptisé cette compensation de retard du label DDDD (même pour d'anciens enregistrements où chaque piste a été corrigée).

Respect de la profondeur de champ

Si le système d'appoint est placé devant le système principal, il faut atténuer et/ou retarder le signal du système d'appoint d'un temps égal à la distance qui sépare les deux systèmes. Un léger effet de réverbération sur le système d'appoint peut être également favorable au respect du plan sonore principal.

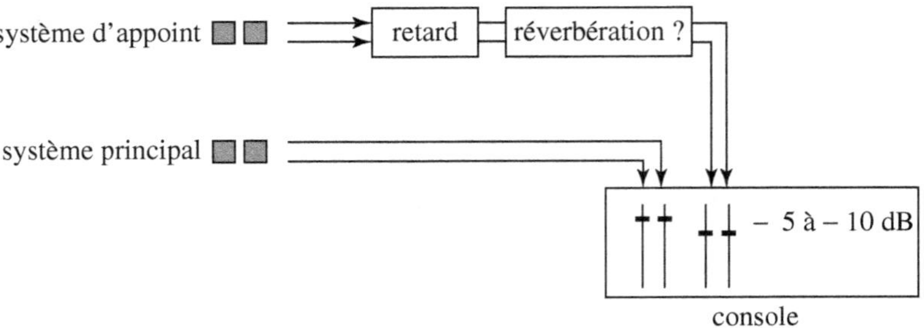

Figure 9.34 – *Atténuation, retard et réverbération apportés sur le système d'appoint pour conserver les plans sonores.*

Chapitre 10

Démarche méthodologique
de la prise de son

1. Contrôle technique avant une prise de son

Avant l'arrivée des artistes, le preneur de son doit entreprendre un contrôle technique, un pointage selon une *check-list* qui consiste à vérifier le bon fonctionnement de toute la chaîne électroacoustique.

Alignement de la console de mixage et des haut-parleurs de contrôle

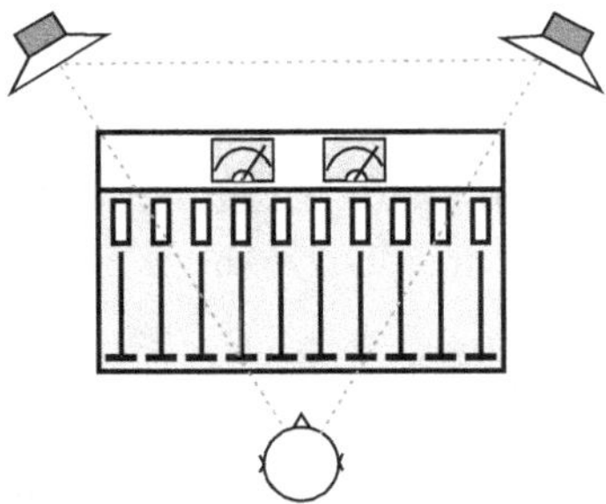

Figure 10.1 – *Vérification de l'écoute.*

Initialisation de la console de mixage

Avant et après un enregistrement, tous les commutateurs et potentiomètres doivent être remis sur la position « 0 » ou centrés pour les pan-pot (excellent réflexe pour un nettoyage systématique des contacts) afin de permettre une nouvelle configuration, sans le risque de laisser en fonction des paramètres ou appareils inutiles.

Positionnement

Avant tout enregistrement, le preneur de son vérifie qu'il forme bien avec les haut-parleurs un triangle équilatéral (dont les dimensions dépendent du local d'écoute).

Liaisons

Veiller au respect des liaisons gauche et droite pour éviter des croisements, voire des doubles croisements.

Homogénéité spectrale

On vérifie l'identité de coloration à partir d'un bruit blanc ou d'un bruit rose. Si l'ajustement immédiat est impossible, l'écoute au casque peut s'imposer.

Alignement

Un signal de référence sinusoïdal ou du bruit rose, envoyé sur les enceintes gauche et droite doit être localisé parfaitement au centre. De brèves interruptions du signal facilitent ce contrôle.

Un ajustement peut se faire par la balance de l'écoute sur la console ou par la modification du gain d'un des amplificateurs de puissance... si une intervention de maintenance n'est pas possible.

Phase

Une source sonore reproduite en phase et à intensité égale par deux haut-parleurs doit être localisée au centre. Si ce n'est pas le cas, il faut rétablir la polarité :

* avec la touche inversion de phase ;
* avec l'inversion de l'un des câbles de liaison.

Une source reproduite en opposition de phase présente les trois caractéristiques suivantes :

* la localisation est difficile et l'écoute est inconfortable (impression de tiraillement) ;
* les fréquences graves – grandes longueurs d'onde – s'annulent par addition sur chaque oreille ;
* il se forme une extra-largeur de l'image stéréophonique, sans localisation possible.

Alignement de la console de mixage et d'un ordinateur

Alignement des niveaux

Dans le cas d'une installation entièrement audionumérique, la vulnérabilité de la qualité sonore se situe aux fréquences élevées, numérisées avec un nombre restreint d'échantillons : pour une fréquence d'échantillonnage de 48 kHz, la fréquence de 10 kHz est enregistrée avec seulement 4 échantillons, contre 48 à 1 kHz.

Pour cette raison, de nombreuses régies de production vérifient la qualité de leur installation en début de séance par un signal de 13 kHz (plutôt que 1 kHz), depuis la console, et adressé à un niveau de -18 dBfs aux différents périphériques (voir à la section « Crête-mètres » la signification de dBfs). La moindre erreur de liaison ou de synchronisation se traduit par l'apparition sonore de « clicks » dus à l'absence de certains échantillons.

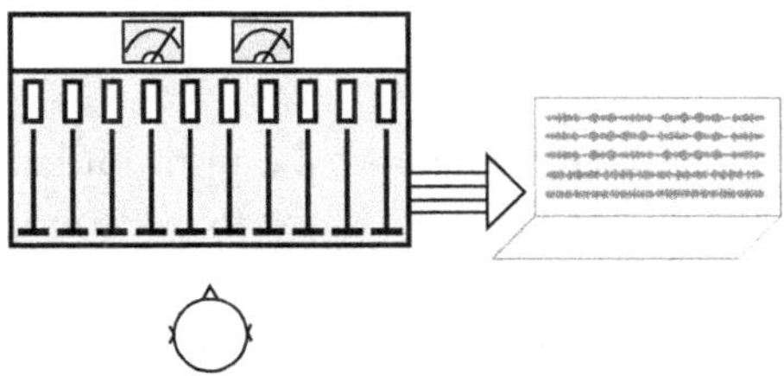

Figure 10.2 – *Liaison d'une console de mixage et d'un ordinateur.*

Vérification du bon fonctionnement des équipements

Elle concerne les liaisons gauche-droite, l'enregistrement et la reproduction.

Alignement entre la console de mixage et les microphones

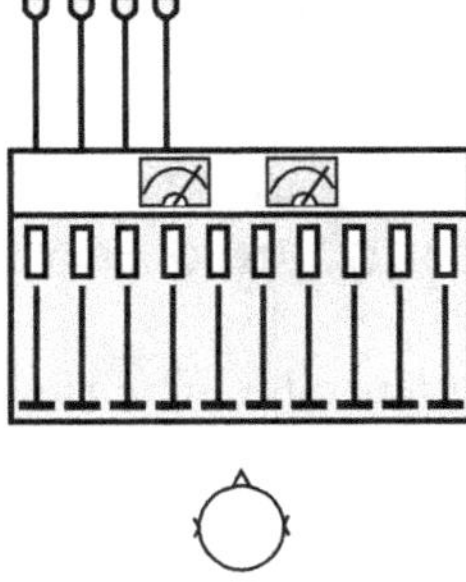

Figure 10.3 – *Liaisons entre les microphones et la console.*

Préparation

Les microphones choisis, en fonction des sources sonores à enregistrer, doivent être préparés sur leurs supports : pieds lourds, perches légères, suspensions élastiques pour une bonne isolation contre les chocs et les vibrations, bonnettes anti-vent et anti-pop. Ils seront raccordés et identifiés avant l'arrivée des artistes.

Ajustement des niveaux d'entrée

Un préréglage de ces niveaux se fait à l'atténuateur Gain d'entrée de la console, en fonction des sensibilités des microphones. Un contrôle auditif et visuel rapide sur de la parole permettra de déceler un défaut (bruit de fond, saturation, ronflement). Ce préréglage permet d'ajuster le signal microphonique au niveau nominal de fonctionnement de la console. Par exemple, un signal microphonique de -40 dB doit être amplifié de 40 dB si le niveau de fonctionnement de la console est de 0 dB.

Sensibilité du couple stéréophonique

Lorsque l'on utilise une paire de microphones, il est primordial que chacun présente la même sensibilité. On s'en assure à l'écoute d'une source sonore, voix parlée, métronome, devant et entre les deux capsules : la source virtuelle doit être évidemment centrée. Un ajustement du niveau du gain d'entrée peut s'avérer nécessaire, car il est agréable de travailler avec des positions *visuellement* identiques des potentiomètres.

Repérage gauche-droite

On vérifiera les continuités microphone-haut-parleur, voie gauche puis voie droite, par simple effleurement de chaque capsule.

Vérification de la phase

Quelques mots devant le couple microphonique permettront de s'assurer du respect de la polarité des deux signaux. En cas de doute, il suffit d'inverser une des voies d'entrée de la console.

Vérification de la qualité globale d'écoute de l'installation

Après avoir repéré chaque voie, potentiomètre normalement ouvert, en parlant à voix haute devant chacun des microphones, devant chacune des paires de microphones, un contrôle auditif et visuel permettra de déceler une erreur de branchement, de corriger une erreur de polarité, de déceler une saturation ou un bruit de fond et de pallier d'éventuels défauts avant l'arrivée des artistes, afin de ne pas perdre de temps.

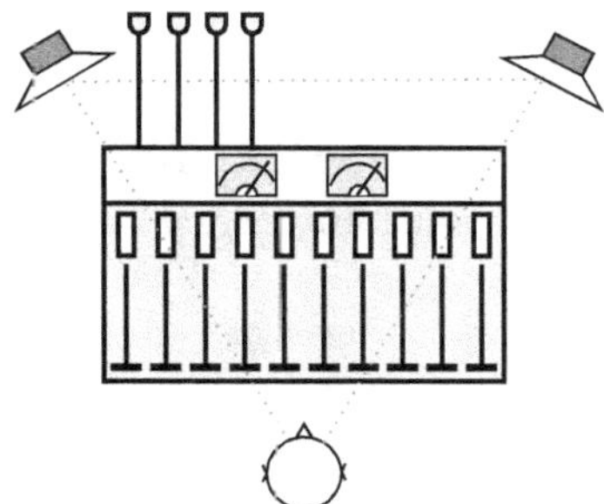

Figure 10.4 – *Contrôle de l'écoute.*

Un « test auditif », gravé sur CD ou transféré sur ordinateur, parfaitement connu du preneur de son, est indispensable. Il constitue une référence auditive et permet au preneur de son de percevoir, avant l'enregistrement, les qualités et les défauts de la chaîne électroacoustique et du lieu d'écoute (voir annexe 7). À ce sujet, nous proposons la réalisation de l'enregistrement suivant :

> *« Vous entendez ma voix sur le canal de gauche,*
>
> *- vous entendez ma voix sur le canal de droite,*
>
> *- vous entendez ma voix au centre, entre les deux haut-parleurs, lorsque les deux canaux sont en phase,*
>
> *- vous entendez ma voix à l'extérieur des deux haut-parleurs, lorsque les deux canaux sont en opposition de phase. »*

D'une façon identique, on pourra faire suivre cette annonce :

- d'une fréquence de 1 000 Hz, pour un rapide contrôle des niveaux ;
- d'un bruit rose, pour un rapide contrôle de la bande passante.

Ce test auditif personnalisé, de référence, sera complété avantageusement de fragments parlés ou d'extraits musicaux bien connus du preneur de son.

2. Contrôle technique pendant la prise de son

Pendant une prise de son, on réalise :

- un contrôle auditif par haut-parleurs (niveau sonore d'écoute réglable au gré du preneur de son) ; ce contrôle peut être complété par une écoute au casque dont les caractéristiques sont connues du preneur de son ;
- un contrôle visuel sur des équipements de référence : VU-mètres, crête-mètres ou modulomètres pour les niveaux, corrélateurs et oscilloscopes pour les rapports de phase.

Haut-parleur

Le haut-parleur est un transducteur électroacoustique qui transforme, à l'inverse du microphone, une énergie électrique en énergie acoustique. Il devrait reproduire fidèlement :

- toutes les fréquences ;
- toutes les intensités (donc une grande dynamique) ;
- tous les timbres, sans coloration ;

et ce, sans aucune distorsion, intermodulation, traînage et résonance.

Il devrait par ailleurs répondre aux critères suivants :

- rendement ;
- répartition spectrale homogène dans l'espace ;
- réponse impulsionnelle : respect des attaques ;
- directivité identique à toutes les fréquences ;
- définition et clarté ;
- sécurité dans le temps ;

tout en offrant un prix raisonnable et une dimension restreinte.

Une étude complète des caractéristiques des haut-parleurs sortirait nettement de notre sujet, et nous renvoyons nos lecteurs à des ouvrages spécialisés (voir la bibliographie en fin d'ouvrage).

L'acoustique du lieu d'écoute et la disposition des enceintes (qui doivent être appairées) restent problématiques. On s'efforcera de comparer une écoute sur des enceintes de bonne qualité, puis sur des enceintes de faibles dimensions pour relativiser son jugement et se rapprocher d'une écoute domestique. Le choix des enceintes étant souvent imposé au preneur de son, il est bon qu'il se fasse l'oreille par l'écoute d'enregistrements qui lui sont familiers.

VU-mètres, crête-mètres, indicateurs de *loudness*

VU-mètres

Le VU-mètre indique la valeur moyenne du signal électrique ; elle est proche de la valeur subjective du niveau de modulation. Cet appareil est doté d'un système redresseur, suivi d'un indicateur à aiguille ou à cristaux liquides dont le temps d'intégration (temps de montée) est de 300 ms. Le temps de recouvrement (temps de descente) est du même ordre de grandeur. Le VU-mètre par construction indique « 0 » pour une tension sinusoïdale de +4 dBm.

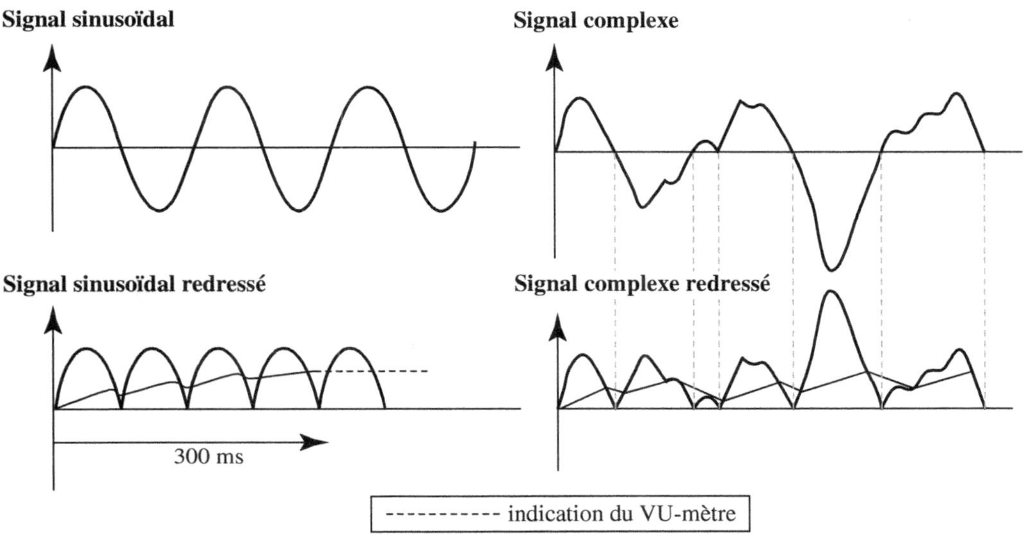

Figure 10.5 – *Indication schématique du VU-mètre sur un signal pur et un signal complexe.*

Crête-mètres

Les crête-mètres indiquent les valeurs maximales du signal électrique. On distingue deux types de crête-mètres :

- **le crête-mètre PPM** *(Peak Program Meter)* ou QPPM (quasi instantané). Il peut être analogique ou numérique. Il présente un temps de montée de 1 à 10 ms et un temps de descente d'environ 1,7 s sur 40 dB de décroissance afin d'en faciliter la lecture. L'unité de mesure est le dB. Ce crête-mètre qui répond à la norme DIN 45406 est installé sur de nombreuses consoles analogiques et couramment utilisé pour contrôler les niveaux sonores maximum des programmes TV et radio ;
- **le crête-mètre instantané numérique** présente un temps de montée d'un échantillon, soit 20,8 microsecondes pour une fréquence d'échantillonnage de 48 kHz et un temps de descente de quelques secondes. L'unité de mesure est le dBfs, en référence au 0 dBfs *(dB full scale)* qui est la valeur maximale de niveau codé, soit sur 16 bits : 1111 1111 1111 1111. Ainsi, lors d'enregistrements ou de transmissions numériques, l'usage du crête-mètre instantané est indispensable afin de vérifier à tout moment que la valeur de 0 dBfs n'est jamais dépassée.

Afin d'éviter que toute crête ne dépasse le 0 dBfs entre deux échantillons et ne devienne un facteur de distorsion, l'UIT, dans son document BS-1770, recommande que les valeurs de crête soient réalisées sur un suréchantillonnage (4 fois la fréquence d'échantillonnage) afin d'obtenir une vraie valeur de crête *(thrue peak)*. Cet indicateur de crête est installé sur toutes les consoles numériques, les stations de travail et les bancs de montage.

Sur un signal complexe, les indications des niveaux diffèrent et on remarque en moyenne :

- une différence de **9 dB** entre le VU-mètre et le PPM 10 ms ;
- une différence de **18 dB** entre le VU-mètre et le crête-mètre instantané.

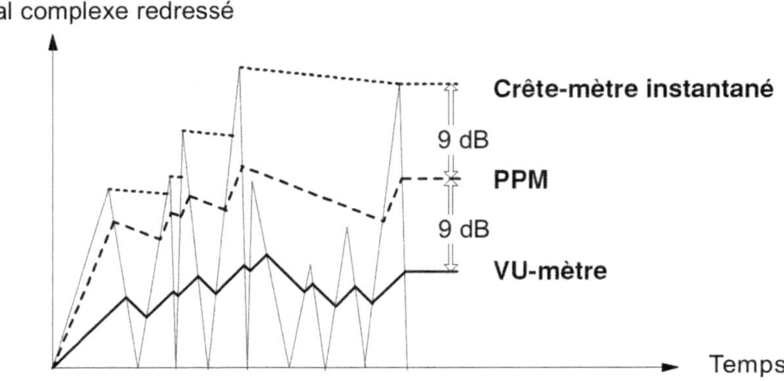

Figure 10.6 – *Comparaison des indications données par un VU-mètre, un PPM 10 ms et un crête-mètre instantané.*

Pour cette raison, avant tout enregistrement, on doit vérifier sur un signal continu de 1 000 Hz que les indicateurs de niveau sont bien alignés comme suit :

$$0 \text{ VU} = -9 \text{ dB PPM (10 ms)} = -18 \text{ dBfs}$$

Ainsi, les pointes de modulation les plus brèves de dépasseront pas :

- **0 dB** sur le VU-mètre ;
- **0 dB** sur le crête-mètre PPM 10 ms ;
- **0 dBfs** sur le crête-mètre instantané.

Indicateur de *loudness*

L'indicateur de *loudness* a été introduit en 2011 par l'UER dans sa recommandation R 128, suite aux recommandations BS-1770 de 2006 et 2011 de l'UIT sur les moyens de mesure de l'intensité sonore perçue des programmes. Il donne la valeur de niveau perçu par l'auditeur sur une unité de temps donnée (intégration temporelle du niveau).

L'indicateur de *loudness* apporte une réponse aux plaintes des auditeurs quant aux différences de niveaux ressentis entre les chaînes, leurs programmes, les publicités, les bandes annonce. L'intensité mesurée s'exprime en LUFS *(Loudness Unit Full Scale)*, elle résulte :

- d'une courbe de pondération K appliquée sur les 5 canaux (sauf le canal LFE) ;
- d'une moyenne des 5 canaux, avec sur les canaux Ls et Rs une pondération de +1,5 dB.

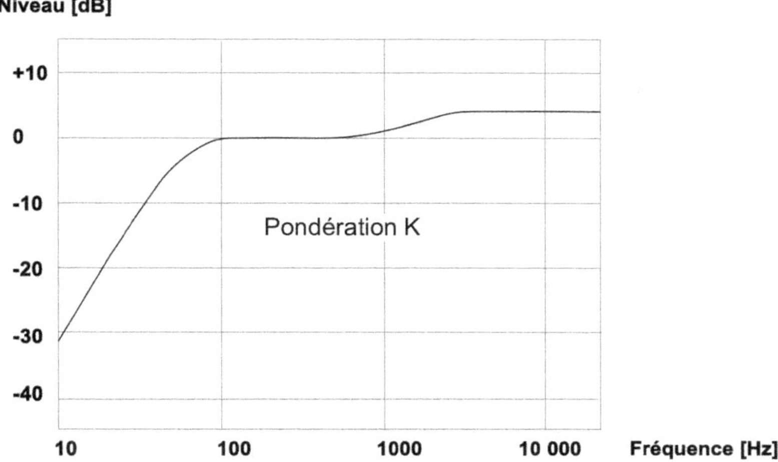

Figure 10.7 – *Courbe de niveau de la pondération K en fonction de la fréquence.*

Les indicateur de *loudness* présentent trois types de mesure possibles :

- « M », *Momentary loudness,* mesure sur 400 ms ;
- « S », *Short-term loudness,* mesure sur 3 s ;
- « I », *Integrated loudness,* mesure choisie manuellement.

La valeur cible de référence d'intensité sonore (« **I** ») des programmes TV est définie à **-23 ± 1 LUFS.** Est exclu de cette mesure tout signal inférieur à -33 LUFS pour ne pas pénaliser les programmes comportant des silences.

Ainsi, les indicateurs *loudness* disposent de deux échelles de graduation :

- une échelle absolue « Full Scale » en unités LUFS ;
- une échelle relative EBU en unités LU, ou **0 LU = -23 LUFS** (valeur cible).

Précisons que l'alignement de l'indicateur de *loudness* se pratique sur une fréquence de 997 Hz afin de tenir compte de la légère remontée à 1 000 Hz de la courbe de pondération K à la valeur de :

-18 dBfs = +5 LU = -18 LUFS

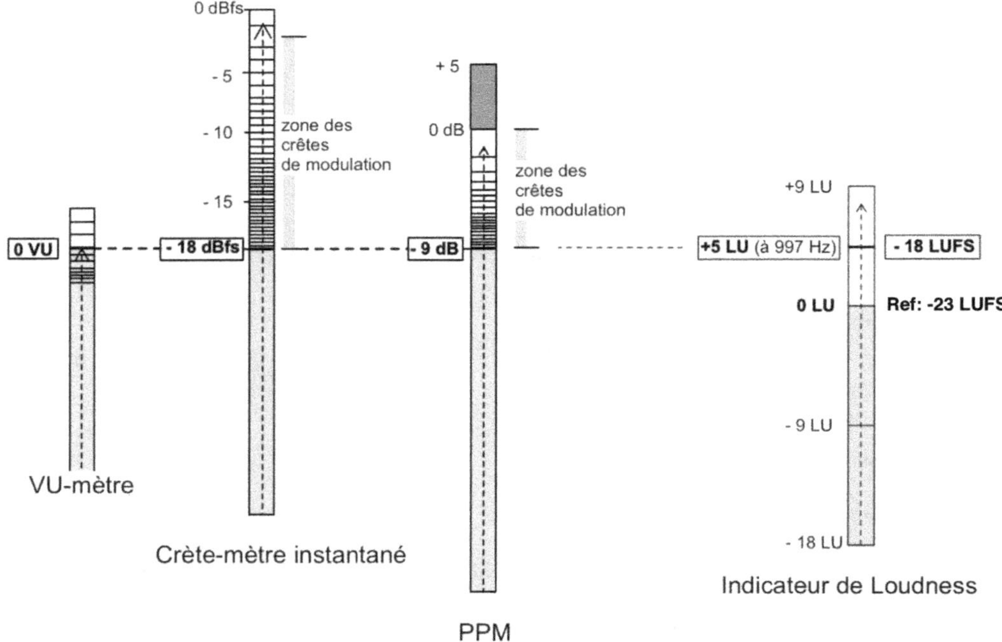

Figure 10.8 – *Indications comparées entre VU-mètre, crête-mètre instantané, PPM 10 ms et un indicateur de loudness.*

En prise de son, en mixage et en diffusion à l'antenne, l'indicateur de *loudness* doit être placé en position « **M** » ou « **S** » afin de contrôler à chaque instant les niveaux d'intensité perçue qui seront retenus pour déterminer, à la fin du programme choisi, la valeur cible de -23 LUFS (position « **I** »). La figure ci-dessus montre clairement les relations de niveau entre les différents indicateurs.

Corrélateur de phase et oscilloscope

Ils permettent de contrôler visuellement et à chaque instant la relation de phase entre les signaux de sortie gauche et droit.

Le corrélateur de phase

Cet instrument donne une indication de la valeur moyenne des signaux en phase et des signaux en opposition de phase. Il se présente souvent sous forme d'un indicateur à aiguille ou à diodes luminescentes donnant une valeur maximale positive, de 0 à +1 lorsque les signaux sont en phase, et une valeur maximale négative, de 0 à -1 lorsque les signaux sont en opposition de phase.

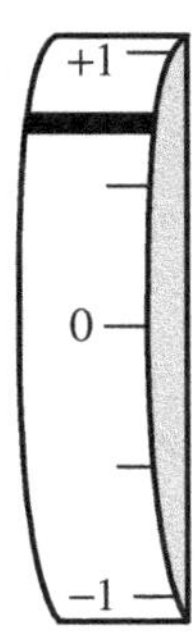

Figure 10.9
Exemple d'un corrélateur de phase.

Le principe consiste à comparer la somme des signaux gauche et droit à leur différence. Si le signal résultant domine, on est en phase, entre 0 et +1.

- **Lorsque l'indication est sur +1** : les signaux gauche et droit sont en phase. Il n'existe aucun décalage temporel entre les signaux. On parle de « stéréophonie compatible », de monophonie, car lorsque l'on fait la somme des signaux, le contenu frequentiel n'est pas modifié.

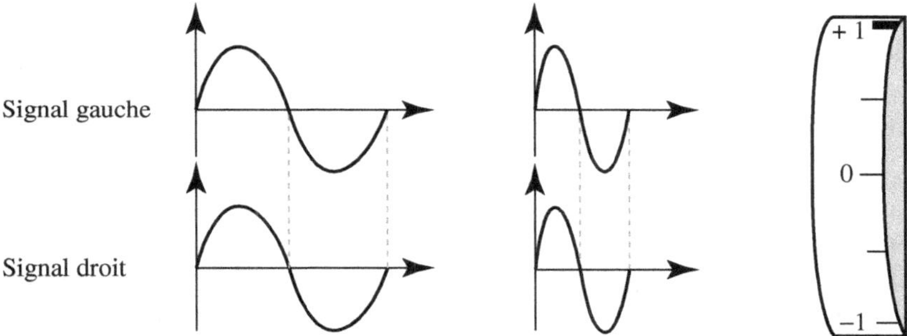

Figure 10.10 – *Signaux gauche et droit en phase.*

- **Lorsque l'indication est sur -1** : les signaux gauche et droit sont en opposition de phase. Il existe un décalage temporel entre les signaux, mais ce décalage est proportionnel à la fréquence ; toutes les fréquences qui composent le signal sont décalées d'une demi-période (rotation de phase de 180°). Le signal électrique (monophonique) formé par addition des signaux gauche et droit est égal à zéro. En écoute stéréophonique, nous l'avons vu, l'annulation des voies n'est pas complète, elle se fait surtout sentir dans les basses fréquences.

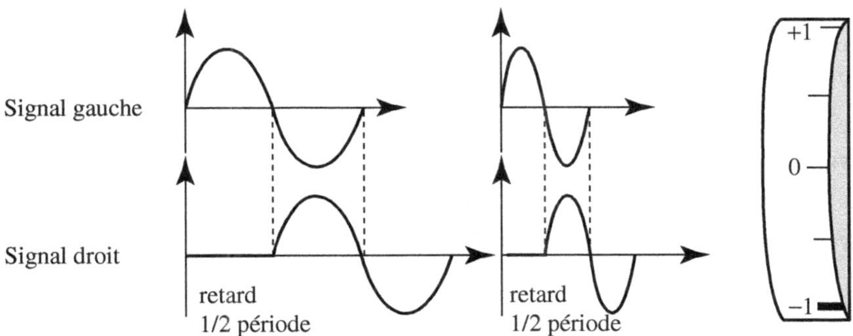

Figure 10.11 – *Signaux gauche et droit en opposition de phase.*

211

- **Lorsque l'indication est sur 0 :** l'un des deux signaux ou les deux signaux sont absents ou les deux signaux sont totalement différents : il ne peut exister de corrélation de phase. Dans les deux cas, il n'y a évidemment pas d'image stéréophonique entre les haut-parleurs.

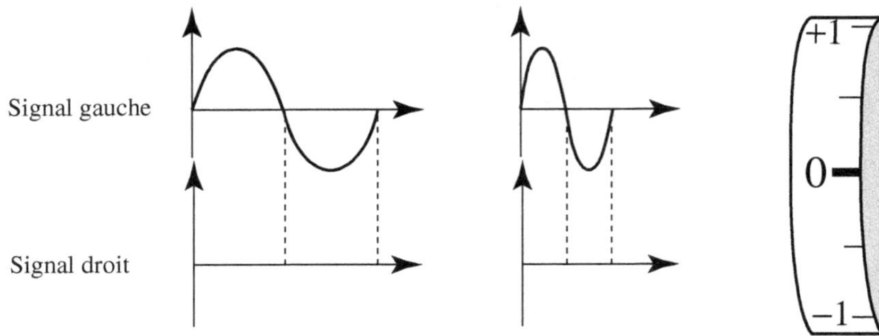

Figure 10.12 – *Un seul signal.*

- **Lorsque l'indication est entre 0 et +1 :** les signaux gauche et droit restent en phase. Il existe un décalage temporel qui est faible par rapport à la période des composantes fréquentielles. C'est la position normale de l'indicateur pour une prise de son stéréophonique.

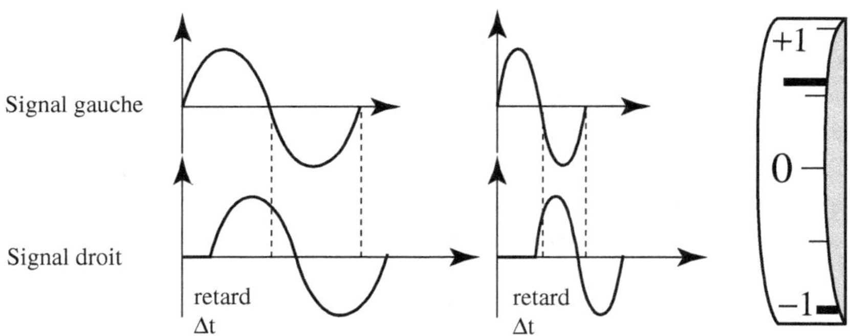

Figure 10.13 – *Signaux droit et gauche décalés en temps.*

- **Lorsque l'indication est entre 0 et -1 :** si l'indicateur oscille entre 0 et -1, les décalages temporels entraînent des oppositions de phases trop importantes et le son perçu en écoute stéréophonique est dénaturé et même annulé en monophonie.

L'oscilloscope

Cet appareil permet le contrôle visuel de la phase. Le raccordement de la voie gauche sur l'entrée x (plaques horizontales) et de la voie droite sur l'entrée y (plaques verticales) donne une visualisation en figures de Lissajou. La vérification est très pratique lorsque les signaux sont stables (signaux sinusoïdaux).

- Un trait à +45° correspond à deux signaux rigoureusement en phase.
- Un cercle correspond à deux signaux déphasés de 90°.
- Un trait à -45° correspond à deux signaux déphasés de 180°, donc en opposition de phase.

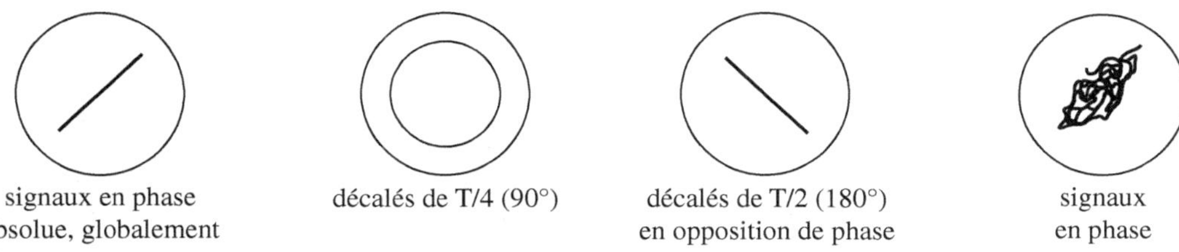

Figure 10.14 – *Différentes figures de Lissajou.*

En stéréophonie, les signaux gauche et droit n'étant jamais rigoureusement en phase, le trait à 45° s'élargit en une sorte de pelote de laine, plus ou moins allongée suivant la cohérence de phase entre les deux signaux.

On trouve sur le marché des petits oscilloscopes à intégrer dans les consoles et dont les axes XY sont translatés de 45° (voir figure 10.15).

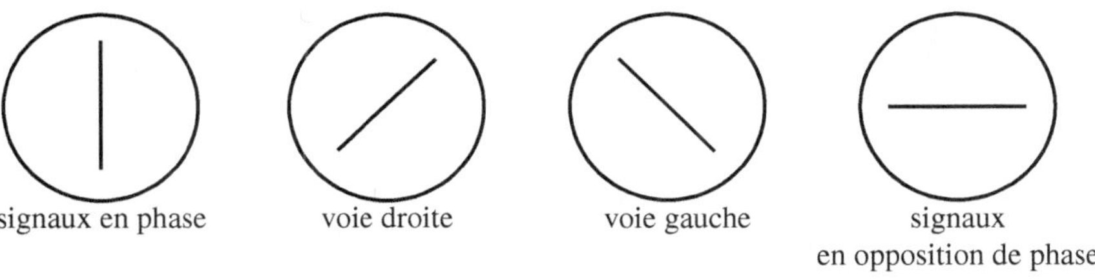

Figure 10.15 – *Autre représentation visuelle des signaux gauche et droit.*

Tableau récapitulatif

VU-mètre Crête-mètre	Corrélateur	Scope	Remarques	Observations
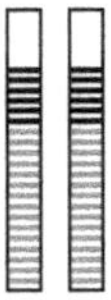	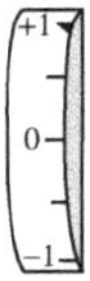		Les signaux gauche et droit sont identiques en niveau et en phase. La source virtuelle apparaît au centre.	
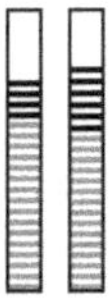			Les signaux gauche et droit ne sont identiques ni en niveau, ni en phase. Il s'agit de signaux stéréophoniques. L'espace sonore est rempli correctement en largeur et en profondeur.	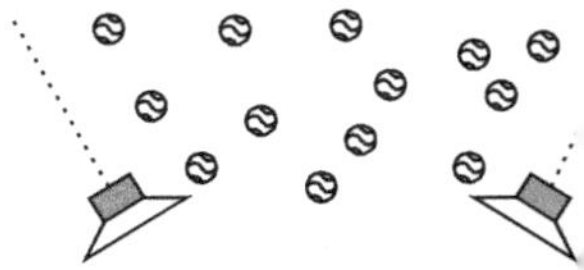
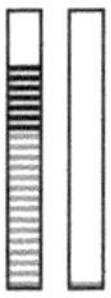		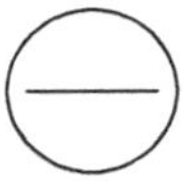	Seul le signal gauche est présent. Il n'y a donc aucune relation de phase entre les signaux (le corrélateur indique 0 bien qu'il y ait un signal). La source sonore ne provient que du haut-parleur gauche.	
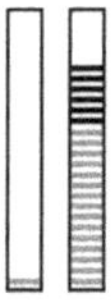	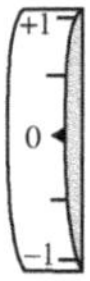		Seul le signal droit est présent. Il n'y a donc aucune relation de phase entre les signaux (le corrélateur indique 0 bien qu'il y ait un signal). La source sonore ne provient que du haut-parleur droit.	
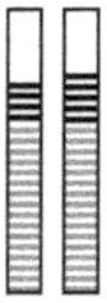	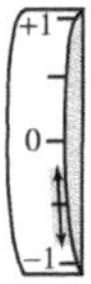		Les signaux gauche et droit ne sont pas identiques en niveau, et en opposition de phase. Il y a absence de localisation, détimbrage et extra-largeur.	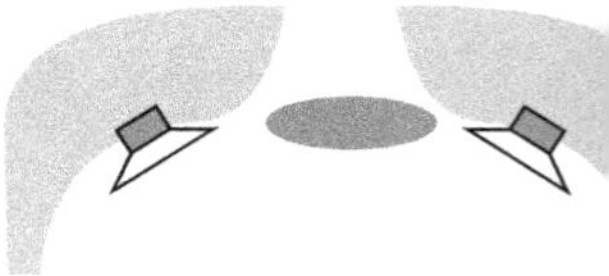
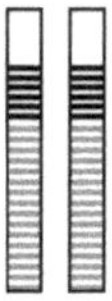	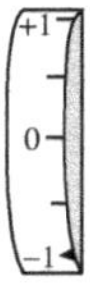		Les signaux gauche et droit sont identiques en niveau mais en opposition de phase totale. Il y a absence de localisation, détimbrage, extra-largeur et une diminution audible du niveau. L'atténuation est totale en faisant la somme électrique des signaux gauche et droit.	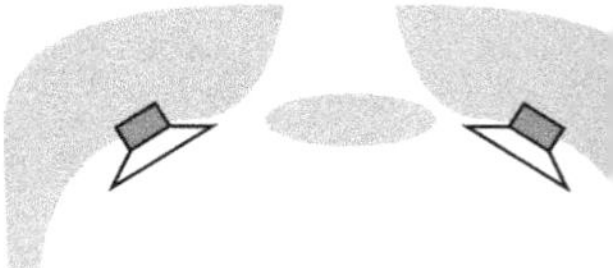

3. Contrôle technico-artistique de la prise de son selon les quatre critères d'évaluation

Avant tout enregistrement, on vérifiera que les interprètes sont correctement installés et qu'ils s'entendent bien. On s'assurera également de l'élimination de tout objet encombrant ou inutile, chaises en surnombre, caisses de matériel susceptibles de nuire à la concentration des artistes et à l'acoustique du lieu.

Le preneur de son procédera alors à quelques essais préliminaires. L'interphone cabine-studio transmet ses ordres : « Dites quelques mots, pourriez-vous jouer quelques notes ? ». C'est le traditionnel passage de la phase purement technique à la phase artistique. C'est également à ce moment-là qu'intervient l'écoute critique du message sonore.

L'oreille, qui n'est pas un organe objectif, a besoin de points de comparaison :

- l'audition des artistes dans la salle ;
- le suivi des répétitions qui donnera au preneur de son de sérieux éléments d'appréciation et qui complétera ses références d'écoute.

L'écoute en salle peut être évidemment préparée, complétée et affinée par une écoute préalable de plusieurs enregistrements de la même œuvre.

Réglage de l'équilibre spectral

On demandera à un comédien de s'exprimer, à un artiste de chanter quelques notes dans le grave et dans l'aigu, à un instrumentiste de jouer quelques accords ou arpèges ; pour un orchestre de faire des essais par registre : cordes, bois, cuivres.

Il est souvent nécessaire de modifier l'emplacement des microphones ou celui des artistes afin d'obtenir l'équilibre spectral désiré. Comme nous l'avons vu au chapitre 9, des panneaux acoustiques peuvent être également utilisés, le recours aux filtres correcteurs envisagé.

Dans le cas d'un orchestre, par équilibre spectral il faut comprendre le réglage individuel de chaque timbre instrumental, mais également l'équilibre des uns par rapport aux autres.

Réglage de l'intensité sonore et de la dynamique

L'intensité captée, rappelons-le, dépend du niveau de la source sonore elle-même et de la distance à laquelle elle se trouve par rapport aux microphones. On demandera aux artistes des passages *pianissimo* et *forte* et on ajustera, si nécessaire, les gains d'entrée de console, la distance des microphones et le positionnement des artistes entre eux.

Les réglages ne sont jamais définitifs. De légères corrections sont nécessaires pour maintenir le rapport entre les sons les plus faibles et les sons les plus forts, c'est-à-dire pour maintenir la dynamique dans des valeurs tolérables :

- il faut parfois augmenter, amplifier quelques passages particulièrement faibles, audibles dans le silence d'une salle de concert, mais perdus dans le bruit de fond d'une écoute domestique : par exemple, le début de la *Symphonie inachevée* de Schubert ;
- à l'inverse, il arrive qu'il faille diminuer, atténuer quelque peu certains passages *forte*, admissibles dans une salle de concert, mais impossibles en écoute domestique : par exemple, le final des *Tableaux d'une exposition* de Moussorsky. Cette restriction de la dynamique « naturelle » est également liée aux supports.

Différentes tactiques sont employées pour effectuer cette restriction de dynamique.

Prenons l'exemple typique du *Boléro* de Maurice Ravel, où, nés du silence, tout au long d'un rythme lancinant, les différents registres des musiciens de l'orchestre s'ajoutent progressivement :

- un preneur de son timide, par crainte de saturation avant le final, règle le niveau de départ à un minimum audible ;
- un preneur de son audacieux a tendance au contraire à amplifier le niveau de départ et sera dans l'obligation de diminuer fortement le niveau bien avant le final ;
- un preneur de son expérimenté laisse chaque registre instrumental s'exprimer avec sa dynamique – ce qui crée à l'audition, l'effet recherché –, puis diminue ensuite imperceptiblement le niveau sonore, afin de laisser au nouveau registre toute sa dynamique, et ainsi de suite.

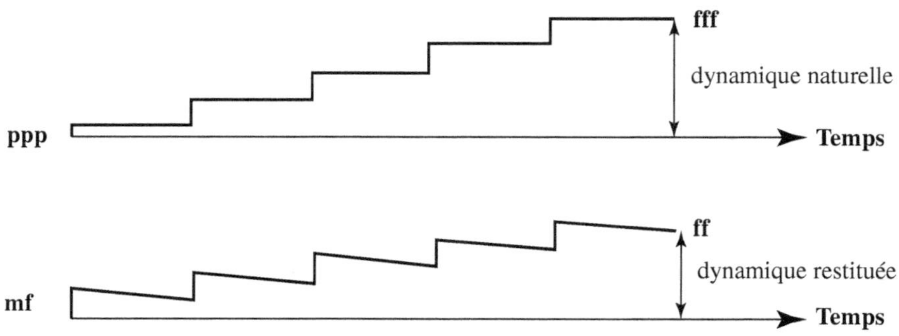

Figure 10.16 – *Évolution de la dynamique – naturelle et enregistrée – du* Boléro *de Ravel.*

> Dans tous les cas, il est bon, lors des répétitions, de repérer le niveau maximal et de conserver une marge de sécurité.

Respect des plans sonores

Le problème de l'échelonnement en profondeur des différentes sources sonores fait appel à tout l'esprit artistique du preneur de son : respect des plans de présence, des sons directs et réfléchis, de la volonté de reproduire fidèlement l'acoustique des lieux ou au contraire de la remodeler par des réverbérations artificielles.

Information de profondeur

Comme nous l'avons vu, la profondeur d'une source sonore enregistrée en salle dépend de son niveau sonore et surtout du rapport son direct et champ réverbéré. Nous avons également mis en évidence que l'éloignement d'une source se traduisait par des modifications spectrales qui pouvaient être importantes à grandes distances : un coup de tonnerre lointain nous parvient comme un roulement sourd et confus ; proche, il paraît aigu et strident.

- Dans le cas d'une prise de son de sources sonores équilibrées, les plans de présence de chacun des instruments et de la formation dans son ensemble sont primordiaux quant à la qualité de l'enregistrement. Le compromis entre la juste profondeur de restitution de la formation et le bon équilibre spectral abordé plus haut est, dans certains cas, difficile à trouver.
- Dans le cas d'une source sonore remixée, le *shunt*, c'est-à-dire la diminution du niveau sonore au potentiomètre, ne suffit pas à lui seul à donner l'impression de profondeur ; il faut en modifier progressivement le timbre par l'utilisation de filtres.
- Pour des sources sonores en mouvement, par exemple le sifflement d'un train ou la sirène d'une ambulance, le réalisme de l'écoute exige une modification de la hauteur sonore (effet Doppler) : vers l'aigu pour simuler le rapprochement, ou vers le grave pour simuler l'éloignement.

Information spatiale

Il faut ajouter une autre information qui permet à l'auditeur d'être baigné dans un champ acoustique homogène : la spatialisation. Elle dépend de la réverbération (comme la perception de profondeur) et de l'arrivée des multiples réflexions en phases aléatoires. On a vu que certains systèmes de prise de son – à capsules faiblement espacées – offrent sur ce point un réel avantage.

Respect de la localisation spatiale

Le positionnement des sources sonores dans l'espace stéréophonique peut être obtenu soit directement à la prise de son par l'utilisation d'un système stéréophonique, soit au mixage par l'utilisation des potentiomètres panoramiques.

> Dans tous les cas, l'image sonore globale restituée doit être cohérente en localisation et permettre à l'auditeur d'exercer son écoute sélective.

Sur le plan perceptif, on se méfiera en particulier des sources sonores latéralisées à l'extrême, c'est-à-dire sur les haut-parleurs de gauche ou de droite. La présence physique de ces derniers tend à leur donner une importance accrue vis-à-vis des sources virtuelles situées au centre de la rampe sonore.

La cohérence de localisation comporte trois volets :

- le respect de la largeur des sources sonores restituées(précision de localisation) ;
- le respect de l'angle d'incidence respectif des sources enregistrées ;
- le respect de l'homogénéité de diffusion stéréophonique du champ réverbéré : la réverbération doit être bien répartie entre les deux haut-parleurs.

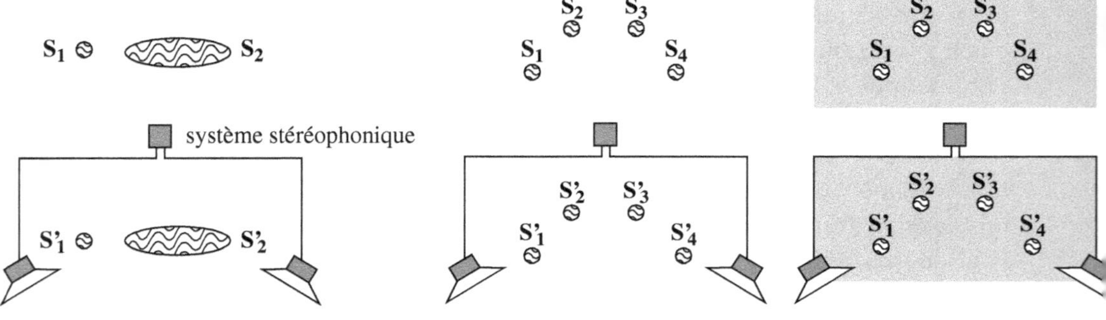

Figure 10.17 – *Respect de la largeur des sources sonores.*

Figure 10.18 – *Respect des angles d'incidence des sources sonores.*

Figure 10.19 – *Respect de l'homogénéité du champ réverbéré*

Le non-respect de ces critères entraîne les distorsions suivantes.

- Distorsion de résolution : les sources virtuelles, censées être localisées de manière ponctuelle, sont floues, imprécises et se recouvrent.
- Distorsion spectrale : l'étalement de la source sonore réputée ponctuelle n'est pas globale mais fonction de la fréquence. Suivant la tessiture, la source sera localisée différemment.
- Distorsion frontale : l'angle de perception des sources sonores restituées n'est pas identique à celui des sources enregistrées.

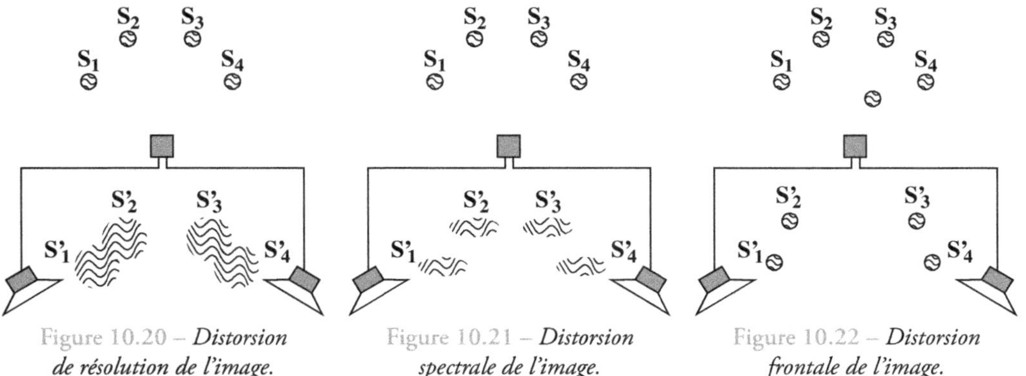

Figure 10.20 – *Distorsion de résolution de l'image.*

Figure 10.21 – *Distorsion spectrale de l'image.*

Figure 10.22 – *Distorsion frontale de l'image.*

- Distorsion de présence : l'énergie des sources sonores restituées diffère en fonction de leur emplacement respectif. La profondeur de l'image stéréophonique n'est pas respectée. Cette distorsion est due soit à l'emplacement du système stéréophonique vis-à-vis de la formation, soit aux caractéristiques propres au système. Elle se traduit par des sources sonores plus proches ou plus lointaines.
- Apparition d'images fantômes. Cette situation peut survenir lors de l'utilisation de microphones d'appoint, reprenant des sources sonores déjà captées par le système stéréophonique principal et localisées différemment, d'où un dédoublement d'image.
- Mauvaise répartition du champ diffus. Le champ réverbéré peut dans certains cas être concentré dans une certaine zone de l'espace stéréophonique.

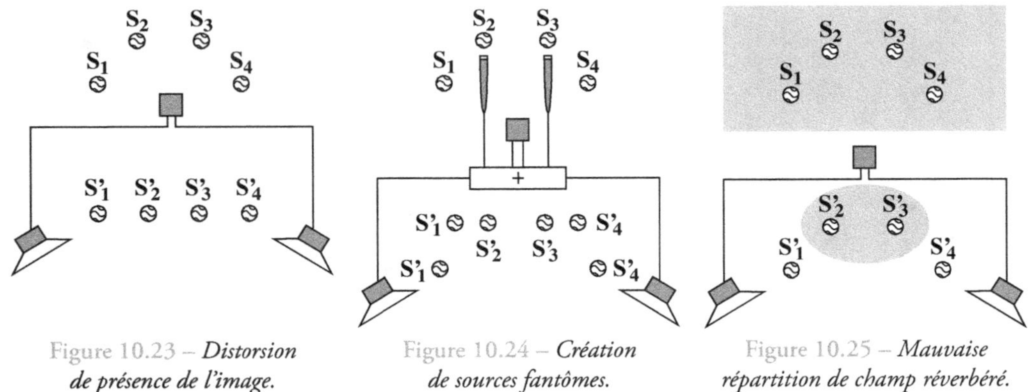

Figure 10.23 – *Distorsion de présence de l'image.*

Figure 10.24 – *Création de sources fantômes.*

Figure 10.25 – *Mauvaise répartition de champ réverbéré.*

Résumé des quatre critères d'évaluation et du critère de clarté

Un preneur de son doit trouver rapidement le juste équilibre entre chacun des critères d'équilibre spectral, d'intensité et de dynamique, de localisation en profondeur et de localisation latérale. Pour un débutant, un préréglage peut se résumer à la quadruple règle de trois suivante.

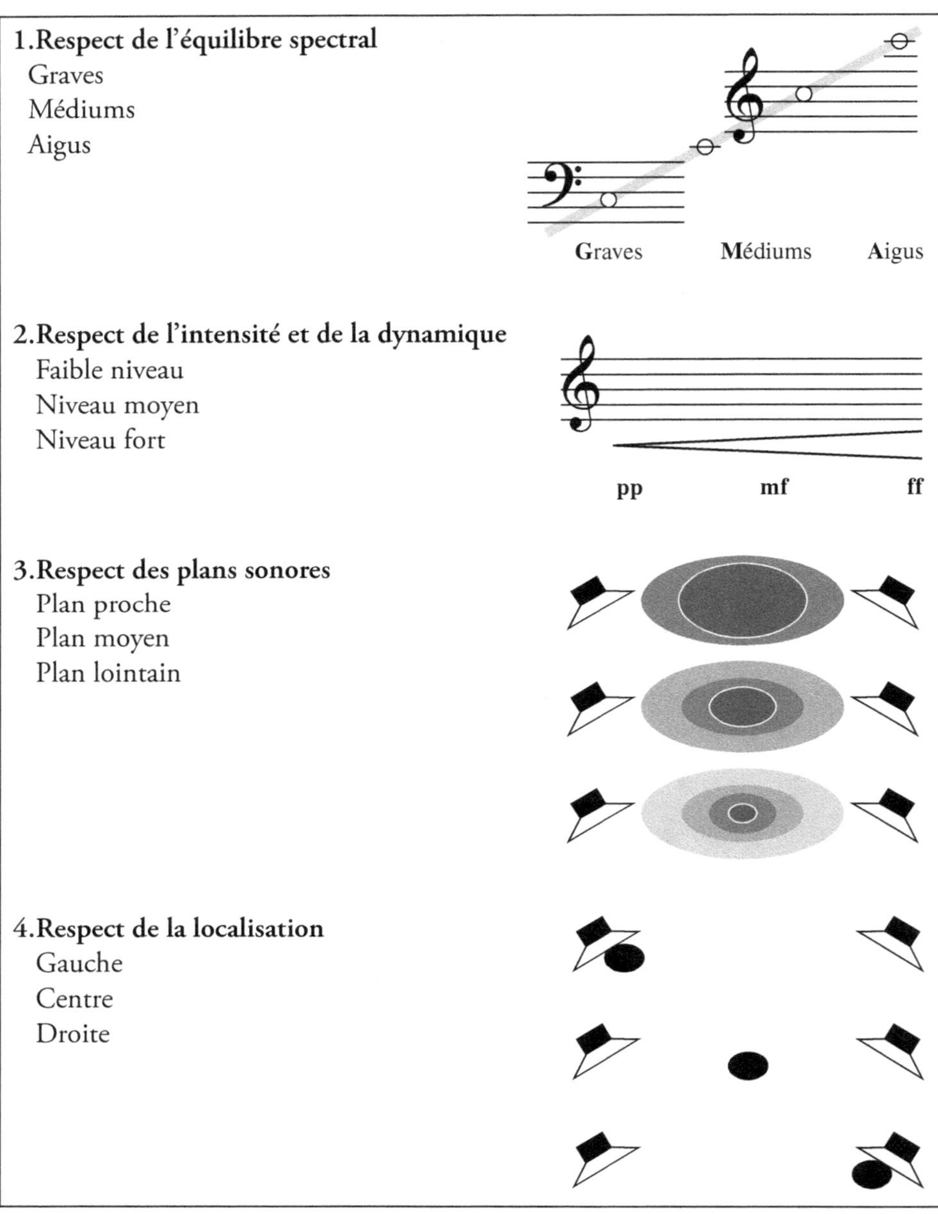

Cette schématisation, à première vue simpliste, permettra de déceler les défauts majeurs dès les essais préliminaires. Un preneur de son chevronné ne se limitera évidemment pas à trois nuances par critère.

La palette est en fait beaucoup plus subtile et le nombre de nuances infiniment plus élevé.

Le critère de clarté que nous avons défini (voir chapitre 3) représente pour l'ingénieur du son un dernier paramètre d'évaluation globale de l'image stéréophonique, qui souligne la transparence sonore et l'ntelligibilité. Il lui restera ensuite à savoir déceler :

- un déséquilibre entre deux artistes ;
- un musicien qui n'est pas au bon diapason ;
- un tempo qui varie au cours de l'enregistrement ;
- une faute d'interprétation ;
- de mauvais rapports entre parole, chant, musique, bruitages.

Ce peaufinage de la balance sonore gagnera à être effectué en collaboration avec les artistes et le responsable artistique de la production.

4. Rapports avec les artistes

Nous n'insisterons jamais assez sur l'importance des relations à établir avec les interprètes lors d'une séance de prise de son. La réussite de l'enregistrement en dépend. S'ils sont intéressés au résultat final, l'artiste et le preneur de son deviennent complices de cette réussite.

La prise de son, comme son nom ne l'indique pas, ne consiste pas à prendre ce que l'autre donne, car cette situation serait vouée à l'échec ; l'ingénieur du son et l'interprète établissent au contraire un échange d'appréciations nécessaire à l'expression artistique. La difficulté que rencontre le preneur de son est de comprendre les souhaits de l'interprète – voire les devancer – car les mêmes idées ne sont pas toujours exprimées par les mêmes mots.

Avant l'enregistrement

L'accueil est primordial ; quelques mots suffisent pour mettre à l'aise l'acteur, le chanteur, le musicien, spécialement s'il est novice. L'installation, la disposition des interprètes en fonction du local, comme nous l'avons signalé, restent primordiaux sur le plan matériel comme sur le plan acoustique. L'écoute des interprètes sur le lieu même d'enregistrement présente par ailleurs l'intérêt d'un contact privilégié avec les artistes. L'interphone doit être utilisé avec parcimonie et surtout à bon escient.

Lors d'essais techniques successifs, il est toujours souhaitable d'expliquer à l'artiste la démarche méthodologique choisie ; il n'en sera que plus coopératif. L'écoute des prises d'essais avec l'interprète est conseillée dès l'instant où le preneur de son est globalement satisfait de la qualité de son image sonore.

Un bon chanteur apprend à « jouer » du microphone. Un bon acteur sait se déplacer en fonction des emplacements microphoniques. Le preneur de son devra savoir tirer parti de ce jeu, approche bien connue par un interprète averti.

Il faut profiter des répétitions pour faire des essais et commettre des fautes, puis apprendre à les corriger, mais il faut également savoir jusqu'où la recherche de la perfection est possible : l'heure de prise de son est très coûteuse et les nerfs des artistes sont mis à rude épreuve ; trop de répétitions peuvent user l'inventivité, la créativité, émousser la sensibilité, et dans tous les cas, la fatigue s'installe.

Pendant l'enregistrement

Au-delà du « ça tourne, quand vous voulez ! » et des quelques mots d'encouragement souvent les bienvenus, l'ingénieur du son doit accorder une attention toute particulière à la qualité de l'exécution de l'œuvre et savoir interrompre linterprète le cas échéant (mauvais départ, fautes d'interprétation). Une interruption, comme une remarque d'interprétation, lorsqu'elle est parfaitement justifiée, renforce le dialogue que nous évoquions plus haut, évite une fatigue inutile de l'artiste et renforce par conséquent la qualité de son jeu.

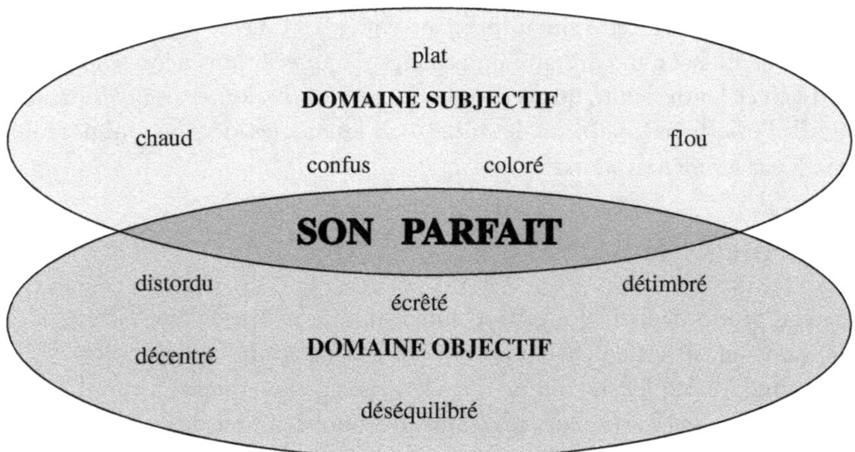

Figure 10.30 – *Comparaison entre termes subjectifs et objectifs.*

Il faut être conscient que l'écoute durant la prise de son peut être plus ou moins faussée par l'émotivité résultant du direct, ou par la découverte du propos musical ou dramatique. L'écoute de l'enregistrement en présence des artistes apparaît bien différente quelques instants plus tard, autant pour le preneur de son que pour les interprètes : un monde d'imperfections, d'impressions nouvelles et inattendues va surgir, exprimé dans un langage appartenant au domaine subjectif et objectif, différemment exprimé par les uns et par les autres.

L'écoute en cabine est toujours de nature à surprendre les interprètes :

* les comédiens, les chanteurs ont souvent du mal à reconnaître leur propre voix ;
* le violoniste porte plus son attention sur des fautes de technique instrumentale que sur sa sonorité ou sur l'interprétation globale de la formation ;
* le chef d'orchestre continue de percevoir la sonorité de son orchestre telle qu'il l'a entendue en studio.

À ce stade, l'ingénieur du son devra :

* accepter des impératifs, des critiques, mais affirmer sa personnalité ;
* accepter et faire accepter des corrections même infimes ;
* feindre d'accepter certaines corrections afin que l'enregistrement se poursuive dans le meilleur climat possible (jusqu'à placer un microphone devant un artiste, un soliste, quitte à ne l'utiliser que peu ou pas).

Un preneur de son ne doit jamais accepter n'importe quelle critique : l'échelle des valeurs n'est pas basée sur le disque, la radio, la télévision ou le cinéma, mais sur l'ouvrage, le texte et l'interprétation en cours.

Chapitre 11

La perception, du XVe siècle au multicanal

Au cours des chapitres précédents, nous avons décrit les différents types de prise de son et de reproduction stéréophonique frontale à deux canaux. Pour contourner l'obstacle que constituait l'image sonore frontale, nous avons adapté la prise de son, avec notamment la pose de microphones d'appoint, d'ajout de réverbérations et de premières réflexions. Cependant, ces systèmes ont toujours conservé leurs limites quant à la restitution spatiale de notre environnement sonore.

Il est temps, dans cette série de trois chapitres qui commence ici (chapitres nouveaux, qui ne figuraient pas dans *Théorie et pratique de la prise de son stéréophonique*), de faire un pas de plus pour maîtriser les techniques faisant appel à plus de deux canaux pour baigner l'auditeur dans un enveloppement sonore intégral.

1. Le point de vue artistique
À la Renaissance

Certains artistes du XVe siècle avaient déjà imaginé le plaisir d'une perception liée à la l'enveloppement sonore, d'un point de vue artistique.

Des compositeurs tels que Monteverdi, Palestrina, Josquin des Prés, Gabrieli, Roland de Lassus et Victoria ont fait rayonner la polyphonie musicale. Mais, fait peu connu, des compositeurs moins célèbres, Cossoni, Willaert, Croce, Biancardi, Ceresols composaient des œuvres pour chœurs et instruments pour leur cathédrale à St-Marc de Venise, ou bien à Sienne et à Padoue ; ils en connaissaient toutes les ressources acoustiques et surtout le moyen de faire sonner ces lieux sacrés. Ils ont eu l'idée et le goût d'en tirer parti en disséminant les sources sonores pour retrouver ainsi l'exubérance des formes architecturales. Chacun imagina des œuvres pour plusieurs chœurs et plusieurs musiciens dont ils notaient sur la partition la disposition au sein de l'édifice, créant ainsi une musique spatiale avant la lettre… C'est ainsi que :

- Giovanni Gabrieli composa en 1597 des œuvres pour 2, 3, 4 chœurs de 8, 9, 12 voix et un ensemble de cuivres, sacqueboutes, cornets à bouquins, trompettes ;
- le Père Schubiger écrivit pour quatre orgues – orgue de tribune, de chœur et deux positifs dans les transepts – pour le monastère d'Einsielden.

Nouveauté instrumentale, le violon a permis aux interprètes de jouer debout et de se déplacer. L'exécution donnait alors lieu à une musique remplissant tout le volume architectural en largeur, longueur et hauteur.

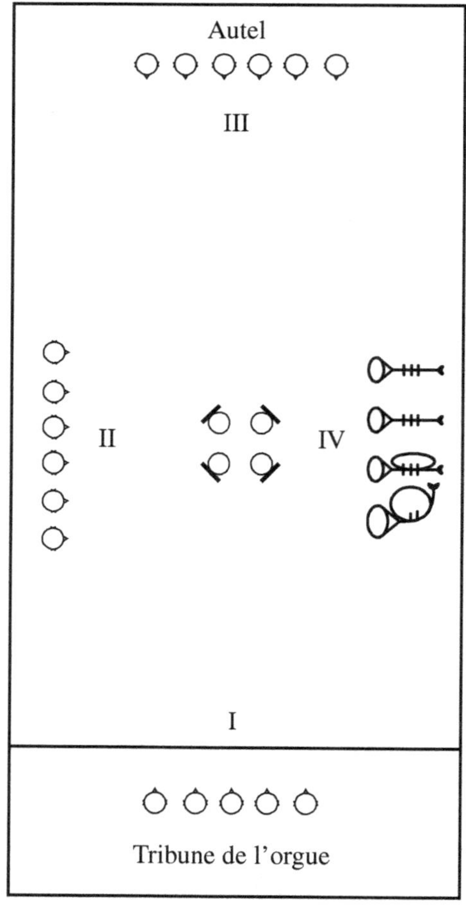

Figure 11.1 – *Croquis d'une œuvre dont la disposition donnait lieu à une musique « polyspatialisée ».*
À la tribune de l'orgue, sopranos et basses (I) ; ténors et basses (II). Devant l'autel : sopranos et basses (III). Sur le côté : les cuivres (trompettes et trombones) (IV). Au centre, la disposition microphonique.

La figure 11.1 montre la disposition des musiciens d'un *Ave Maria*, imaginée par Nicolas Gombert (1505-1556), pour trois chœurs, neuf voix, orgue et ensemble de cuivre, réalisée au Temple de Coppet en 1970, enregistré en tétraphonie par la RSR pour une présentation expérimentale au Festival du son de Paris, en 1970, avec au centre une des dispositions des quatre microphones.

À l'époque classique

La majeure partie de la musique est conçue pour des sources sonores situées face au public. On peut se demander pourquoi si peu d'œuvres classiques ou romantiques ont été écrites pour plusieurs sources sonores réparties en des endroits différents de la salle ; parmi les plus connues, on citera au moins la musique de scène du souper, dans le *Don Juan* de Mozart, pour trois orchestres, et le *Requiem* de Berlioz, pour quatre orchestres.

- Est-ce que les compositeurs craignaient une trop grande difficulté d'exécution avec l'augmentation des effectifs de l'orchestre ?
- Est-ce que l'effet sonore gagné était, à leurs yeux, insuffisant face à la substance musicale ?
- Est-ce qu'ils n'y voyaient qu'un effet théâtral, comme dans les nombreux chœurs de coulisse dans les opéras ou la trompette dans *Eleonore 3* de Beethoven ?
- Est-ce qu'ils ne disposaient que d'un budget limité ?
- Est-ce que les sources sonores arrière, souvent perçues comme un effet de surprise, deviennent aisément gênantes ou dérangeantes ?
- Est-ce que notre vision et notre audition sont liées à notre culture de la scène frontale ?

Est-ce que finalement une œuvre musicale n'a pas besoin d'un environnement autre que frontal pour s'exprimer… ? Il est difficile de répondre aujourd'hui à toutes ces questions, mais on sait que la disposition frontale, instaurée par les Grecs, s'est affirmée avec la prédominance du théâtre à l'italienne.

La plupart des spectacles se déroulent sur scène, frontalement, pour des raisons visuelles évidentes avec la volonté de permettre aux spectateurs de se voir entre eux. On a cependant souvent cherché à créer un environnement sonore élargi par une acoustique appropriée à des dispositions « polyvalentes ». Citons par exemple :

- la Philharmonie de Berlin, construite en 1960, qui place l'orchestre au centre de trois pentagones imbriqués comprenant plusieurs balcons où prennent place des chœurs, des instrumentistes, du public ;

- la salle de la Cité de la musique de la Villette, à Paris, construite en 1993, de forme elliptique, où les musiciens peuvent être placés autour des auditeurs, ou vice versa, au gré des compositeurs, des interprètes ou des metteurs en scène.

Aujourd'hui les compositeurs écrivent souvent pour une disposition différente des artistes, des musiciens, des sources sonores sur haut-parleurs afin de mettre en valeur de nouvelles formes musicales, des interprétations particulières, des recherches d'effets nouveaux (par exemple *Répons*, de Pierre Boulez, *Gruppen*, de Karlheinz Stockhausen).

2. Le point de vue technologique

Tentative analogique

Il est évident que les mélomanes ne pouvaient longtemps se contenter d'une seule source de restitution sonore, de l'effet ponctuel d'un haut-parleur. En 1930 déjà, rappelons-le, Harvey Fletcher de la compagnie Bell Telephon, aux États-Unis, envisage de disposer un rideau de microphones en front de scène et de relier chaque microphone à un haut-parleur, procédé ne privilégiant aucune position d'écoute... Des constructeurs allemands, en 1955, munissent les faces latérales des récepteurs radio de deux haut-parleurs complémentaires, afin d'élargir l'image sonore en plaçant l'appareil dans un angle pour augmenter les réflexions latérales.

Dès 1960, le chef d'orchestre Hermann Scherchen, dans son laboratoire électro-acoustique de Gravesano, au Tessin, expérimente deux systèmes de spatialisation d'un son monophonique :

- une sphère tournante : polygone dans lequel étaient fixés 12 haut-parleurs ; la sphère tournait lentement et projetait le signal monophonique dans l'espace pour le spatialiser. En réalité, on obtenait un effet *phasing* genre « Leslie » avec accentuation des fréquences aiguës et renforcement du volume sonore à chaque passage de membrane devant l'observateur... ;
- une paroi sonore : 32 haut-parleurs fixés dans autant d'ouvertures dans le fond du studio d'écoute. L'écoute monophonique d'un orchestre symphonique était possible mais les voix, proéminentes, devenaient gênantes, voire grotesques.

La société Philips équipe, en 1960, à Eindhoven, un auditorium afin de démontrer que l'on pouvait modifier l'acoustique d'une salle par un système retardé de restitution sonore sur de nombreux haut-parleurs fixés au plafond de la salle et alimentés par des microphones suspendus à demeure. Ce système, nommé « ambiophonie », augmentait notamment l'effet d'enveloppement par l'apport de premières réflexions.

Figure 11.2 – *Appareil radio de construction allemande. On remarquera en plus des haut-parleurs frontaux les deux haut-parleurs latéraux.*

L'écoute stéréophonique des disques, de la radio, de la télévision et du cinéma a largement amélioré la restitution de la scène sonore, mais il lui a toujours manqué une information arrière (et par ailleurs également une information verticale, figurant l'environnement original). Rappelons, entre autres, quelques initiatives communes radio-télévision destinées à améliorer l'ambiance sonore :

- diffusion en 1962 depuis Paris, par la RTF, de la tragédie *Les Perses*, d'Eschyle, le téléviseur placé face à l'auditeur, le récepteur radio, lui, derrière l'auditeur ;
- diffusion en 1963 depuis Genève, par la RTSR, des *Sentiers du Monde*, le téléviseur mono encadré de deux récepteurs radio réglés en stéréophonie sur deux chaînes différentes.

Ces expériences, assez peu probantes, ont été abandonnées au profit d'études menées dans le cadre de l'UER afin de doter la télévision des deux canaux requis par la stéréophonie.

Dès les années 1960, le succès des expérimentations à quatre canaux tient pour beaucoup à la disponibilité de magnétophones professionnels à quatre pistes séparées, type Ampex ou Studer. Philips et Revox avaient, de leur côté, lancé sur le marché des appareils multipistes grand public. De nombreuses démonstrations de tétraphonie eurent lieu au Festival du son de Paris, à la Radio Austellung de Berlin et dans le cadre de rencontres organisées par l'UER. Citons, parmi d'autres, la comparaison entre trois exemples de prise de son proposés par la RSR au Festival du son 1970 de Paris.

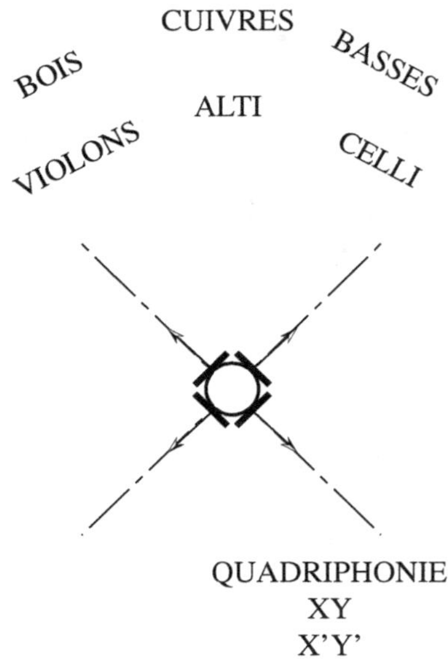

Figure 11.3 – *Prise de son avec quatre microphones ponctuels, dérivée du système XY ; quatre membranes directionnelles orientées dans les quatre angles.*

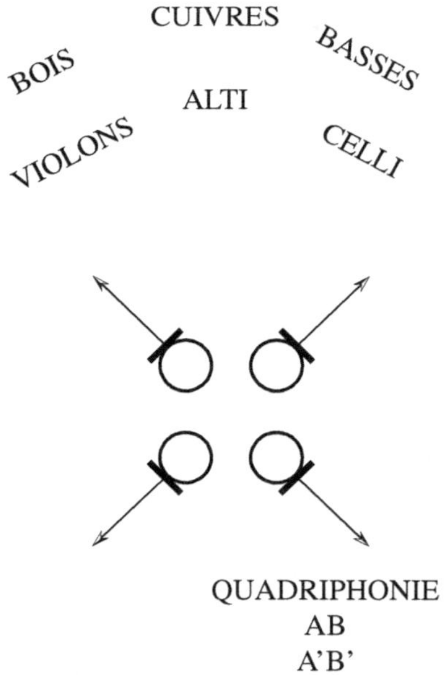

Figure 11.4 – *Prise de son avec quatre microphones placés à 17 cm les uns des autres – donc deux couples –, dérivé du système AB ; membranes directionnelles orientées dans les quatre angles.*

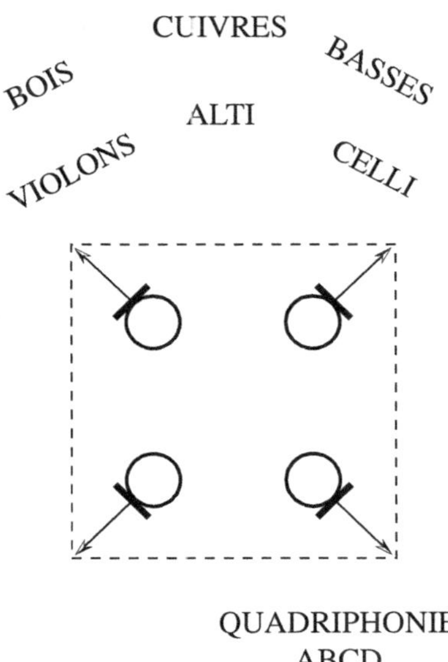

Figure 11.5 – *Prise de son avec quattre microphones distants de 3 m placés au sommet d'un carré virtuel, de dimensions approchant celles d'une salle de séjour ABCD ; membranes directionnelles orientées dans les 4 angles.*

La disposition des enceintes acoustiques, aux quatre angles d'une pièce, servait de base d'écoute aux auditeurs placés au centre.

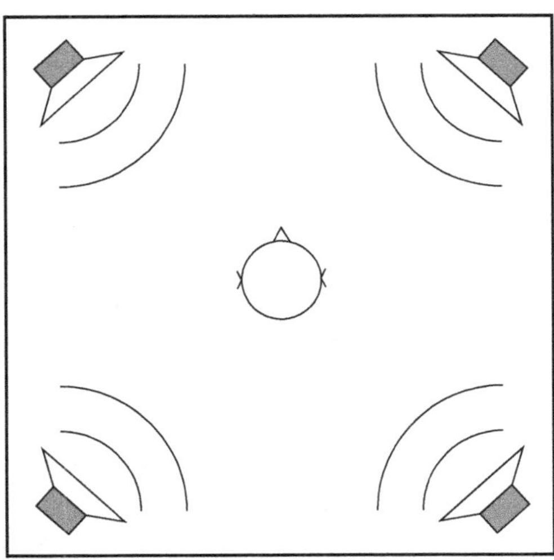

Figure 11.6 – *Disposition des quatre haut-parleurs dans les quatre angles de la pièce d'écoute.*

Cette disposition en carré était fort critiquée en musique classique, où une nette préférence était affichée pour ramener les deux haut-parleurs arrière sur les côtés. Les reproches essentiels étaient :

- une accentuation trop marquée des sources sonores provenant des haut-parleurs ;
- une localisation imprécise latéralement et à l'arrière de l'auditeur ;
- un déplacement brutal des sources sonores d'avant en arrière.

En revanche, les écoutes avec quatre haut-parleurs avaient des adeptes dans les domaines des variétés, du divertissement, de la musique contemporaine et des bruitages, car tous les effets, par nature, étaient permis, tous les mouvements en tous sens étaient même recherchés ! Citons pour mémoire les quatre microphones placés sur un manège : klaxons, sirènes et cris des enfants restaient immobiles alors que l'orgue, lui, tournait.

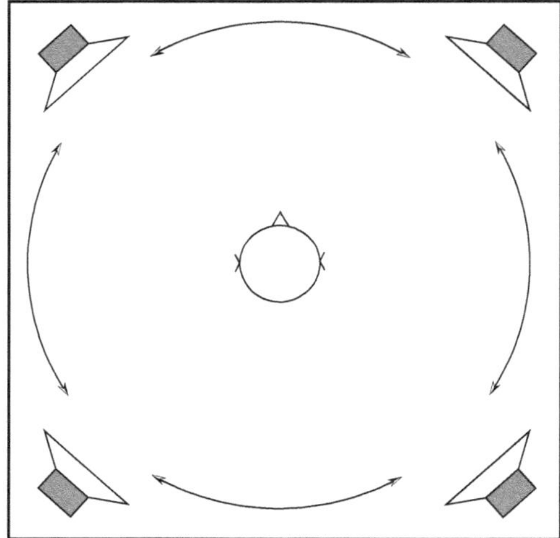

Figure 11.7 – *Disposition des quatre haut-parleurs (les flèches indiquent les mouvements tournant).*

Il a fallu une bonne dose de naïveté – ou de réelles espérances commerciales – pour penser, comme l'ont fait les fabricants et les revendeurs, que quatre microphones placés au centre d'un ensemble sonore et que quatre enceintes acoustiques entourant l'auditeur allaient enfin résoudre tous les problèmes d'équilibre et d'enveloppement sonore... D'où de nouvelles recherches pour obtenir des sources sonores régulièrement réparties sur 360°, avec les expériences de prise de son et de diffusion sur six canaux lancées dans les années 1960 par les directeurs du son de Radio France ; cette « hexaphonie » consistait à placer six haut-parleurs répartis régulièrement sur 360°. Les nombreuses démonstrations de sons et de bruits tournants sur 360° étaient probantes, mais l'idée d'installation chez soi de six enceintes acoustiques a malheureusement fait chuté l'enthousiasme des auditeurs.

Dans les même années 1960, la maison Cabasse, constructeurs de haut-parleurs, forte de l'expérience acquise dans les équipements de reproduction sonore dans les grandes salles de cinéma, proposait sous le vocable de « pentaphonie » de placer, en plus des trois distributions d'enceintes acoustiques frontales, des distributions d'enceintes latérales complémentaires. Cette disposition a encore aujourd'hui un franc succès à la Géode de Paris, cinéma à grand écran panoramique.

Évolutions dans les domaines du disque, de la radio, de la télévision

Malgré les énormes difficultés à graver le sillon d'un disque comprenant quatre canaux matricés, des disques quadriphoniques ont été proposés par les firmes Denon, Columbia, RCA, Sony et Nivico dès 1967. Un premier système était similaire au matriçage stéréophonique des stations radiophoniques de la bande FM : aux deux voies gauche et droite du sillon stéréophonique habituel étaient ajoutées les deux voies arrière, par matriçage dans le spectre ultrasonore, de 20 kHz à 45 kHz.

Au vu des problèmes de gravage mécanique et d'exigence pour la pointe de lecture à des fréquences aussi élevées, Columbia et Sony ont préféré ajouter les deux canaux arrière aux deux voies stéréophoniques avant par superposition d'une modulation circulaire. Dans ce cas, la pointe de lecture décrit un mouvement hélicoïdal complexe, correspondant à la somme vectorielle des composantes de chaque modulation.

Figure 11.8 – *Disque « quadraphonic » de la maison Columbia.*

Les grandes sociétés de disques ont ensuite « expérimenté » de nouveaux circuits de matriçage, de codage, de modulateurs de circuits logiques et analogiques, destinés à la réduction des quatre canaux en trois et de les recomposer à la lecture. Ainsi sont apparus de nouveaux espoirs mais sans lendemain, car en plus des difficultés de lecture des disques, les imprécisions de localisation étaient inacceptables à l'écoute.

La radiodiffusion souhaitait, elle aussi, transmettre des émissions en tétraphonie. Aux États-Unis, dans les régions de New York et de Boston, des programmes en quatre canaux ont été diffusés dès 1969 par deux émetteurs stéréophoniques. Les auditeurs devaient disposer de deux récepteurs stéréophoniques et de quatre enceintes acoustiques, solution peu économique tant en installation qu'en perte de diffusions de programmes.

L'UER a alors lancé de nouvelles recherches de double multiplexage des deux voies arrière, qui dépassaient les 58 kHz nécessaires à la modulation des émetteurs stéréophoniques « à fréquence pilote ». On atteignait des fréquences élevées au point de créer des interférences et des perturbations par diaphonie aux émetteurs adjacents. Ce procédé fut donc abandonné. On comprend dès lors que la tétraphonie, quadriphonie, quadrophonie, cette « quadramania » soit mort-née à cause :

- des difficultés technologiques (les facilités offertes aujourd'hui par les codages numériques n'existaient pas) ;
- de l'absence totale et l'impossibilité de toute normalisation ;
- du manque d'intérêt économique ;
- de l'absence de compatibilité ;
- de la confusion des termes pour le grand public !

Rappelons, à titre d'hommage, qu'Abraham Moles avait rapproché ces termes dans sa conférence *Stéréophonie, tétraphonie, vers la sensualisation de l'espace*, aux Journées d'étude du Festival du Son de Paris, en 1975.

L'introduction de la stéréophonie avait été une aventure longue, ardue et coûteuse mais qui s'était finalement imposée. Le public n'était pas encore prêt :

- à monter dans le bateau des quatre canaux ;
- à investir à nouveau dans l'achat de nouveaux appareils ;
- à introduire deux nouvelles enceintes acoustiques, la grandeur de la salle de séjour, sa forme, son agencement l'autorisant rarement ;
- à renouveler sa collection de disques vinyles âgée au maximum d'une dizaine d'années…

Enfin, toutes ces expériences ont été contrariées par l'espoir de réelles nouveautés, dont en particulier celle du son *surround* au cinéma.

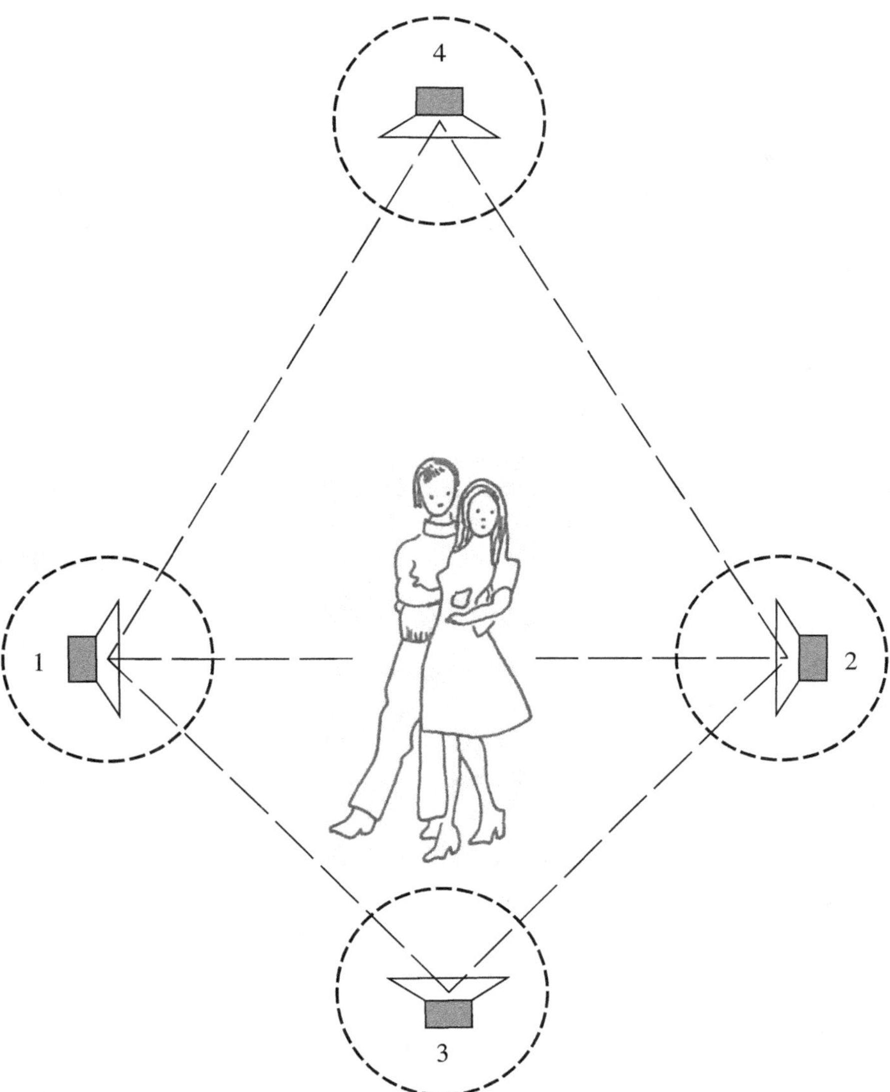

Figure 11.9 – *De l'usage de la tétraphonie pour rapprocher les cœurs.* (A. Moles, Conférences des journées d'études, *Festival international du son haute fidélité stéréophonie, Paris 1975, éditions Radio)*

Le cinéma

Le cinéma analogique

Arrivons donc au cinéma, à qui l'on doit les recherches et les solutions les plus prometteuses du son multicanal et des dispositifs d'écoute *surround*. Il ne nous appartient pas de faire l'historique de la passionnante histoire du son au cinéma : de nombreux et d'excellents ouvrages sont consacrés au 7e art. Mais il est bon de rappeler les difficultés de filmer, d'enregistrer, de copier et de projeter des images au défilement intermittent (saccadé) de la pellicule, en synchronisme avec un défilement obligatoire continu (linéaire) du son.

Pendant le premier quart du xxe siècle, le cinéma était en noir et blanc, muet mais sonore, accompagné souvent par un pianiste, par des instrumentistes, des récitants. Dans quelques grandes salles de prestige se dressait un orgue de cinéma, né d'un besoin, celui de bruiter les films muets des années 1920 à 1930. Aux orgues pneumatiques d'églises, les spécialistes ont ajouté une console commandant des tambours, xylophones, piano, guitare, carillons et une chambre d'effets spéciaux : sirènes, coups de feu, sonnettes, chants d'oiseaux, bruits de vagues et jeux de lumières ! On peut encore voir et entendre les grandes orgues :

- du Gaumont Palace de Paris, remontées dans l'un des pavillons des anciennes Halles, le pavillon Baltar, à Marne-la-Vallée ;
- du Granada de Londres, un Wurlitzer reconstruit sur la scène de l'Aula du Collège Claparède, à Genève.

Puis le cinématographe est devenu sonore, parlant et de meilleure qualité dès 1927, passant de 16 à 24 images/seconde avec son enregistré et synchronisé sur disques, ou transféré optiquement, puis magnétiquement, sur des pistes en bordure de la pellicule.

De son côté, l'image passe à la couleur en 1934, élargie avec effet de profondeur. Le premier grand succès fut *Fantasia*, en 1940, en Fantasound, procédé mis au point par RCA et les studios Disney. En 1952, le Cinérama provoque l'admiration avec le film de démonstration *This is the Cinerama*, projection sur triple écran et ses six pistes sonores reproduites par autant d'enceintes acoustiques dissimulées derrière la toile, sur les côtés et dans le fond de la salle. Ont suivi *Les sept Merveilles du monde* (T. *Garnett*, P. Mantz, 1956) et *La Conquête de l'Ouest* (H. Hathaway, J. Ford, G. Marshall, 1962).

Le Cinémascope, en 1952, a été conçu pour concurrencer directement le Cinérama et la télévision – améliorée avec les écrans Panoramic, Kinopanorama – pour arriver au succès de grandes réalisations comme *La Tunique* (H. Koster, 1953). C'est en cette même année, rappelons-le, qu'ont été créés les premiers « sons et lumières », grandes fresques historiques, textes et musiques diffusés par de nombreux haut-parleurs dissimulés des parcs publics, dans des châteaux.

En 1954 apparaît le procédé Todd AO (du nom de Mike Todd), cinq pistes magnétiques « écran » et une piste d'ambiance. Suite au succès des nouvelles salles équipées d'un écran hémisphérique et d'un son multipiste, de nombreux spécialistes ont commencé à équiper les salles de cinéma existantes de haut-parleurs complémentaires.

Le procédé analogique qui s'est réellement imposé dès 1976 fut le Dolby stéréo, qui contrairement à son appellation constituait déjà une écoute spatialisée multicanale. Il repose sur la lecture d'un son optique placé sur la pellicule 35 mm. Le principe est basé sur le matriçage des quatre canaux du mixage sur les deux pistes optiques (Lt, *Left total*, et Rt, *Right total*).

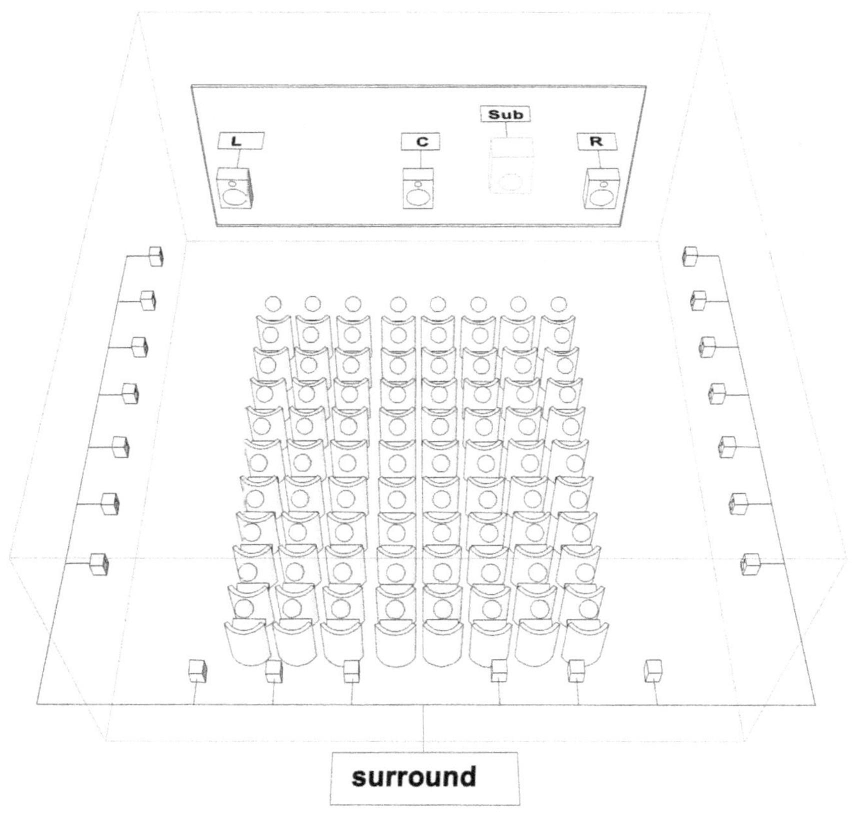

Figure 11.10 – *Disposition des haut-parleurs selon le procédé Dolby Stéréo.*

À l'écoute, les deux pistes sont dématricées en quatre canaux destinés aux trois haut-parleurs frontaux dont un central permettant aux spectateurs mal positionnés de toujours percevoir les voix sur l'écran. Le quatrième canal alimente une rangée de haut-parleurs disposés autour de la salle. Ce procédé connaîtra un immense succès en 1977 à la sortie des films *Star Wars* (G. Lucas), *Rencontre du Troisième type* (S. Spielberg), *Don Giovanni* (J. Losey, 1979).

La société Dolby a toujours été très active dans la recherche de la spatialisation et dans les systèmes de matriçage/dématriçage qu'elle a brevetés sous des noms très divers et dont la description sortirait du cadre de cet ouvrage.

Mutation vers le numérique

Dès 1991-1992, les salles de cinéma disposent de trois procédés numériques permettant la restitution sonore de plusieurs canaux discrets (dissociés) obtenus par codage/décodage et non plus par des procédés de matriçage/dématriçage analogiques comme nous l'avons vu précédemment.

Avec une bande passante large de 20 Hz à 20 kHz et un canal dissocié de renforcement des basses fréquences (Sub < 100 Hz), ces procédés offrent aux spectateurs une amélioration de la qualité de la diffusion sonore. En outre, cette approche va correspondre également à la création des salles multiplexes à l'acoustique plus appropriée. Ces trois procédés de codage/décodage sont : le système SRD *(Spectral Recording Digital)*, le système DTS *(Digital Theater System)*, le système SDDS *(Sony Dynamic Digital Sound)*.

Le système SRD *(Spectral Recording Digital)*. Six canaux alimentent six haut-parleurs individuels et groupés pour une diffusion dite « 5.1 » :

- trois frontaux L, C et R ;
- deux groupes latéraux/arrière L et R *surround* ;
- un canal infra grave *subwoofer*.

Ce procédé américain a recours à un algorithme de codage numérique nommé « AC3 », lu directement entre les perforations de la pellicule. Le taux de compression (réduction de débit) est de 10 pour 1. Ce procédé a été amélioré en 1999 sous le nom « Dolby Digital EX », avec l'ajout d'un canal arrière central supplémentaire pour les films *Star Wars* et *La menace fantôme* (G. Lucas).

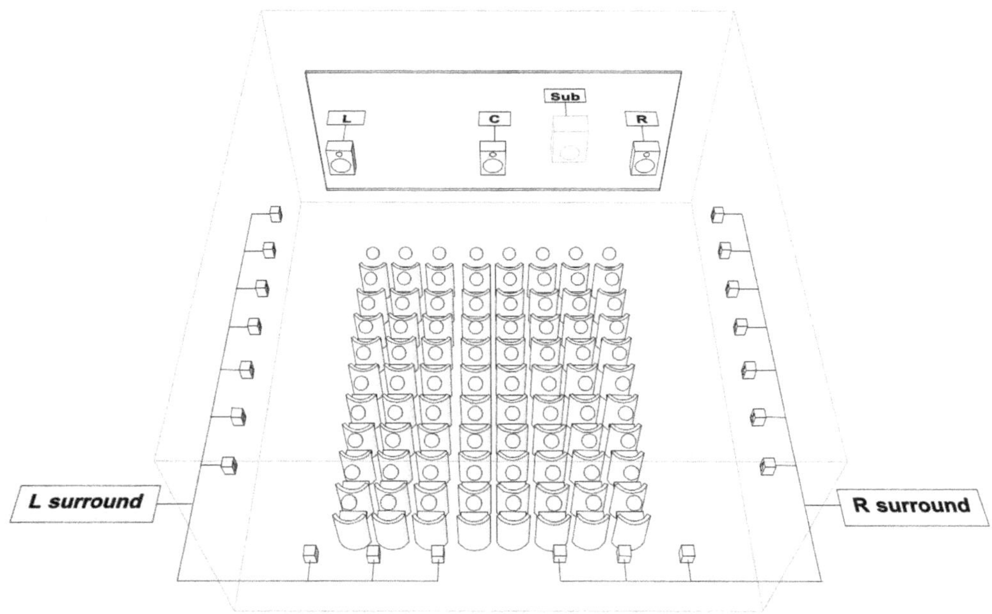

Figure 11.11 – *Implantation des haut-parleurs dans une salle de cinéma selon une écoute 5.1.*

Le système DTS *(Digital Theater System).* Six canaux alimentent six haut-parleurs individuels et groupés pour une diffusion dite « 5.1 » :

- 3 frontaux L, C et R ;
- 2 groupes latéraux/arrière L et R *surround* ;
- 1 canal infra grave *subwoofer.*

Ce procédé, imaginé par une société française, a recours à un algorithme de codage numérique nommé « APT-X.100 », enregistré sur un disque dissocié, synchronisé avec le code SMPTE lu sur la pellicule. Le taux de compression est de 4 pour 1. La disposition des haut-parleurs est identique à celle de la figure 11.11. Ce procédé a été mis sur le marché avec la sortie du film *Jurassic Park* (S. Spielberg, 1993).

Le système SDDS *(Sony Dynamic Digital Sound).* Huit canaux alimentent huit haut-parleurs individuels et groupés pour une diffusion dite « 7.1 » :

- 3 frontaux L, C et R et deux intermédiaires LC et RC ;
- 2 groupes latéraux/arrière L et R *surround* ;
- 1 canal infra grave *subwoofer.*

Ce procédé japonais a recours à un algorithme de codage numérique nommé « ATRAC Sony », lu directement sur les deux bords de la pellicule. Le taux de compression est de

5 pour 1. Le premier film avec enregistrement SSDS fut *An American Legend* (W. Hill, 1993).

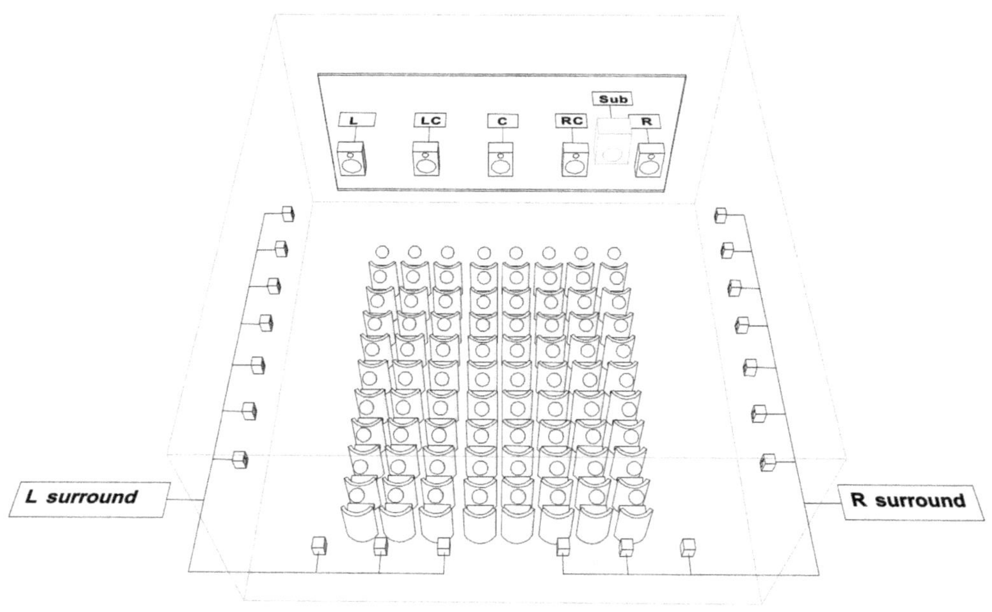

Figure 11.12 – *Implantation des haut-parleurs dans une salle de cinéma selon une écoute 7.1.*

Dernier venu : le tout numérique image et son, le 3D

Cette dernière révolution supprime la pellicule au profit d'un processeur numérique – image et son – pour un son désormais non compressé (PCM) et distribué sur une base potentielle de seize canaux.

La production d'images désormais possible en 3D implique de nouvelles recherches dans le domaine de la restitution sonore, à savoir les sons provenant d'un plan horizontal, mais également d'un plan vertical. Ce qui, par voie de conséquence, influence déjà les concepts de restitutions sonores 3D et donc de la conception même de la prise de son.

Le multicanal en écoute chez soi

Chez le particulier, le Dolby stéréo, décrit ci-dessus pour le cinéma, s'est décliné en une version nommée « Dolby surround », adaptée au dématriçage analogique d'une cassette vidéo ou d'un programme livré au format Lt Rt afin d'être reproduite par un haut-parleur central, deux haut-parleurs latéraux et deux haut-parleurs arrière. Procédé peu développé eu égard au prix très élevé de l'installation.

Chacun peut bénéficier aujourd'hui d'un son multicanal numérique 5.1 grâce :

- aux supports DVD, Blu-ray (formats Dolby pro logic et DTS) ;
- aux sites web de téléchargement (YouTube, Qobuz, Virgin…) ;
- aux diffusions ADSL ;
- à la réception télévisuelle terrestre (TNT, Télévision numérique terrestre) ou satellitaire.

Sans oublier l'arrivée d'une écoute 3D bientôt possible en écoute binaurale sur iPhone et iPad. Ce développement est également favorisé par la généralisation des écrans plats de grands formats et l'extraordinaire augmentation des débits de transfert d'informations sur Internet et de stockage sur disque dur.

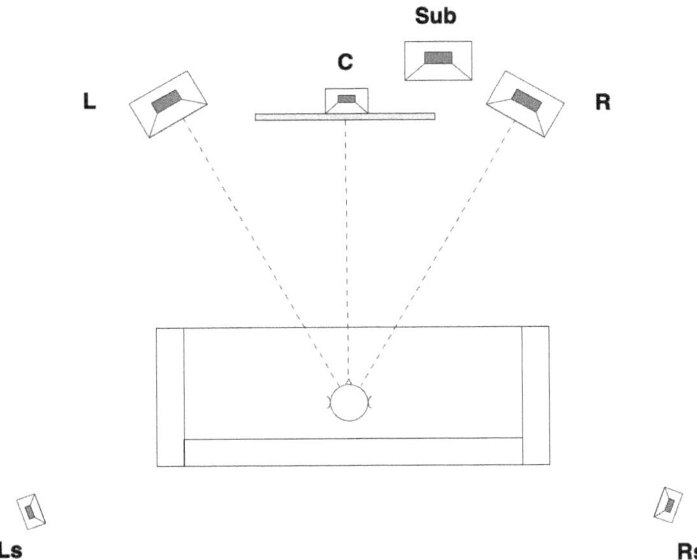

Figure 11.13 – *Implantation des haut-parleurs TV surround chez soi.*

Chapitre 12

Systèmes d'écoute, de la mono au multicanal 5.1

Pour comprendre un siècle d'évolution des dispositifs d'écoute, de la monophonie au multicanal, il faut savoir que les systèmes de restitution sonore par haut-parleurs sont représentés par deux nombres séparés d'un point :

- le premier indique le nombre de canaux principaux (par exemple 5) ;
- le second indique la présence d'un haut-parleur complémentaire, le *subwoofer* (abréviation courante : Sub) ou LFE *(Low Frequency Enhancement)*, chargé de renforcer les fréquences graves (par exemple .1).

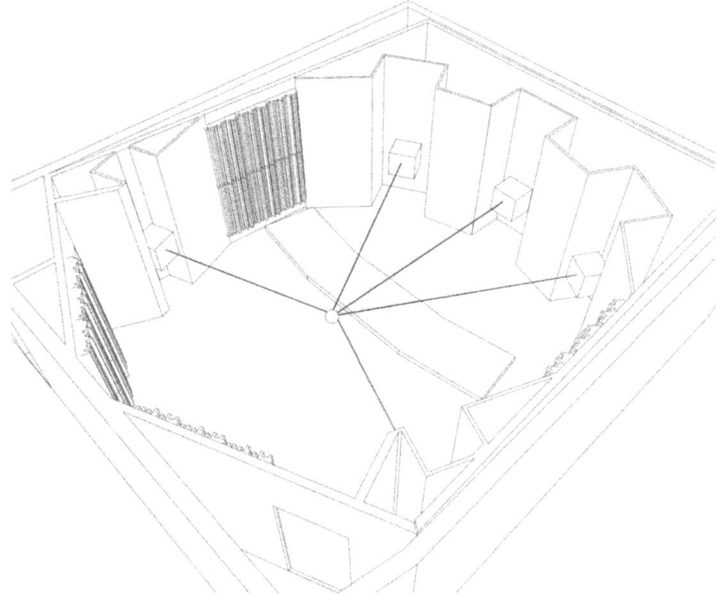

Figure 12.1 – *Implantation d'un studio de mixage multicanal 5.1.*

L'évolution de l'implantation des haut-parleurs est décrite dans le tableau suivant et schématisée ci-contre.

Description de l'implantation des haut-parleurs, de la monophonie au multicanal 5.1.

Mode d'écoute	Nbre de haut-parleurs	Abréviations	
En monophonie	par 1 haut-parleur	soit 1.0	*Commercialisé*
En stéréophonie	par 2 haut-parleurs	soit 2.0	*Commercialisé*
En triphonie	par 3 haut-parleurs	soit 3.0	*Expérimental*
En tétraphonie	par 4 haut-parleurs	soit 4.0	*Expérimental*
En pentaphonie	par 5 haut-parleurs	soit 5.0	*Expérimental*
En hexaphonie	par 6 haut-parleurs	soit 6.0	*Expérimental*
En multicanal	par 5 haut-parleurs	soit 5.0	*Commercialisé*
En multicanal	par 5 haut-parleurs + 1 haut-parleur LFE	soit 5.1	*Commercialisé*

On trouvera, à la fin de ce chapitre, à la section « Dispositifs d'écoute 3D », d'autres systèmes d'écoute faisant appel à un nombre plus élevé d'enceintes acoustiques : le 7.1, le 9.1, le 22.2, le WFS *(Wave Field Synthesis)*.

Jusqu'à « l'hexaphonie », on remarque que la terminologie est empruntée à la langue grecque (*mono* : « unique », *phonie* : mode de traitement des sons, *stéréo* : « relief », *tri*, *tétra*, *penta*, *hexa* : respectivement « 3 », « 4 », « 5 », « 6 »). Dès la tétraphonie, on note l'emploi de termes qui ont fait tousser plus d'un puriste, avec « quadriphonie », racine latine et grecque, ou des termes provenant de l'anglais: « quadraphonie » ou « quadrophonie » ! Cette parenthèse nous conduit à la terminologie anglaise *surround* (« envelopper », « entourer », « encercler ») adoptée pour définir le 5.1.

Autres anglicismes :

- le *downmix* couramment employé pour une diminution du nombre de canaux « compatibilité descendante », consiste par exemple à indiquer qu'un enregistrement multicanal 5.1 est converti en stéréophonie 2.0 ou en monophonie 1.0 ;
- le *upmix*, employé pour une augmentation du nombre de canaux « compatibilité ascendante », désigne l'inverse. Il s'agit par exemple d'un signal monophonique 1.0 qui, traité par algorithmes de spatialisation, est converti en deux canaux stéréophoniques 2.0 ou en multicanal 5.0. (par exemple, à l'aide de procédés tels que VoiCode de la société Swissaudec).

*Schémas de l'évolution de l'implantation des haut-parleurs en cabine de prise de son,
de la monophonie au multicanal 5.1.*

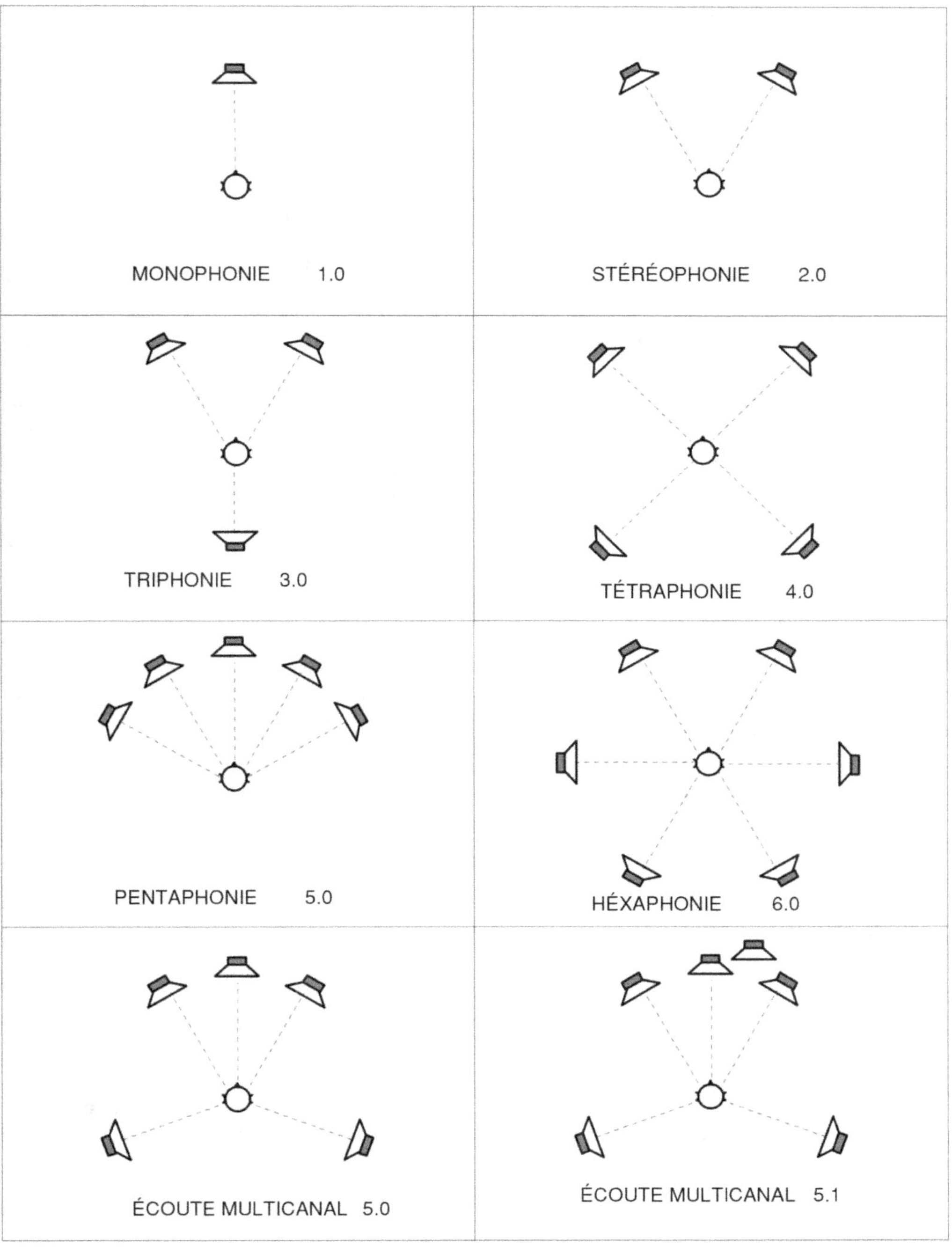

1. Écoute 5.1 en cabine de prise de son

Radio, télévision, disque, cinéma, multimédia

Dès 1994, l'Union internationale des télécommunications (UIT), dans sa recommandation UIT-R BS.775-1, définit ainsi le système de diffusion 3/2 à cinq canaux discrets entourant l'auditeur :

- 5 haut-parleurs pleine bande passante 20 Hz à 20 kHz ;
- et, si souhaité, un haut-parleur LFE de renforcement des fréquences graves.

En termes d'échange de bandes et de fichiers, il a adopté la numérotation des canaux décrite dans le tableau suivant.

Terminologie des canaux et abréviations adoptées.

Voie	Français	Abréviations adoptées	Anglais	Allemand	Abréviations anglaises et allemandes	Numéro des canaux
Gauche avant	G	L	Front left	Links	L	1
Droite avant	D	R	Front right	Recht	R	2
Centre avant	C	C	Center	Center	C	3
Gauche arrière	Gar	Ls	Left Surround	Links surround	Ls	5
Droite arrière	Dar	Rs	Right surround	Recht surround	Rs	6

Note : sur un enregistrement 8 pistes, le canal 4 est réservé au LFE ; les canaux 7 et 8 sont réservés à la version stéréophonique.

Les cinq enceintes acoustiques sont de préférence de même type et de même qualité, afin d'obtenir une certaine homogénéité. Elles sont disposées sur un cercle imaginaire entourant l'auditeur :

- 2 haut-parleurs (L et R), selon l'emplacement qui est préconisé pour l'écoute stéréophonique ;
- 1 haut-parleur central (C) ;
- 2 haut-parleurs *surround*, Ls et Rs ;
- 1 haut-parleur LFE, souvent placé entre le haut-parleur central et celui de droite, avec une fréquence de coupure généralement de 80 Hz ou 100 Hz.

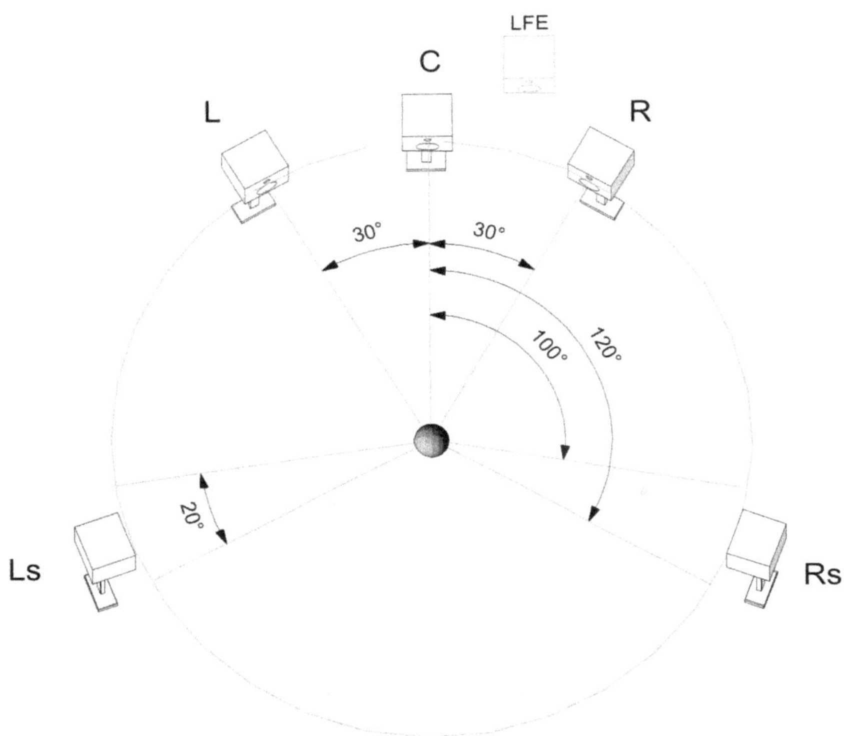

Figure 12.2 – *Disposition d'écoute selon la recommandation UIT-R BS.775-1.*

En exploitation, le niveau d'écoute global conseillé est de 85 dBA à partir d'une source de bruit rose produite à un niveau de -18 dBfs, correspondant à 79 dBA par enceinte.

La figure 12.3 concrétise les recommandations UIT-R BS.775-1 :

- quant à l'emplacement, l'orientation et la hauteur des enceintes acoustiques frontales ;
- quant à l'emplacement, l'orientation, la hauteur *et* l'inclinaison des enceintes acoustiques *surround*.

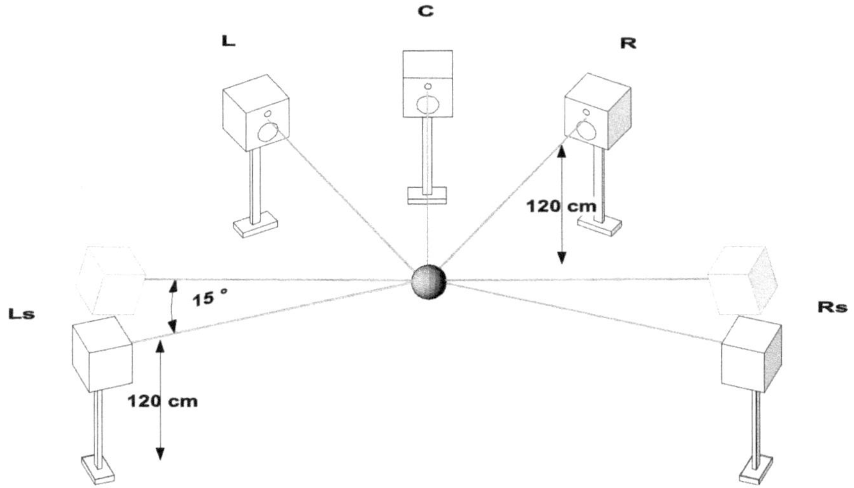

Figure 12.3 – *Disposition d'écoute en hauteur selon la recommandation UIT-R BS.775-1.*

Cette disposition est largement adoptée aussi bien dans les régies de production au format HDTV que dans les régies de production aux formats DVD et Blu-ray. Elle l'est également dans des régies de production de petits cars de reportage, mais en tenant compte des dimensions de la cabine. En particulier, les enceintes acoustiques *surround* sont souvent remplacées par des modèles de plus petites dimensions. La tendance est même de proposer une alternative : une écoute de contrôle multicanal au casque.

Les faiblesses du système 5.1

Elles concernent :

- l'imprécision de la localisation latérale gauche et latérale droite : il est difficile de reproduire des sources fantômes avec deux enceintes situées latéralement et perçues principalement par une seule oreille ;
- l'imprécision de localisation arrière : à l'angle très important que forment les haut-parleurs (140°) s'ajoute la capacité restreinte de discrimination angulaire arrière ;
- l'absence de localisation en hauteur (recréation sonore uniquement en 2D) ;
- un manque de spatialisation aux fréquences basses : ces fréquences étant parfaitement localisables jusqu'à 50 Hz, un seul canal LFE réduit l'effet de spatialisation, d'où l'idée de disposer de deux LFE frontaux (5.2) afin de corriger ce défaut ;
- l'importance de la position de l'auditeur quant à la cohérence de restitution spatiale. Nous verrons qu'une écoute optimale ponctuelle *(sweet spot)* ou élargie *(sweet area)* dépendra du système de prise de son choisi.

2. Écoute 5.1 au casque

Ce mode de restitution binaural d'écoute au casque permet d'obtenir une localisation virtuelle des cinq enceintes par une intégration dans le circuit d'écoute des fonctions de transfert de l'oreille, nommées « HRTF » *(Head Related Transfert Fonction)*. Ces fonctions correspondent aux filtrages apportés par la morphologie de l'ensemble « tête-oreille-épaule » déjà évoqués au chapitre 4.

Selon ce procédé, les cinq canaux sont filtrés individuellement de manière à placer artificiellement les cinq sources sonores à l'extérieur de la tête – écoute extra-crânienne –, car chaque canal transite par une fonction de transfert appropriée.

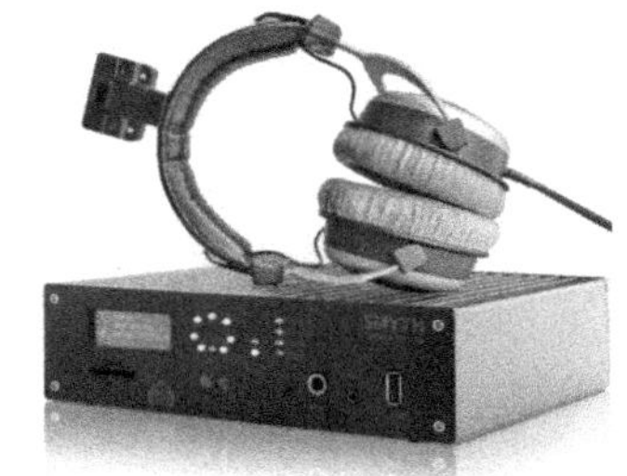

Figure 12.4 – *Système d'écoute au casque avec suiveur de tête (Smyth Realiser A8).*

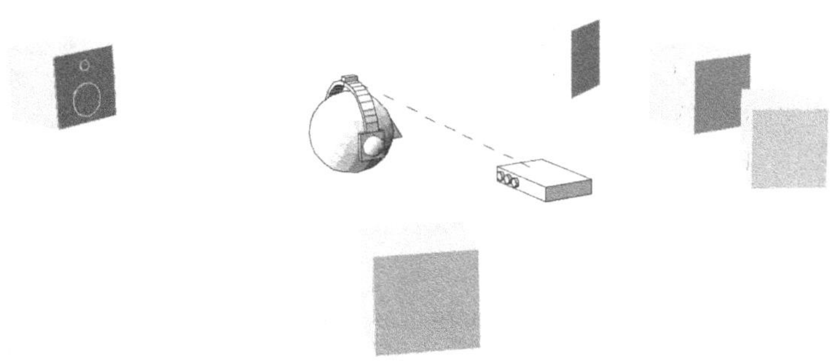

Figure 12.5 – *Écoute au casque et sa représentation par haut-parleurs virtuels.*

Comme le montre les figures 12.4 et 12.5, certains procédés ont recours à un mini-émetteur placé sur le casque *(head tracker)* qui permet à un processeur de compenser les mouvements rotatifs de la tête afin de toujours conserver la même orientation d'écoute.

Remarque : des applications identiques de spatialisation sont prévues en écoute binaurale adaptée au téléphone portable.

Comme imaginé par Harvey Fletcher en 1930, le principe de restitution WFS consiste à recréer des sources sonores fictives par une reconstitution du front d'ondes *(Wave Field Synthesis)*, à partir de rangées de haut-parleurs placées autour des auditeurs.

3. Écoute 5.1 *home theater*

Ce système est préconisé avec 5 haut-parleurs identiques + 1 *subwoofer* (pour le canal LFE). Le procédé consiste à placer le même dispositif que celui décrit précédemment mais en l'adaptant au lieu. En écoute domestique, les haut-parleurs frontaux et *surround* sont souvent différenciés sous forme de satellites de plus petites dimensions… et de moindre coût.

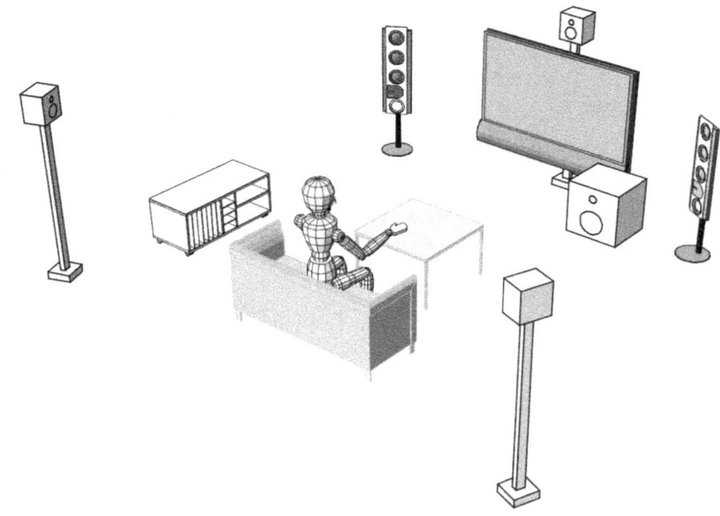

Fig. 12.6 – *Disposition d'écoute domestique.*

Il ne faut pas oublier que l'emplacement des haut-parleurs frontaux pose souvent des problèmes insolubles dans un appartement : positionner cinq haut-parleurs est très souvent difficile, voire impossible si l'on désire conserver une symétrie d'écoute. Heureusement, les enceintes acoustiques actuelles sont devenues plus petites, d'un design souvent sophistiqué et ont bénéficié de grandes avancées technologiques ; en particulier, le moteur des haut-parleurs est composé de nouveaux matériaux à haut rendement. Cela dit, restons vigilants : l'écoute multicanale apporte une spatialisation qui doit être en accord avec la qualité de reproduction sonore, et non à son détriment.

Remarque : un processeur développé par la société Trinnov, le Trinnov Optimizer, permet notamment de réajuster les emplacements décalés des haut-parleurs tout en corrigeant des erreurs de fréquences, de phases et de retards.

4. Écoute en salle de cinéma et de spectacle

Écoute 2D

Pour rappel, ces dispositions ont déjà été présentées à la fin du chapitre précédent.

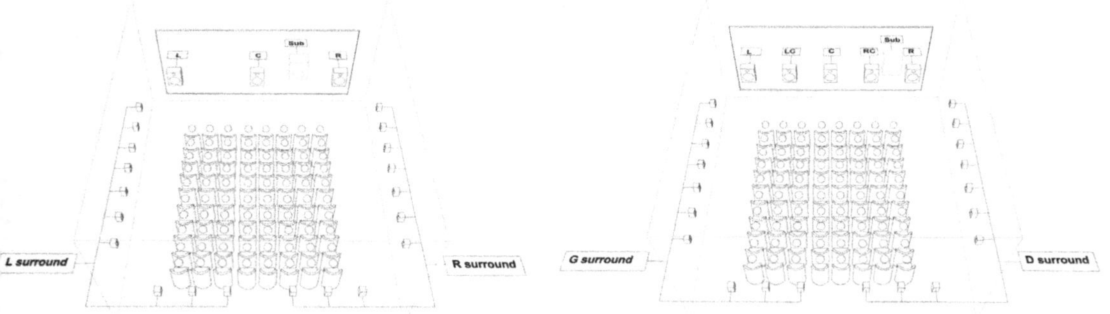

Figure 12.7 – *Agencement des enceintes acoustiques pour l'écoute 5.1.*

Figure 12.8 – *Agencement des enceintes acoustiques pour l'écoute 7.1.*

Dispositif Dolby surround 7.1

Par rapport au dispositif d'écoute 5.1, les haut-parleurs *surround* arrière gauche et arrière droit sont dissociés des haut-parleurs latéraux. Les haut-parleurs *surround* sont ainsi répartis en quatre groupes distincts.

Écoute 3D

Dispositif 9.1

Par rapport au système 7.1, deux haut-parleurs supplémentaires sont installés sur la gauche et la droite de la partie supérieure de l'écran. Il s'agit là de la première tentative de restitution sonore avec une notion de verticalité.

Dispositif Dolby Atmos

Par rapport au Dolby surround 7.1, le procédé de restitution introduit :

• deux haut-parleurs intermédiaires frontaux (entre le haut-parleur central et les haut-parleurs latéraux gauche et droite). Élément nouveau, les cinq haut-parleurs frontaux ainsi formés convergent vers un point situé aux deux tiers de la salle ;

- deux rangées de haut-parleurs supplémentaires latéraux gauche et droite complétant jusqu'à l'écran l'espace laissé vacant par l'écoute 5.1 et Dolby surround 7.1 ;
- deux rangées de haut-parleurs fixés au-dessus des spectateurs, à l'aplomb des haut-parleurs frontaux intermédiaires. Ils sont orientés vers l'axe central de la salle ;
- jusqu'à 64 haut-parleurs, groupés ou non, reliés individuellement à la sortie du processeur ;
- deux *subwoofers surround* stéréo (fréquence < 100 Hz) ajoutés à l'arrière de la salle. Ils fonctionnent en *bass management* des haut-parleurs latéraux, arrière et situés en partie haute.

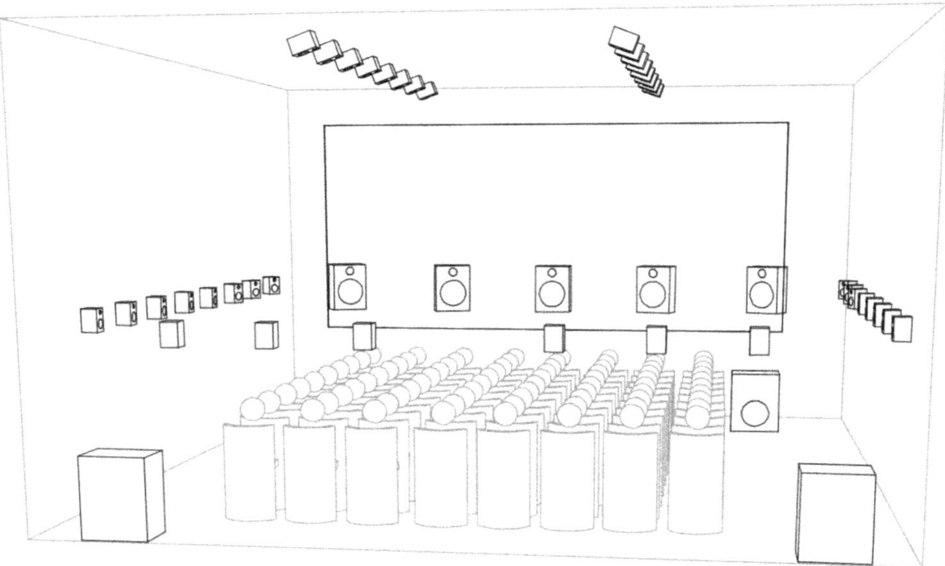

Figure 12.9 – *Agencement des enceintes acoustiques pour l'écoute Dolby Atmos.*

Le système Atmos est basé sur un mixage « intelligent » du son destiné à le rendre plus dynamique lors de sa restitution sonore, qui peut être adaptée aux différentes configurations des haut-parleurs de la salle. Il est constitué de sons séparés, dits « objets », décidés par le mixeur, qui permettent une meilleure répartition spatiale.

Le mixage Atmos proprement dit comporte jusqu'à 128 « objets » simultanés pré-affectés dans l'espace qui, en sortie de processeur, peuvent alimenter jusqu'à 64 haut-parleurs groupés ou non, selon la configuration de la salle. Ainsi, connaissant la disposition spaciale des haut-parleurs et leur capacité de restitution en niveau, le processeur place chaque « objet » en respectant au plus près l'intention du mixeur. Si la capacité de l'installation ne coïncide pas avec la localisation souhaitée de l'objet, le processeur distribuera le son sur les haut-parleurs avoisinants. Tous les sons n'ayant pas besoin d'être déplacés dans l'espace, une bonne partie peut être regroupée de façon traditionnelle en « familles » *(Stems)*, qui sont en réalité des « objets » qui ne bougent pas *(Beds)*.

Pour nous résumer, le *Digital Cinema Package* (DCP), qui est la copie numérique d'exploitation Atmos destinée aux salles, comprendra donc toujours un mix de base 5.1 ou 7.1 sélectionné sur les seize canaux disponibles. Le mixage Atmos proprement dit est disponible sur les pistes auxiliaires *(Aux tracks)* au format de fichier sur .mxf.

Dispositif 22.2

Ce procédé expérimental de la radio télévision japonaise consiste à placer trois systèmes d'écoute superposés sur trois niveaux, dans le but d'obtenir et de favoriser une spatialisation sonore 3D. Elle est constituée de :

- 9 canaux en partie haute ;
- 10 canaux en partie moyenne, qui procurent le champ sonore prioritaire ;
- 3 canaux en partie basse ;
- 2 canaux *subwoofer*.

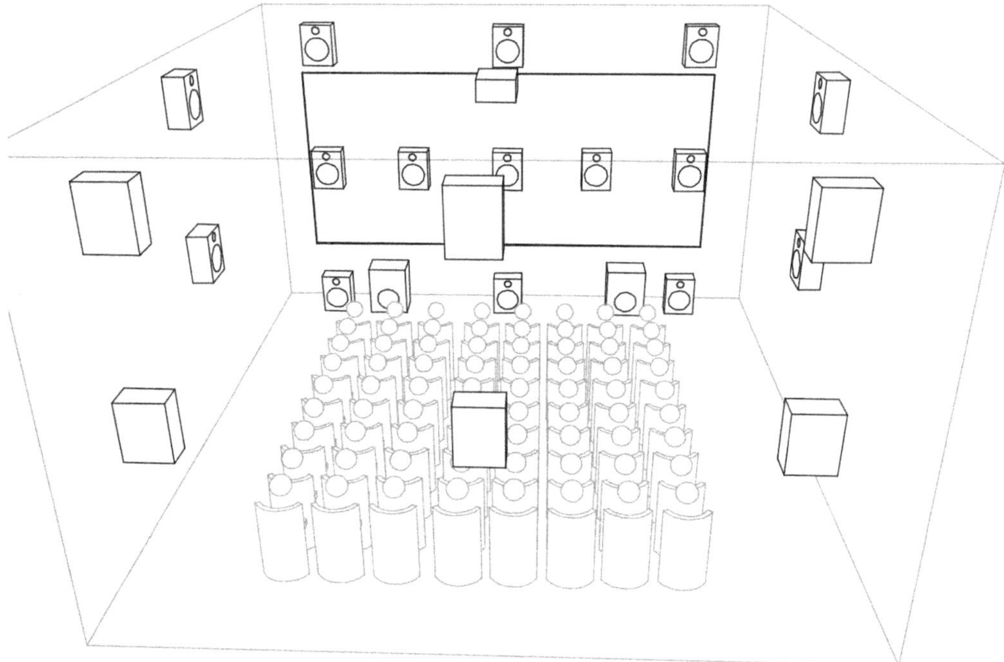

Figure 12.10 – *Agencement des enceintes acoustiques pour l'écoute 22.2.*

Ce procédé est destiné à des auditions collectives en auditorium. Il a été conçu pour présenter une compatibilité descendante *(downmixing)* 5.1.

Dispositif WFS

Le principe consiste à recréer dans la salle un front d'ondes à partir de quatre rangées de haut-parleurs situées autour des auditeurs, comme imaginé en 1930 par Harvey Fletcher (voir chapitre 1). Chaque rangée comprend un grand nombre de haut-parleurs placés sur les parois de la salle et espacés d'environ 30 cm.

Selon ce procédé, la localisation des sources sonores recréées est indépendante de la position de l'auditeur dans la salle. Autre avantage, la source sonore reproduite peut être localisée en arrière-plan mais également devant les enceintes.

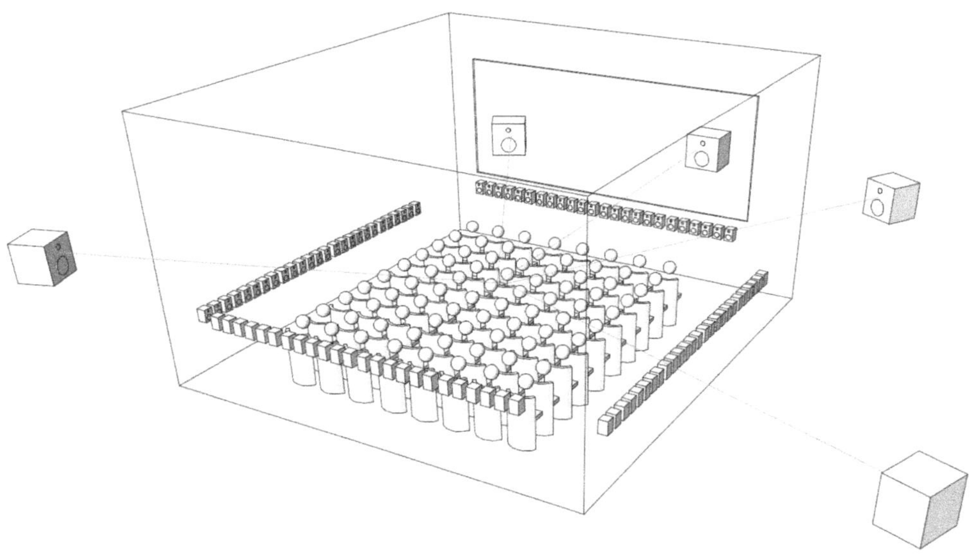

Figure 12.11 – *Agencement des enceintes acoustiques pour l'écoute WFS.*

La figure 12.11 montre une écoute cinématographique basée sur cinq haut-parleurs recréés de manière fictive grâce au système WFS. L'intérêt de cette approche est de reculer artificiellement les cinq haut-parleurs afin de placer l'auditoire au centre de l'écoute multicanale *(sweet spot)* ; chacun peut ainsi disposer d'une localisation identique des sources sonores, indépendamment de son emplacement dans la salle. Ce système montre encore des faiblesses concernant le rendu des basses fréquences et doit être complété de *subwoofers.*

Chapitre 13

Les systèmes
de prise de son multicanal

Restituer l'espace sonore d'origine est une ambition qui remonte aux débuts de l'audio. Dans les années 1980, à l'Université de Delft, A. Berkout propose de reconstruire le champ acoustique d'origine dans un espace étendu, libérant l'auditeur de la contrainte de se tenir en un seul point de référence, WFS *(Wave Field Synthesis)*, et l'holophonie, alors qu'avec l'ambiophonie (ou ambisonie), Michael Gerson vise cette reconstruction dans un espace ayant pour référence la tête de l'auditeur.

Ces recherches de modélisation physique par des calculs mathématiques complexes continuent de donner lieu à des rendus et des qualités sonores encore très inégaux. Ceci explique le foisonnement d'autres méthodes d'évaluation, d'autres expériences, d'autres essais par différents constructeurs et ingénieurs du son, laboratoires de recherche, fabricants de microphones, etc., pour répondre aux normes de cette nouvelle écoute, le 5.1.

L'écoute multicanale est source de création artistique. Il ne faut pas oublier que le 5.1 provient du cinéma et que de nombreuses prises de son privilégient la créativité, le spectaculaire du son, la localisation, le déplacement, les effets de toutes sortes, les bruitages…

Cependant, depuis les années 1990, de nombreux systèmes de prise de son multicanal ont été développés dans le but de créer chez l'auditeur un effet d'immersion, de réalisme, lui donnant la sensation d'être placé à l'intérieur du champ sonore en milieu ouvert ou dans une salle, voire à l'emplacement du chef d'orchestre ou dans l'orchestre. Mais au contraire de la prise de son stéréophonique, il n'y a pas aujourd'hui de standard, de systèmes qui s'imposent particulièrement. Comme nous le verrons, le preneur de son utilise une large palette de dispositions microphoniques, ce qui rend une fois de plus, la profession si passionnante.

Après avoir averti le lecteur que la prise de son multicanal n'est pas une simple extension d'une prise de son stéréophonique à des microphones d'ambiance, nous allons maintenant découvrir, pas à pas, ces différents systèmes microphoniques que nous avons classés en sept catégories.

1. Systèmes à cinq microphones groupés moyennement espacés.

2. Systèmes à quatre microphones groupés, dédiés aux ambiances.

3. Systèmes à microphones très espacés.

4. Systèmes à capsules groupées coïncidentes.

5. Systèmes « ambisonic ».

6. Systèmes reposant sur la perception transaurale.

7. Systèmes multimicrophoniques.

Ils peuvent être appréciés selon les mêmes critères d'évaluation qu'en prise de son stéréophonique – intensité et dynamique, localisation en profondeur, localisation latérale, clarté –, auxquels nous ajoutons :
• l'enveloppement, l'immersion sonore ;
• la localisation verticale en écoute 3D.

Nos lecteurs auront remarqué dans cet ouvrage de nombreux termes anglo-saxons. Ils se sont imposés – internationalement depuis quelques années – par leur simplicité et leur concision. Nous les avions donc aussi adoptés, au chapitre 7, pour expliquer les fonctions et leurs abréviations figurant sur les écrans d'ordinateur ou/et gravées sur les consoles de prise de son. Nous avions de même découvert au chapitre 12 les abréviations anglaises adoptées pour situer les emplacements (fixes) des enceintes acoustiques. Dans ce chapitre 13, en revanche, les abréviations et les emplacements des microphones sont en français. En effet, lors de séances de répétitions, il est nécessaire de déplacer les microphones, et il nous semblerait curieux de les nommer en anglais entre collègues francophones !

1. Systèmes à cinq microphones moyennement espacés, jusqu'à 100 cm, sans matriçage

Principe de base

Ce principe est le plus simple à mettre en œuvre pour s'initier à la prise de son multicanal. Il fait appel à cinq microphones de directivité cardioïde, enregistrés sur cinq pistes indépendantes qui alimentent donc cinq haut-parleurs (fig. 13.1) :

- deux microphones gauche et droit, G ← → D, placés généralement face à la source sonore principale ;
- un microphone central, C, pour stabiliser l'image frontale indépendamment de la position d'écoute ;
- deux microphones gauche arrière et droit arrière, G_{ar} ← → D_{ar}, chargés de recueillir des informations complémentaires, nécessaires à l'enveloppement sonore souhaité : les premières réflexions, la réverbération, les sources sonores supplémentaires.

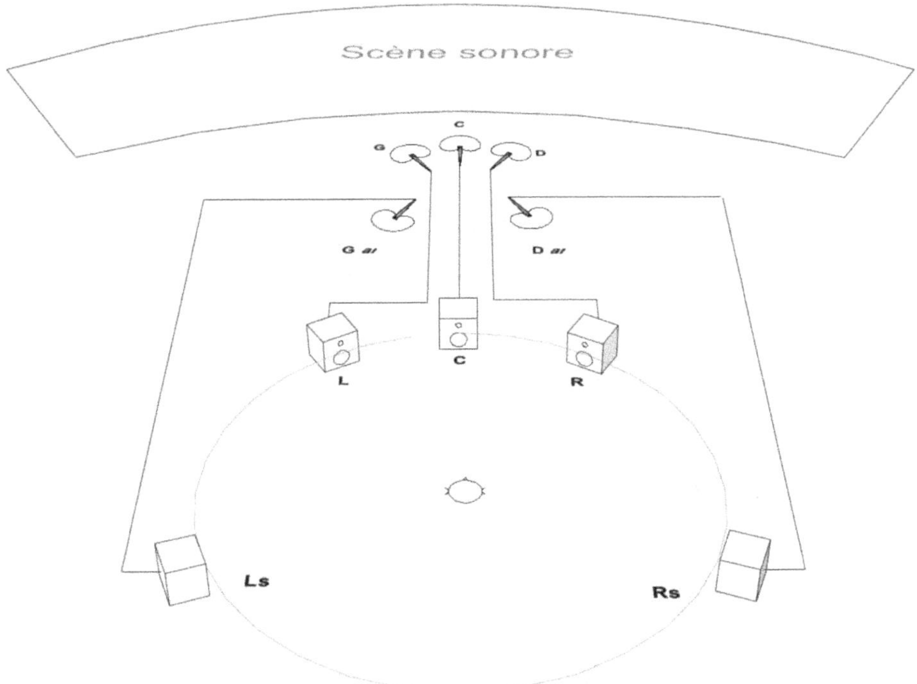

Figure 13.1 – *Principe de base de la prise de son en écoute 5.0.*

Nous recommandons à nos lecteurs débutants ce genre de prise de son, car elle fait appel à un matériel simple, à disposition dans tous les studios d'enregistrement. Elle requiert beaucoup de patience et d'intuition. Il faut faire de nombreuses expériences, de nombreuses écoutes critiques et surtout ne pas oublier d'en noter les résultats.

L'installation des microphones et surtout de leur support peut constituer une réelle difficulté :

- trouver le meilleur compromis pour l'emplacement souhaité ;
- trouver le(s) support(s) des microphones.

Certains systèmes sont commercialisés avec leurs dispositifs de fixation, d'autres proposent des valises sous forme de kits. On peut y trouver des fixations, des barres de différentes longueurs à l'intérieur desquelles peuvent courir les câbles ainsi qu'une panoplie d'accessoires : un lecteur d'angles, un mètre ruban, etc. On peut également ment imaginer, à peu de frais, transformer en supports microphoniques des barres d'anciennes antennes ou, mieux, des profilés en aluminium que l'on trouve dans les magasins de bricolage.

Système MMAD

Le système MMAD *(Multichannel Microphone Array Design)* a été développé par Mike Williams et Guillaume Ledu dans les années 2000.

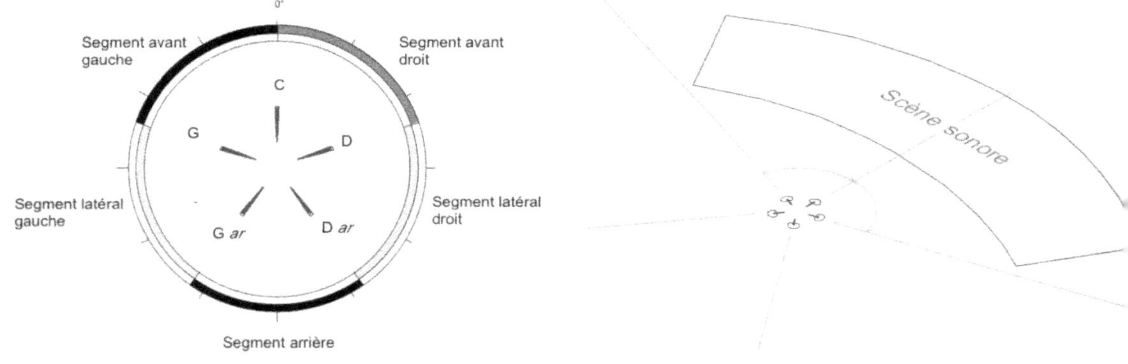

Figure 13.2 – *MMAD.*   Figure 13.3 – *Exemple de mise en situation.*

Il comprend cinq microphones, de directivité identique, cardioïde, hypocardioïde, supercardioide ou omnidirectionnelle. Le but est de reproduire aussi naturellement que possible les dimensions naturelles de la source sonore et de son environnement acoustique captés à 360°.

Pratiquement, l'approche consiste à diviser la zone d'enregistrement en cinq segments angulaires ou secteurs adjacents. Les cinq microphones forment cinq couples microphoniques qui déterminent à leur tour cinq angles utiles de prise de son liés à la position des enceintes.

D'un point de vue pratique, la position des microphones est déterminée en trois étapes qui permettent de capter successivement :

- les segments frontaux,
- le segment arrière,
- les segments latéraux,

en prenant soin d'éviter tout chevauchement des angles utiles de prise de son.

Les segments frontaux

Tout comme en prise de son stéréophonique, l'angle utile de prise de son frontale – l'angle sous lequel est vue la source sonore par le triplet – est divisé en deux segments frontaux angulaires. Ces deux segments définissent, selon des tableaux fournis par les auteurs, les positions du triplet microphonique.

Les valeurs des demi-segments frontaux sont les suivantes :

- microphones cardioïdes : ±50° à ±90° ;
- microphones hypocardioïdes : ±50° à ±100° ;
- microphones supercardioïdes : ±60° à ±100° ;
- microphones omnidirectionnels : ±30° à ±70°.

Le segment arrière

L'angle utile de prise de son correspondant au segment arrière permet également de définir le positionnement microphonique des deux microphones arrière. Les valeurs d'angle proposées se situent entre 30° et 90°.

Les segments latéraux

La distance entre microphones frontaux et arrière est déterminée par les segments latéraux restants, définis selon les tableaux, en prenant soin d'éviter tout chevauchement angulaire entre les zones avant et arrière. Cette précaution peut être obtenue par un ajustement correct des microphones ou par l'introduction d'un retard électronique entre le triplet frontal et le couple arrière.

Les possibilités de positionnement microphonique sont donc extrêmement nombreuses : 222 avec la seule directivité cardioïde ! Il revient à l'ingénieur du son de réaliser ses choix d'agencement microphonique selon ses critères habituels de prise de son : largeur de la source sonore, rapport son direct/son réverbéré, clarté.

Les exemples suivants montrent des configurations pour des directivités cardioïdes, basées sur des demi-segments frontaux différents (fig. 13.4 et 13.5) ou identiques (fig. 13.6 et 13.7). Un même raisonnement s'applique pour les microphones arrière.

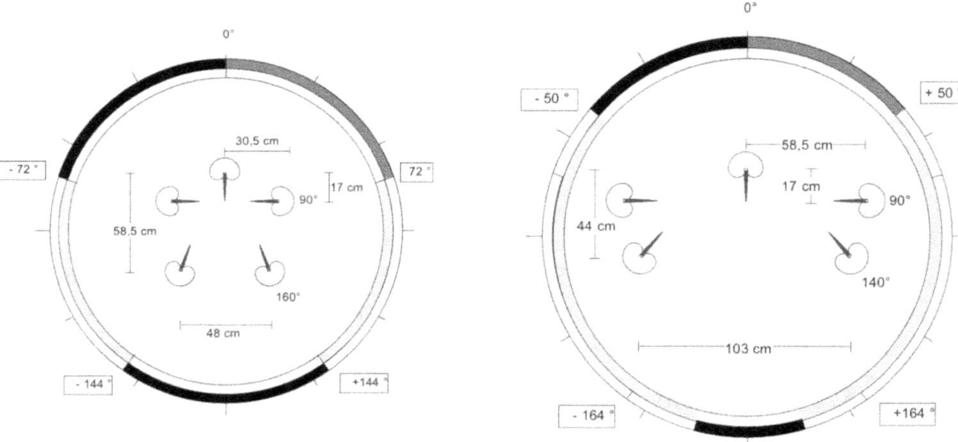

Figure 13.4 – *Demi-segments frontaux ±72°.*   Figure 13.5 – *Demi-segments frontaux ±50°.*

La réduction de ±72° à ±50° des deux demi-segments frontaux est obtenue par augmentation de l'espacement entre les capsules latérales du triplet qui passe de 30,5 cm à 58,5 cm pour un angle identique entre les capsules (90°).

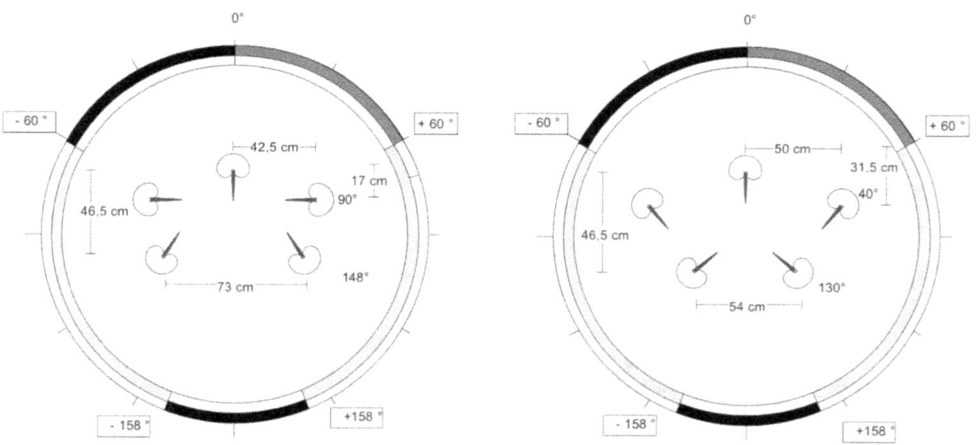

Figure 13.6 – *Demi-segments frontaux ±60°.*   Figure 13.7 – *Demi-segments frontaux ±60°.*

Les mêmes demi-segments frontaux sont obtenus :
- par un espacement réduit (42,5 cm) et un angle plus grand (90°) des capsules latérales du triplet ;
- par un espacement plus grand (50 cm) et un angle plus petit (40°).

Les quatre exemples suivants montrent des configurations en étoile basées sur cinq angles microphoniques et cinq segments identiques 5 × 72° (360°), mais selon des directivités décroissantes.

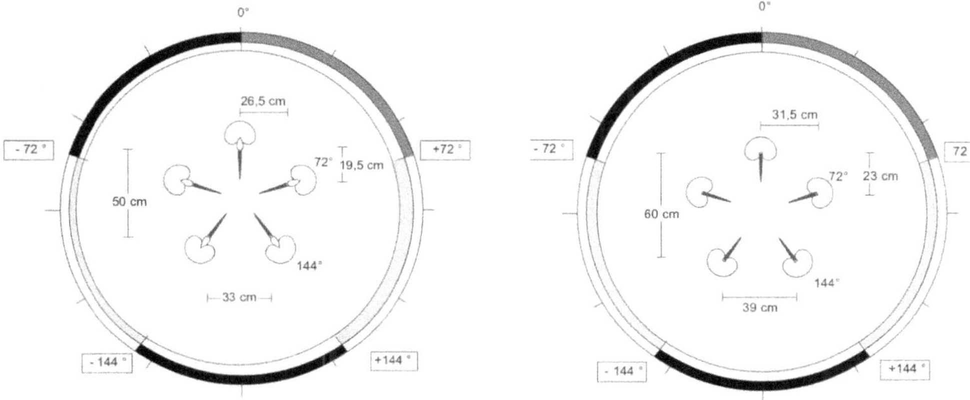

Figure 13.8 – *Directivité supercardioïde.* Figure 13.9 – *Directivité cardioïde.*

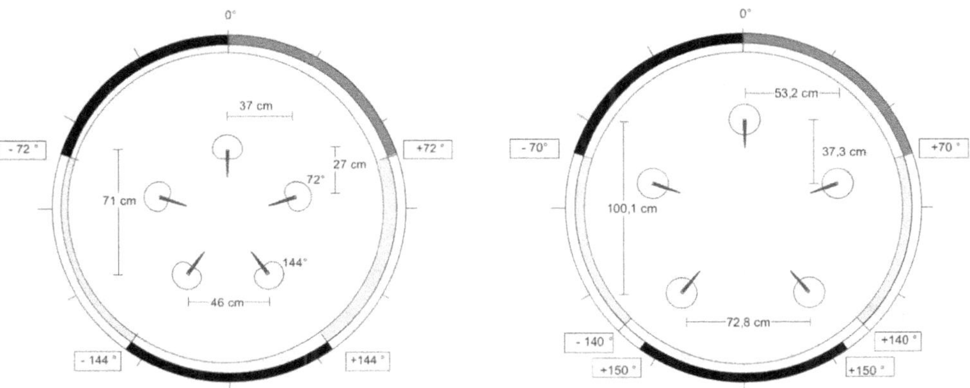

Figure 13.10 – *Directivité hypocardioïde.* Figure 13.11 – *Directivité omnidirectionnelle.*

La même valeur de 72° des cinq segments est conservée par une augmentation de l'écartement (33 cm, 39 cm, 46 cm, 72 cm) des capsules afin de compenser la diminution des différences d'intensité.

À noter que le système MMAD peut être complété par un procédé d'ambiance type croix IRT (voir section 2, « Systèmes à quatre microphones groupés dédiés aux ambiances, sans matriçage »).

Système OCT surround 3.2

Il s'agit du système OCT *(Optimized Cardioid Triangle)* complété de deux microphones arrière, développé par Günther Theile et Helmut Witteck à l'IRT *(Institut für Rundfunk Technik)*.

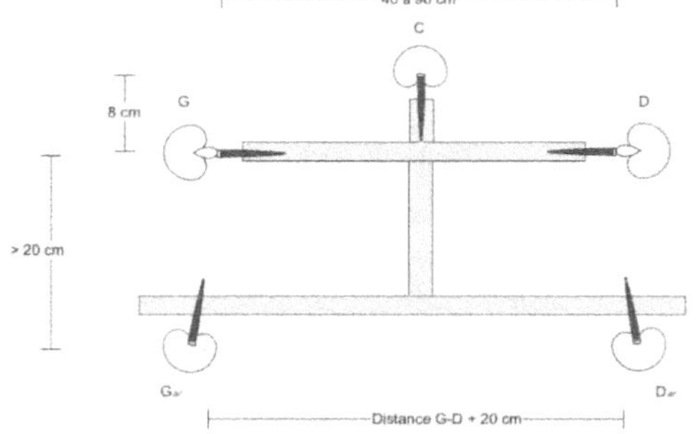

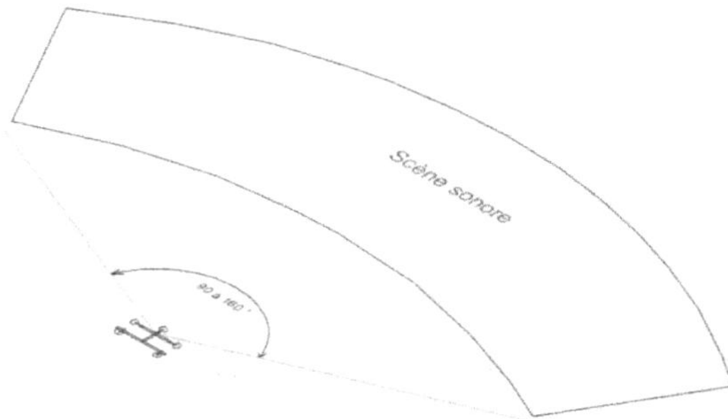

Figure 13.12 – *OCT surround 3.2.*   Figure 13.13 – *Exemple de mise en situation.*

Ce système comprend cinq microphones :

- deux frontaux, G ← → D, hypercardioïdes, espacés de 40 à 90 cm selon l'angle utile de prise de son souhaité ;
- un central, C, cardioïde, en avant de 8 cm ;
- deux arrière, G_{ar} ← → D_{ar}, cardioïdes, espacés de plus de 20 cm par rapport aux microphones frontaux.

Les auteurs donnent les valeurs suivantes, comme en prise de son stéréophonique, d'angle utile de prise de son pour différents écartements des microphones hypercardioïdes.

Angles utiles de prise de son pour différentes distances microphoniques.

Distance entre les deux capsules hypercardioïdes	Angle de prise de son
40 cm	160°
50 cm	140°
60 cm	120°
70 cm	110°
80 cm	100°
90 cm	90°

À noter :

- le microphone central C peut être déplacé de 8 à 40 cm afin d'avancer le signal d'une milliseconde et de jouer sur l'effet d'antériorité ;
- on peut remplacer le microphone C et/ou les microphones $G_{ar} \leftarrow \rightarrow D_{ar}$ par deux capsules omnidirectionnelles afin d'optimiser et de renforcer les basses fréquences.

Système INA 5

Le système INA 5 (*Ideale Nieren Anordnung*, disposition cardioïde idéale en français) a été développé par Ulf Herrmann et Volker Henkels-Düsseldorf à partir du système frontal INA 3 à trois microphones complété de deux microphones arrière.

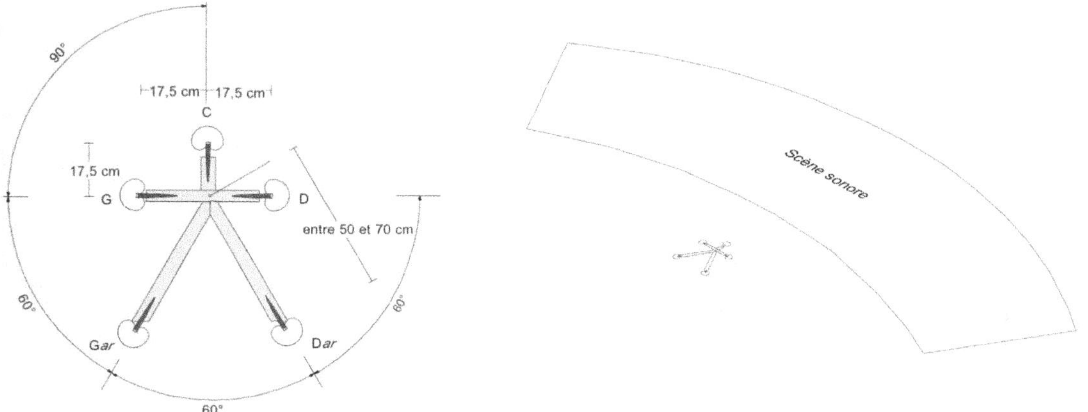

Figure 13.14 – *INA 5.*

Figure 13.15 – *Exemple de mise en situation.*

Il comprend cinq microphones cardioïdes :

- deux frontaux, G $\leftarrow \rightarrow$ D, espacés de 35 cm ;
- un central, C, avancé de 17,5 cm ;
- deux arrière, $G_{ar} \leftarrow \rightarrow D_{ar}$, pour lesquels les distances sont variables de 50 et 70 cm.

Ils peuvent être considérés comme formant cinq couples stéréophoniques :

$$G \leftarrow \rightarrow C \; ; \; C \leftarrow \rightarrow D \; ; \; D \leftarrow \rightarrow D_{ar} \; ; \; G \leftarrow \rightarrow G_{ar} \; ; \; G_{ar} \leftarrow \rightarrow D_{ar}.$$

Le triplet microphonique frontal permet d'obtenir deux demi-angles utiles de prise de son, et les microphones d'obtenir un angle utile arrière de prise de son variable.

Le système INA 5 a été commercialisé par Dirk Brauner selon une construction qui permet d'ajuster en longueur les bras arrière et d'orienter les capsules à ± 45°.

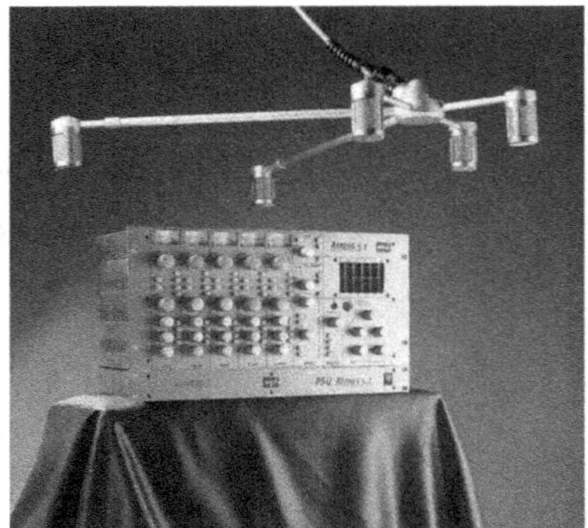

Figure 13.16 – *ASM-5 ATMOS.*

Cet ensemble peut être complété d'un processeur pour constituer le système ASM-5 ATMOS *(Adjustable Surround Microphone)* dédié à l'enregistrement, au mixage et au mastering. Il permet notamment de modifier individuellement les directivités des capsules (omnidirectionnelle ou bidirectionnelle) et d'orienter chaque canal à l'aide de potentiomètres individuels avant-arrière.

Système WCSA, une variante

Le système WCSA *(Wide Cardioïde Surround Array)* est proposé par Mikkel Nymand de la société danoise DPA Microphones.

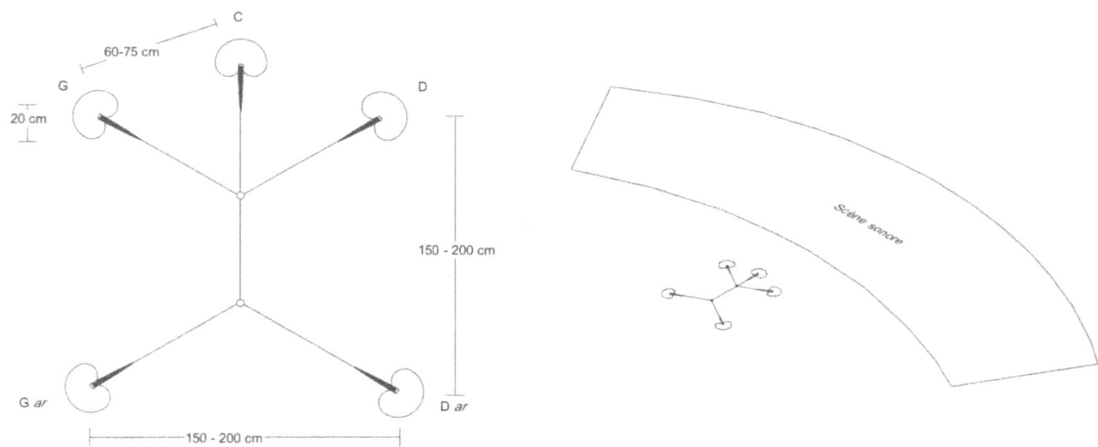

Figure 13.17 – *WCSA.*   Figure 13.18 – *Exemple de mise en situation.*

Il est composé de cinq microphones cardioïdes disposés comme suit :

- G ← → C, C ← → D : 60 à 75 cm ;
- C en avant de 20 cm ;
- G_{ar} ← → D_{ar} : 150 à 200 cm ;
- avant-arrière : 150 à 200 cm.

Ce système est une variante qui tient compte des caractéristiques des microphones spécifiques produits par la société DPA Microphones.

Système DPA 5100

Cette conception « compacte » a été développée par la société danoise DPA Microphones. Elle comprend cinq capsules omnidirectionnelles intégrées dans un boîtier en forme de selle de vélo :

- trois capsules frontales, proches les unes des autres (amélioration de la localisation, de la cohérence en fréquence et diminution des effets de filtre en peigne) ;
- deux capsules arrière, distantes de 18,5 cm (introduction de différences temporelles qui favorisent la sensation d'enveloppement).

Figure 13.19 – *DPA 5100.*   Figure 13.20 – *DPA placé sur une caméra.*

Les capsules sont rendues directionnelles et dissociées les unes aux autres selon une technique de petits « tubes à interférence » accompagnés de « baffles » acoustiques. Le canal LFE (fréquence de coupure 120 Hz à 10 dB selon la spécification UIT) est obtenu à partir des capsules gauche et droite.

Ce dispositif relativement léger peut être placé sur une caméra ou fixé sur une perche. Il est approprié aux prises de son extérieures, car il n'est pas trop sensible aux conditions météorologiques difficiles.

Système H3D ou H2-PRO

Ce système a été développé par la société canadienne Rising Sun Productions. Nommé « holophone » par son constructeur, le procédé est constitué, comme le DPA 5100, de capsules omnidirectionnelles intégrées dans un boîtier, mais cette fois de forme elliptique de 18 cm sur 15 cm.

Figure 13.21 – *H2-PRO.*

Deux versions sont proposées selon le type de restitution sonore.

Système H3D adapté à l'écoute 5.1

Il est constitué de six capsules omnidirectionnelles permettant d'obtenir les six canaux du format 5.1 :

- trois capsules sur l'avant délivrent les voies G, C et D ;
- deux capsules sur l'arrière délivrent les voies G_{ar} et D_{ar} ;
- un micro spécial est dédié au canal LFE.

Système H2-PRO adapté à l'écoute 7.1

Il est constitué de huit capsules omnidirectionnelles permettant d'obtenir les huit canaux du format 7.1. Les capsules délivrent comme précédemment les voies G, C, D, G_{ar}, D_{ar} et LFE, ainsi que la voie Arrière Centre *(Center back)* et la voie Hauteur *(Top)*.

De par sa compacité, ce dispositif microphonique convient particulièrement aux environnements extérieurs. Sa légèreté permet son utilisation sur tout type de caméra ou fixé sur une perche.

Remarques générales d'exploitation

En captation

Les systèmes précédemment présentés :

- reposent sur la notion de demi-angle utile de prise de son frontale qui permet d'ajuster au mieux, comme en stéréophonie, l'emplacement du système microphonique par rapport à la source sonore ;
- sont généralement faciles à installer, capsules regroupées et réunies sur un seul support, mais leur emplacement optimal en hauteur et en distance est lié à l'acoustique du lieu.

Ils sont adaptés aux prises de son musicales et d'ambiance.

En restitution

- La zone optimale de l'écoute 5.1 est ramenée à une zone réduite appelée *sweet spot.*
- La décorrélation des signaux due au faible espacement des capsules améliore la restitution spatiale et la profondeur.
- Le faible espacement des microphones avant-arrière peut créer des erreurs d'azimut, d'indétermination, voire des repliements de sources sonores de l'arrière sur l'avant de certains registres d'un orchestre.
- L'espacement des capsules rend la compatibilité descendante délicate.

2. Systèmes à quatre microphones groupés, dédiés aux ambiances, sans matriçage

Ces dispositifs à quatre voies sont destinés à capter le champ sonore dans un milieu réverbérant (ambiances de salles ou d'atmosphère) ou non réverbérant (extérieur, stade, sons et bruits de la nature). Notons que les quatre voies aboutissent aux seuls canaux L, R, Ls et Rs.

Ces systèmes se suffisent à eux-mêmes mais, comme nous le verrons, ils peuvent être également utilisés en complément de dispositifs frontaux pour former un système complet de prise de son 5.1.

Système Croix IRT

La Croix IRT, développée à l'IRT, est également connue sous les appellations « Croix Theile » ou « Atmo cross ». Ce système est composé de quatre microphones cardioïdes formant un carré de 20 à 25 cm de côté. (Remarque : dans l'exemple d'ambiance de la figure 13.23, les bonnettes indispensables aux prises de son extérieures ne sont pas représentées.) Il est possible de remplacer les capsules directionnelles par des capsules omnidirectionnelles pour améliorer les basses fréquences mais avec une restitution spatiale moins précise.

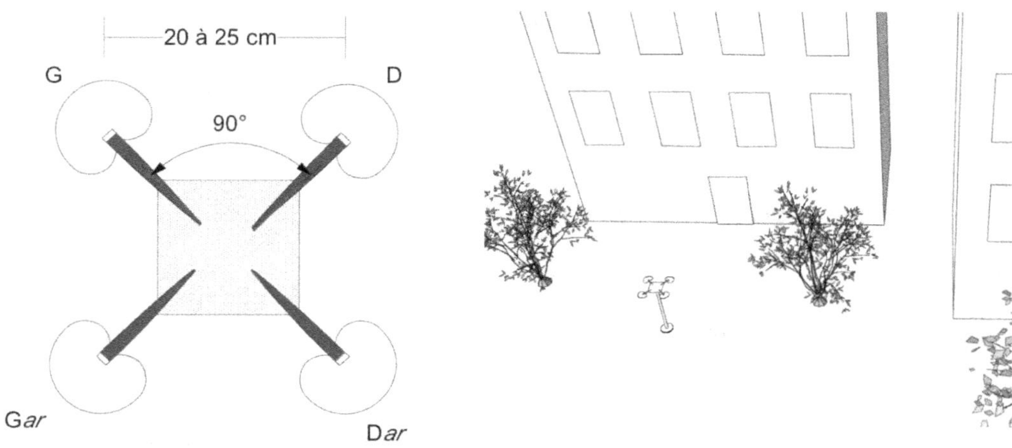

Figure 13.22 – *Croix IRT.* Figure 13.23 – *Exemple de mise en situation.*

Nous décrirons plus loin, dans la section relative au système Decca Tree de la NHK, une autre forme de captation d'ambiance : le carré « Hamasaki Square », qui comprend quatre microphones bidirectionnels très espacés.

Système double AB

Le double AB a été développé à Radio France. Il est composé de quatre microphones cardioïdes formant deux couples ORTF placés dos à dos. Les capsules sont donc distantes de 17 cm. Dans le cas de l'exemple de la figure 13.25, l'emplacement idéal des microphones est toujours délicat à négocier avec les organisateurs (gêne pour le public, chocs en tout genre, etc.).

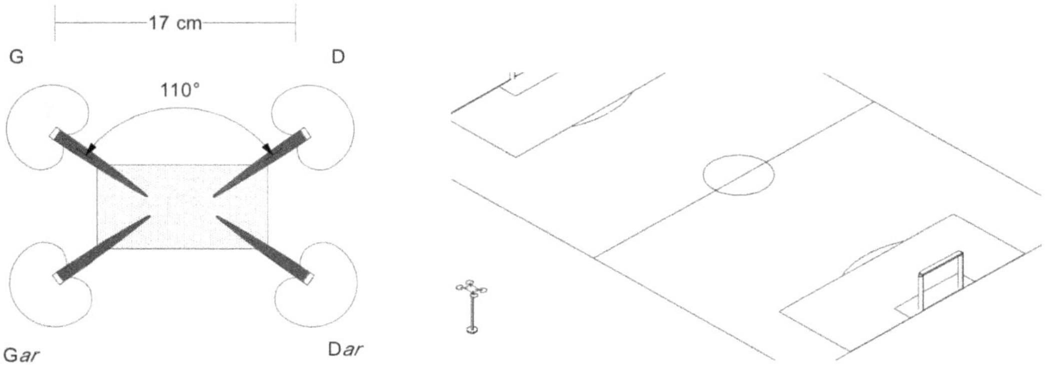

Figure 13.24 – *Double AB.*

Figure 13.25 – *Exemple de mise en situation.*

Variante

En prise de son de reportage et d'ambiance, Bernard Lagnel expérimente à Radio France une modification du système double AB, sous le nom « Odyssée ».

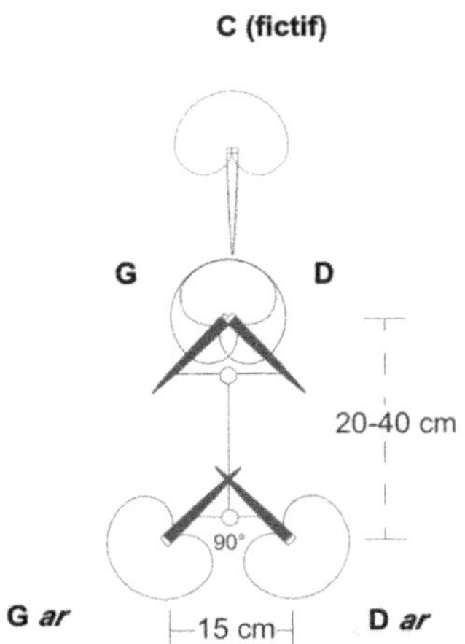

Figure 13.26 – *Système Odyssée.*

Le couple AB avant est remplacé par deux microphones montés en XY, en directivités cardioïdes, formant entre eux un angle variable compris entre 60° et 90°. Les deux microphones arrière restent identiques : un couple AB-ORTF ou, de manière plus optimale, deux capsules cardioïdes plus resserrées, distantes de 15 cm et formant un angle physique de 90°. La distance entre le couple frontal et le couple arrière est de 20 à 40 cm. À noter que le canal C fictif est obtenu par addition des deux canaux X et Y auxquels on soustrait 6 dB. Les deux couples XY et AB sont retardés de 0,7 ms par rapport au micro fictif.

Il s'agit là d'un système facile à installer sur une perche et adapté à un enregistreur de reportage quatre pistes déjà équipé d'un XY.

Remarques générales d'exploitation

En captation

Les systèmes précédemment présentés :

- reposent sur la notion d'angle utile de prise de son frontale qui permet d'ajuster au mieux l'emplacement du système microphonique par rapport à la source sonore ;
- sont adaptés aux prises de son d'ambiance.

Les microphones peuvent être fixés sur une perche et être facilement déplacés pour suivre, par exemple, des comédiens lors d'un tournage.

En restitution

- Les dispositifs reposant sur quatre microphones, le haut-parleur central n'est pas alimenté.
- La décorrélation des signaux due à l'espacement des capsules améliore la restitution spatiale et la profondeur. Ces systèmes sont donc adaptés à des rendus réalistes d'ambiance.
- L'espacement des capsules rend la compatibilité descendante délicate.
- La symétrie identique avant-arrière des capsules est contradictoire avec la configuration asymétrique de l'écoute.

À noter que ces remarques « En restitution » ne s'appliquent pas au système Odyssée.

3. Systèmes à microphones très espacés, de plus de 100 cm, sans matriçage

Il est intéressant de décrire l'origine des systèmes présentés ci-après, qui utilisent une disposition basique de trois microphones très espacés, disposés en triangle. Dans les années 1950, les ingénieurs du label londonien Decca Record Company réalisaient leurs prises de son stéréophoniques de musique symphonique en plaçant trois microphones omnidirectionnels dans un triangle :

- deux microphones G ← → D espacés de 2 m environ ;

- un microphone C légèrement plus proche des sources sonores et réparti sur les voies gauche et droite créant, par effet d'antériorité, une meilleure stabilité de l'image stéréophonique reproduite.

Pour la petite histoire, c'est en 1954 que Roy Wallace, en cherchant à reproduire un espace sonore très large, fixa aux extrémités d'un important support métallique deux microphones M49 de Neumann et un troisième microphone centre-avant. Quand Arthur Haddy vit cet arrangement il s'écria : *It looks like a bloody Christmas Tree !* (« Cela ressemble à un sacré arbre de Noël ! »). Cette expression fit mouche et c'est ainsi que vit le jour le Decca Tree, l'arbre Decca.

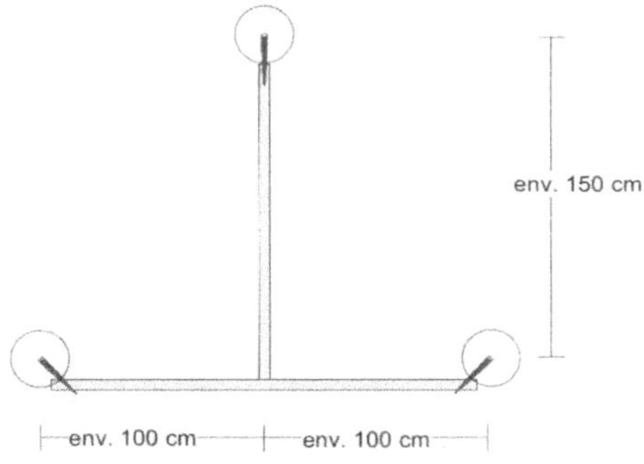

Figure 13.27 – *Arbre Decca.*

Curieusement, le Decca tree prit le nom de « tripoint » (*tree* est devenu trois) à Genève, au Victoria Hall, où Decca enregistra des centaines d'œuvres avec Ernest Ansermet et l'Orchestre de la Suisse Romande en stéréophonie, alors que nous diffusions les mêmes œuvres en monophonie mais en direct sur les antennes de la Radio Romande ! C'est pourquoi nous avons choisi le terme « tripoint » au chapitre 9, page 188.

Sous les noms de « triangle Decca », d'« arbre Decca » ou encore de « tripoint Decca », ce système basique de prise de son frontale va être repris par de nombreux preneurs de son ; il sera doté d'un certain nombre de microphones pour former des systèmes multicanaux. Notons que ces dispositifs recherchaient avant tout l'optimisation de la scène sonore frontale et de l'ambiance spécifique de la salle (réflexions, réverbérations, public).

Decca Tree

Cette disposition a été développée par la NHK. Au système de prise de son frontale Decca Tree, on ajoute un système d'ambiance à quatre microphones largement espacés, pour obtenir le système « Hamasaki Square ».

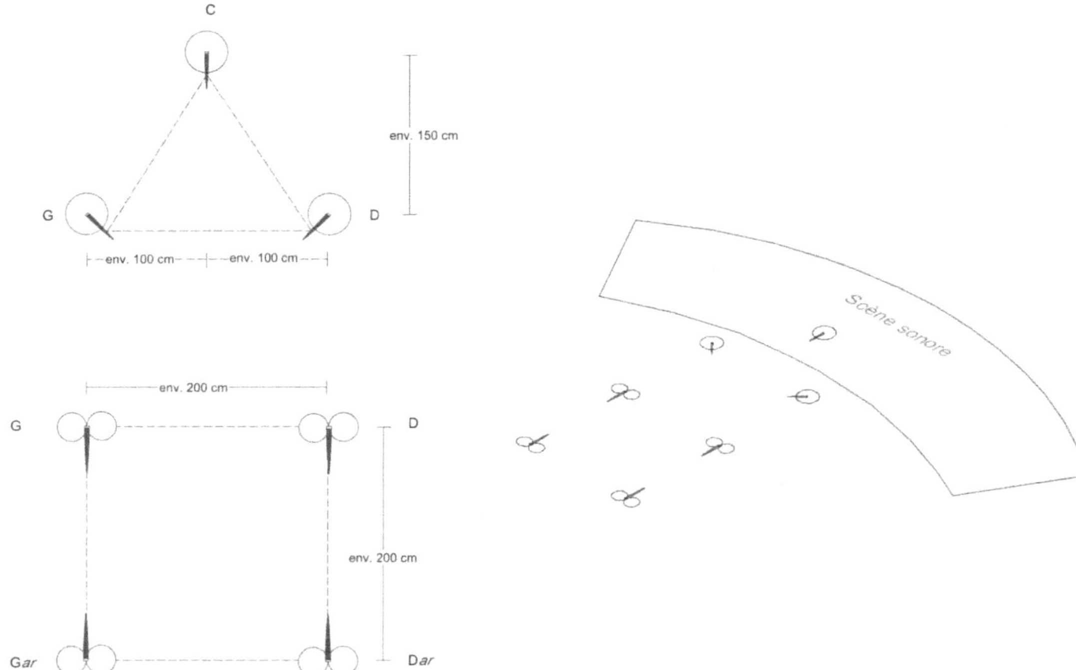

Figure 13.28 – *Arbre Decca avec Hamasaki Square.*   Figure 13.29 – *Exemple de mise en situation.*

Elle se compose de sept microphones :

- trois microphones omnidirectionnels G ← C → D qui forment le système principal ;
- quatre microphones bidirectionnels, capsules groupées pointées latéralement pour limiter les sons directs et favoriser les réflexions sonores.

Le système Hamasaki Square a été imaginé par Kimio Hamasaki à la NHK. Il est dédié à la captation d'ambiance. Cette disposition présente l'avantage de pouvoir optimiser de manière indépendante les sources sonores frontales et l'acoustique du lieu. En troisième approche, il est suggéré d'ajouter une réverbération multicanale globale.

Système JML Tree

Ce système a été développé au Conservatoire national supérieur de musique et de danse de Paris par Jean-Marc Lyzwa. Il s'agit d'un compromis entre les systèmes Decca Tree et MMAD. Il se compose de cinq microphones omnidirectionnels identiques :

- trois microphones omnidirectionnels G ← C → D ajustés sur le principe de la théorie des angles de prises de son entre les capsules adjacentes ;

• deux microphones omnidirectionnels G_{ar} ← → D_{ar}.

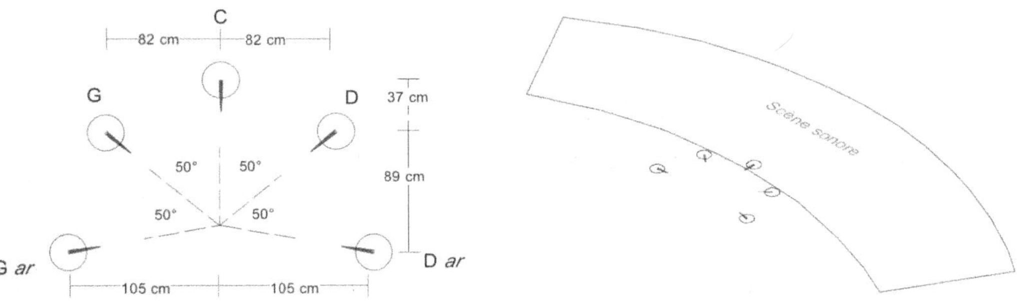

Figure 13.30 – *Arbre JML.*   Figure 13.31 – *Exemple de mise en situation.*

Il y a stricte correspondance angulaire entre le système de prise de son et le système de restitution sonore 5.1. L'auteur revendique la volonté de placer l'auditeur à la place du chef d'orchestre et le respect des œuvres écrites pour une réelle spatialisation instrumentale.

Fukada Tree

L'arbre Fukada a été imaginé heuristiquement à la NHK pour tenter de satisfaire les critères esthétiques de largeur apparente, de profondeur, de localisation, de transparence et d'impression spatiale.

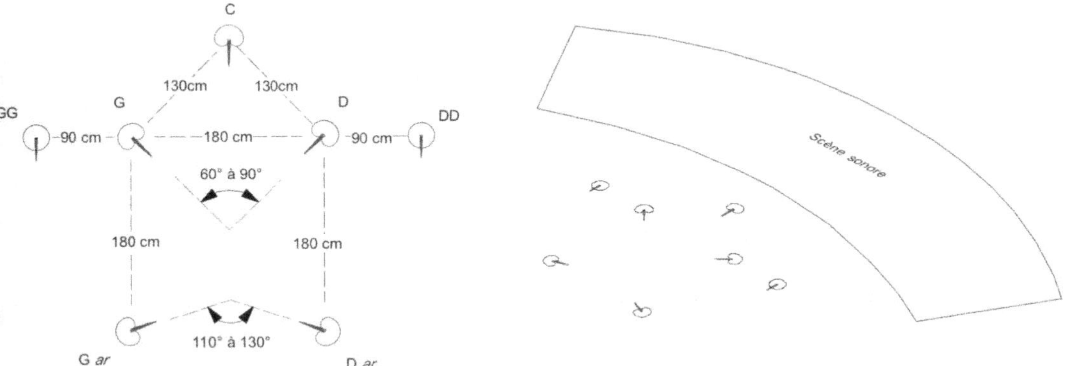

Figure 13.32 – *Arbre Fukada.*   Figure 13.33 – *Exemple de mise en situation.*

Il s'agit au départ d'un arbre Decca dont le format 3.0 est étendu au 5.1 par :

• deux capsules arrière cardioïdes G_{ar} ← → D_{ar} qui forment un carré avec les capsules G et D ;

- deux capsules omnidirectionelles GG et DD largement espacées pour renforcer les ailes et garantir des fréquences graves décorellées.

Écartements suggérés :

- entre G ← → C et C ← → D : 130 cm ;
- entre GG ← → G et D ← → DD : 90 cm ;
- entre les quatre microphones formant le carré : 120 à 180 cm.

Angles suggérés :

- G ← → D : 60 à 90° ;
- G_{ar} ← → D_{ar} : 110 et 130°.

Rampe microphonique avec microphones d'ambiance

Il s'agit d'une « rampe classique traditionnelle » à laquelle on ajoute des microphones complémentaires. Elle est constituée de neuf microphones :

- cinq microphones hypercardioïdes formant une rampe (répartis au potentiomètre panoramique entre les trois haut-parleurs frontaux), distants de 90 cm environ ;
- deux microphones omnidirectionnels de renforcement des ailes dont la fréquence de coupure est de 250 Hz pour favoriser les basses fréquences et maintenir par leur grand écartement la « décorrélation » des fréquences graves ;
- deux microphones cardioïdes G_{ar} ← → D_{ar}.

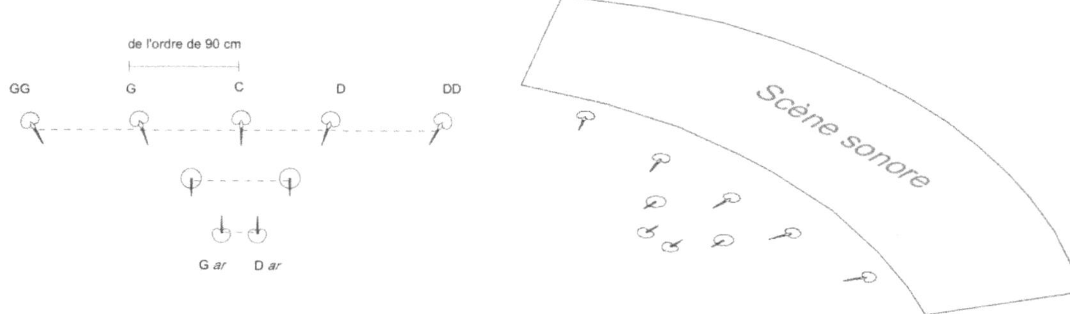

Figure 13.34 – *Rampe microphonique.*   Figure 13.35 – *Exemple de mise en situation.*

Remarques générales d'exploitation

En captation

Les systèmes précédemment présentés :

- sont souvent équipés de microphones omnidirectionnels, généralement placés à proximité, voire au-dessus, de la scène sonore ;
- sont généralement faciles à installer mais leur emplacement optimal en hauteur et en distance est lié à l'acoustique du lieu ;
- sont principalement adaptés aux prises de son musicales.

En restitution

- L'excellente réponse aux fréquences basses des microphones omnidirectionnels procure une atmosphère chaleureuse avec mise en valeur de l'acoustique du lieu.
- L'espacement des capsules améliore la restitution spatiale et la profondeur.
- La faible décorrélation des microphones (omnidirectionnels) avant-arrière peut créer des repliements de sources sonores de l'arrière à l'avant de certains registres graves de l'orchestre.
- La zone optimale de l'écoute 5.1 est ramenée à une zone réduite appelée *sweet spot*.
- L'espacement des capsules rend la compatibilité descendante délicate.

4. Systèmes à capsules groupées, coïncidentes, avec matriçage

Système double MS sans écran, formant deux couples MS

Ce système comprend trois microphones :

- deux microphones cardioïdes M montés en tête-bêche ;
- un microphone bidirectionnel S matricé avec le M avant et le M arrière.

Les trois membranes sont les plus proches possible les unes des autres et forment ainsi un double MS. On obtient par matriçage les cinq canaux listés dans ce tableau.

Obtention des 5 canaux discrets par matriçage du double MS

G	M*av* + S
D	M*av* - S
C	M
G*ar*	M*ar* + S
D*ar*	M*ar* - S

Remarque : la directivité du microphone M peut être cardioïde ou hypercardioïde.

Figure 13.36 – *Disposition des micros.*

Figure 13.37 – *Exemple de mise en situation.*

Il s'agit d'un système simple, rapide à mettre en place et convenant à des prises de son intérieures ou extérieures (complété dans ce cas par une protection anti-vent). Comme dans le cas du MS stéréophonique, ce procédé présente l'avantage d'un matriçage qui peut être réalisé et ajusté en postproduction.

Système WMS-5, une variante

Ce système compact a été développé par la société Sanken.

Figure 13.38 – *WMS-5.*

Il s'agit d'un double MS intégré dans un même boîtier et comprenant :

- deux capsules cardioïdes montées en tête-bêche ;
- une capsule bidirectionnelle.

Dans un second mini-boîtier est intégré le matriceur qui délivre les cinq canaux via cinq sorties disponibles. Ce système « tout-en-un » offre une grande flexibilité d'exploitation en reportages extérieurs avec ou sans caméra, tout comme en postproduction.

Système double MS avec écran

Ce dispositif, imaginé par Jerry Bruck, est dérivé de la sphère KFM 6 développée par Schoeps sous l'appellation « sphère KFM 360 ».

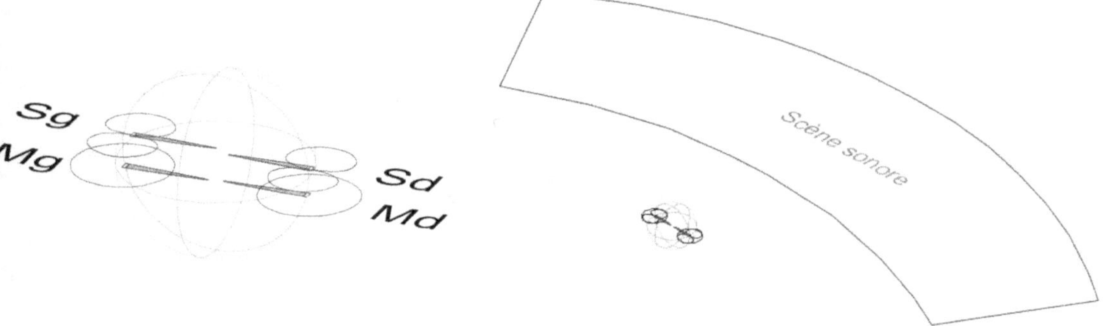

Figure 13.39 – *Double MS.*   Figure 13.40 – *Exemple de mise en situation.*

Il comprend quatre microphones :

- deux microphones omnidirectionnels Mg et Md fixés sur la sphère de 18 cm de diamètre ;
- deux microphones bidirectionnels Sg et Sd effleurant l'écran, orientés vers l'avant.

Le processeur délivre par matriçage les cinq canaux listés dans le tableau suivant.

Obtention des 5 canaux discrets par matriçage du double MS

G (cardio)	Mg + Sg
D (cardio)	Md + Sd
C (omni)	(Mg + Sg) + (Md + Sd)
G*ar* (cardio)	Mg - Sg
D*ar* (cardio)	Md - Sd

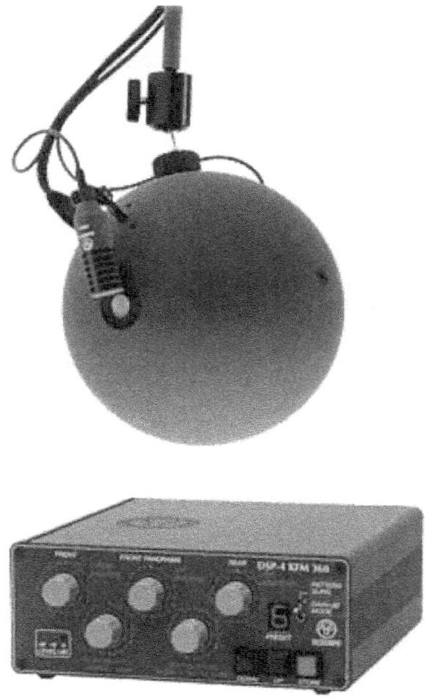

Figure 13.41 – *Double MS avec le processeur DSP-4KFM 360*

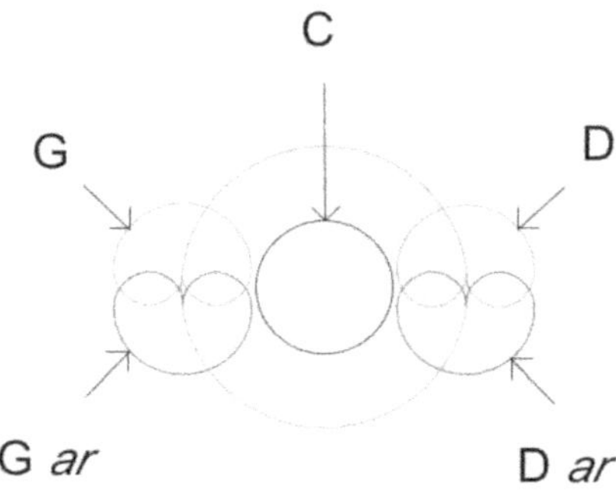

Figure 13.42 – *Obtention des cinq canaux à partir des quatre microphones.*

Par rapport au double MS, ce procédé permet une restitution spatiale plus réaliste et un meilleur enveloppement en raison de la décorrélation des signaux gauche et droite.

Remarques générales d'exploitation

En captation

Les systèmes précédemment présentés :

- reposent sur la notion de demi-angle utile de prise de son frontale qui permet d'ajuster au mieux, comme en stéréophonie, l'emplacement du système microphonique par rapport à la source sonore ;
- sont généralement faciles à installer, capsules regroupées et réunies sur un seul support, mais leur emplacement optimal en hauteur et en distance est lié à l'acoustique du lieu ;
- sont adaptés aux prises de son musicales et d'ambiance.

En restitution

- La zone optimale de l'écoute 5.1 est ramenée à une zone réduite *sweet spot.*
- La forte corrélation des signaux due à la coïncidence des capsules réduit la restitution spatiale et l'effet de profondeur.
- Le faible espacement des microphones avant-arrière peut créer des repliements de sources sonores de l'arrière sur l'avant de certains registres graves de l'orchestre.
- La coïncidence des capsules entraîne une excellente compatibilité descendante *(downmix).*
- Le matriçage peut être réalisé avantageusement en postproduction afin d'optimiser le rendu de l'image sonore.

5. Systèmes « ambisonic »

Les systèmes de prise de son dits « ambisonic » appartiennent à une technique qui, par encodage et décodage du champ acoustique en un point de l'espace par un certain nombre de microphones, permet d'obtenir à la reproduction sur des haut-parleurs répartis autour de l'auditeur, un champ sonore bidimensionnel ou tridimensionnel (son 3D). Ce système ne fonctionne donc qu'en différence d'intensité.

Cette technique découle des travaux de Mikael Gerzon et Peter Felgett, réalisés au début des années 1970 suite à l'échec de la quadriphonie. Elle est basée sur la théorie selon laquelle tout champ sonore peut être décomposé en une série de composantes harmoniques sphériques (développement en série de Fourier-Bessel), comme tout signal sonore peut être développé en une série d'harmoniques fréquentielles (selon la théorie de Fourier).

Le système ambisonic se distingue des autres systèmes par un nombre de microphones qui est indépendant du nombre de haut-parleurs.

Nous nous intéresserons ici à trois systèmes de prise de son ambisonic : les systèmes Soundfield, Trinnov SRP et HOA.

Notions spécifiques au principe ambisonic

Ces trois systèmes font appel à des notions qu'il est indispensable d'expliquer au préalable.

Les formats A, B, D et les « ordres »

Le **format A** désigne la sortie directe des microphones qui sont inexploitables en l'état de par leurs positions particulières. Le nombre de microphones, de directivités cardioïde ou omnidirectionnelle, varie de 4 (micro soundfield) à 7 (Trinnov SRP), voire 32 (HOA).

Le **format B** correspond à un certain nombre de microphones fictifs obtenus par encodage à partir du format A, lesquels présentent des directivités variables, capables de décrire les trois axes de l'espace tridimensionnel :

- x : avant-arrière ;
- y : gauche-droite ;
- z : haut-bas.

Ce format intermédiaire, dit « de manipulation », ne peut pas alimenter directement les haut-parleurs.

Le **format D** illustre les signaux destinés à alimenter l'installation des haut-parleurs et provient du décodage du format B. Il correspond à une seconde série de microphones fictifs dont l'azimut, l'élévation et les caractéristiques directionnelles dépendent du nombre et de la disposition des enceintes acoustiques utilisées.

Les ordres, de 0 à 5, permettent de classer dans le format B le degré de directivité croissant des microphones fictifs sous forme d'harmoniques sphériques.

Les ordres 0 et 1, appelés « fréquences spatiales d'ordre 0 et 1 », correspondent à des directivités respectivement omnidirectionnelles et bidirectionnelles (voir chapitre 6).

Ordre 0 : la directivité est omnidirectionnelle ou circulaire, mathématiquement égale à une constante.

C'est celle d'un microphone à pression.

Selon les axes x, y et z, on obtient une seule composante omnidirectionnelle nommée « W ».

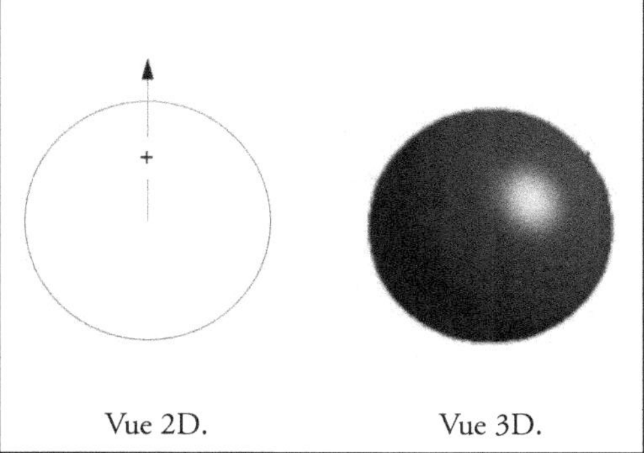

Figure 13.43 – *Directivité d'ordre 0.*

Ordre 1 : la directivité présente deux lobes selon l'axe xy, mathématiquement égale à $\cos \alpha$.

C'est celle d'un microphone à gradient de pression.

Selon les axes x, y et z, on obtient trois composantes bidirectionnelles nommées :

- X pour l'axe avant-arrière;

- Y pour l'axe gauche-droite;

- Z pour l'axe haut-bas;

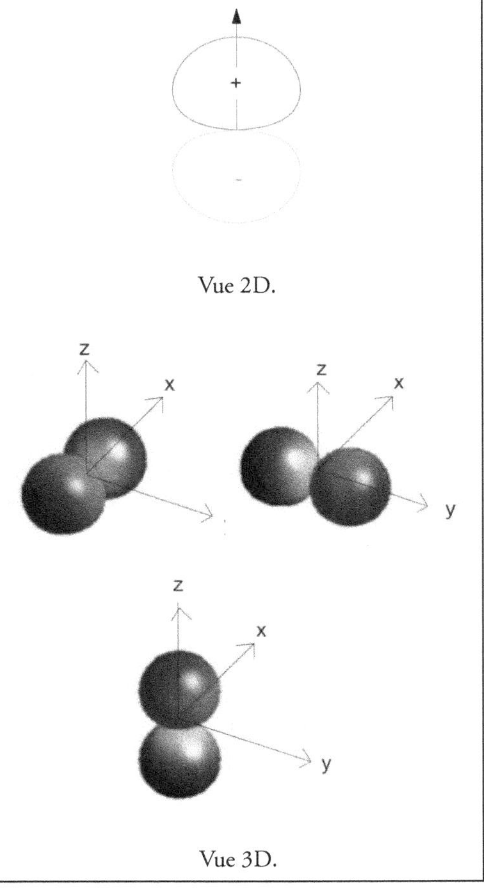

Figure 13.44 – *Directivité d'ordre 1.*

Les ordres 2, 3, 4 et 5 correspondent à des directivités encore plus sélectives qui s'inscrivent dans un concept de prise de son dite « à haute résolution spatiale ». Le champ acoustique sera capté de manière beaucoup plus sélective car une résolution spatiale d'ordre 5 est cinq fois supérieure à celle d'un microphone classique.

Nous verrons que l'ordre 4 est utilisé dans le codage du système HOA, l'ordre 5 dans celui du système Trinnov.

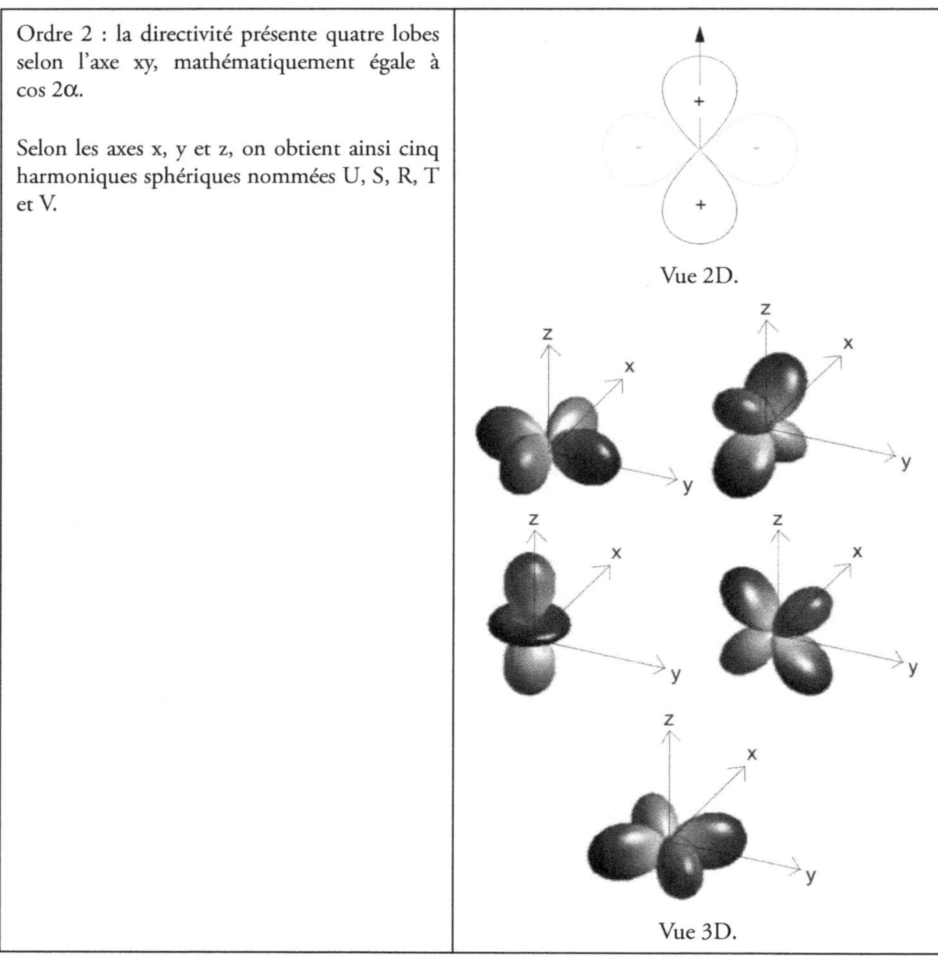

Figure 13.45 – *Directivité d'ordre 2.*

Ordre 3 : la directivité présente six lobes selon l'axe xy, mathématiquement égale à cos 3 α. Selon les axes x,y et z, on obtient sept harmoniques sphériques.	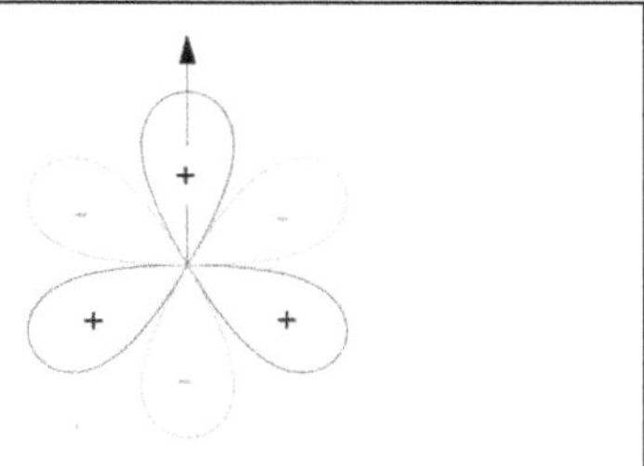

Figure 13.46 – *Directivité d'ordre 3.*

Ordre 4 : la directivité présente huit lobes selon l'axe xy, mathématiquement égale à cos 4α. Selon les axes x,y et z, on obtient neuf harmoniques sphériques.	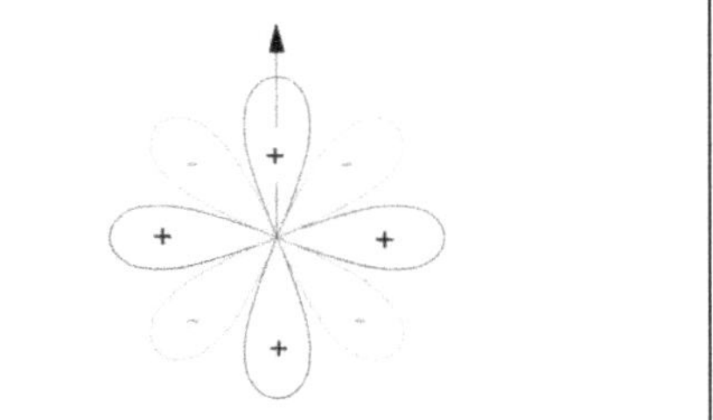

Figure 13.47 – *Directivité d'ordre 4.*

Ordre 5 : la directivité présente dix lobes selon l'axe xy, mathématiquement égale à cos 5α. Selon les axes x, y et z, on obtient onze harmoniques sphériques.	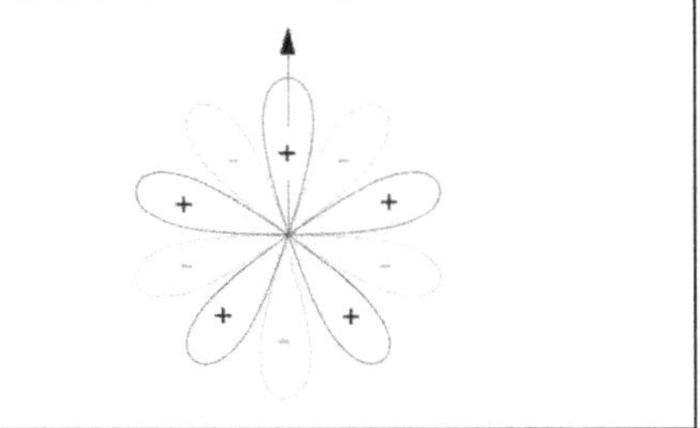

Figure 13.48 – *Directivité d'ordre 5.*

L'ordre de directivité (résolution spatiale) des microphones fictifs qui constituent le système final d'alimentation des haut-parleurs (format D) dépend évidemment de l'ordre d'encodage des microphones fictifs du format B.

Ainsi, un encodage d'ordre 5 du format B permettra d'obtenir des microphones cardioïdes fictifs d'ordre 5 (fig. 13.49) du format D extrêmement plus directionnels que des cardioïdes d'ordre 1 (fig. 13.50).

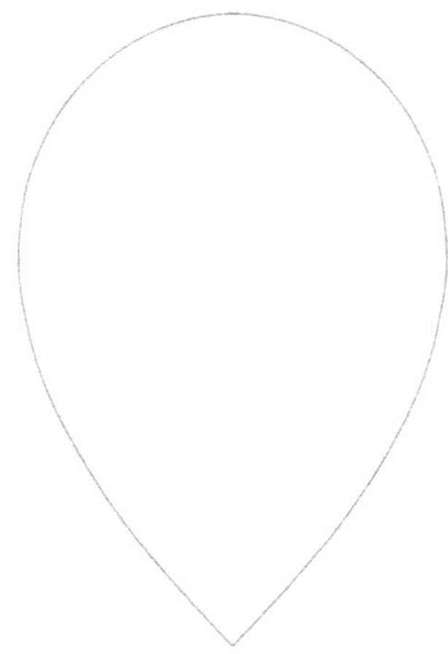

Figure 13.49 – *Cardioïde d'ordre 5.*

Figure 13.50 – *Cardioïde d'ordre 1.*

Les autres formats à définir

Le **format C** est le format de signal choisi pour la transmission ou l'inscription sur un support donné destiné à la consommation, de type disque dur ou Blu-ray.

Le **format G** correspond au format D utilisé uniquement pour le système Soundfield. Le nom vient de Geoffrey Barton qui a travaillé avec Michael Gerzon sur le décodeur *Vienna.*

Système Soundfield

Ce système est composé de quatre microphones cardioïdes coïncidents qui forment – par construction – un tétraèdre régulier. Les sorties directes des quatre capsules constituent le format A.

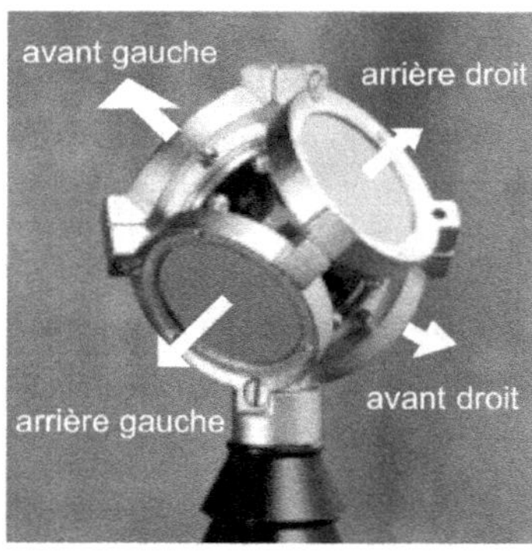

Figure 13.51 – *Microphone Soundfield à quatre capsules cardioïdes.*

À partir du format A, on obtient par simple matriçage les quatre microphones fictifs du format B :

- un microphone d'ordre 0, omnidirectionnel, nommé composante W ;
- trois microphones d'ordre 1, bidirectionnels, orientés suivant les trois axes orthogonaux et nommés X, Y et Z.

Les composantes W, X, Y, Z du format B sont obtenues selon le matriçage suivant :

W = M avant gauche + M arrière gauche + M avant droit + M arrière droit

X = M avant gauche - M arrière gauche + M avant droit - M arrière droit

Y = M avant gauche + M arrière gauche - M avant droit - M arrière droit

Z = M avant gauche - M arrière gauche + M avant droit + M arrière droit

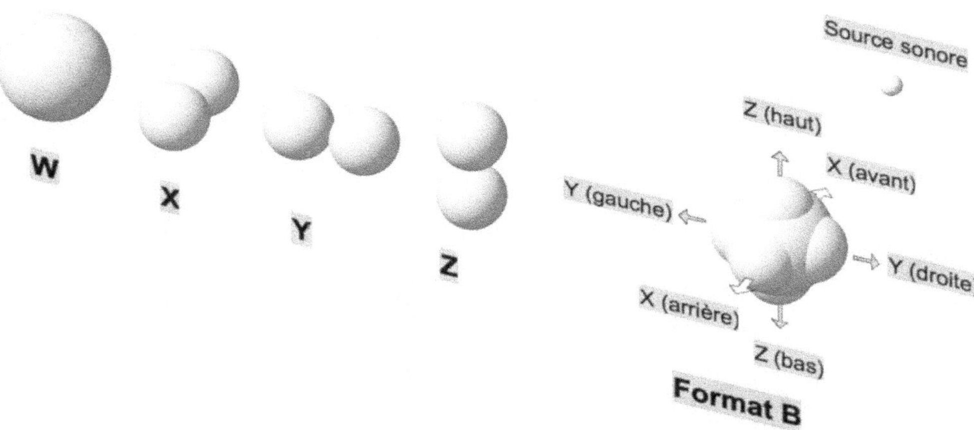

Figure 13.52 – *Les composantes W, X, Y, Z du format B.*

Il est intéressant de remarquer que le double MS décrit précédemment est également capable de fournir les composantes W, X et Y du format B, sans la composante verticale Z, selon le matriçage suivant :

W = M*av* + M*ar*

X = M*av* - M*ar*

Y = S (capsule bidirectionnelle existante)

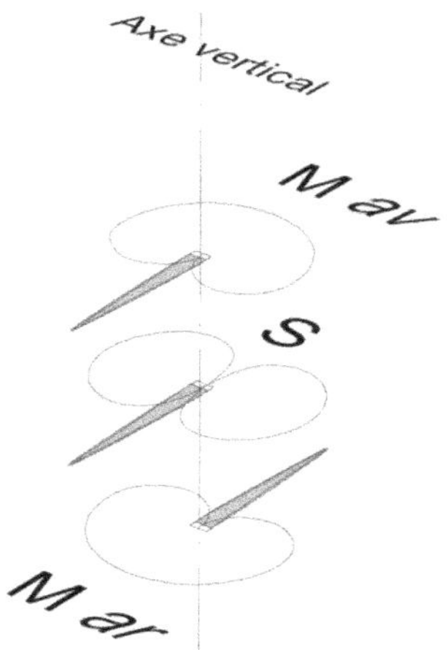

Figure 13.53 – *Rappel du double MS.*

À partir du format B, qui peut être enregistré sur quatre pistes, des décodeurs ambi-sonic permettent d'obtenir les signaux du format G : mono, stéréo, 5.1 ou 3D (resti-tution avec élévation), tous parfaitement compatibles dans la mesure où ils disposent de la même référence W.

Figure 13.54
Soundfield ST 350.
Modèle reportage.

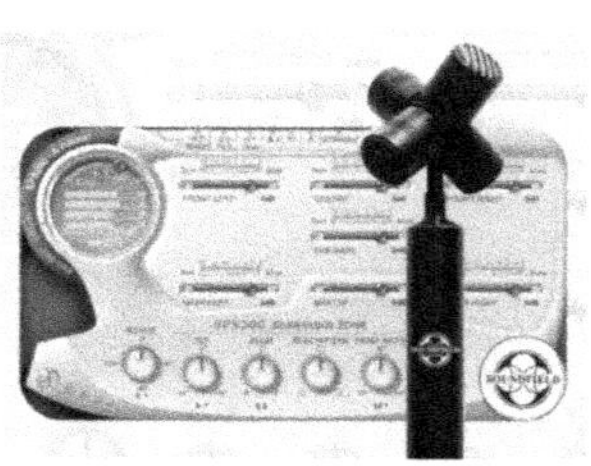

Figure 13.55
Soundfield SPS200A.
Modèle studio.

Figure 13.56
DPA-4.
Petite dimension.

Ces décodeurs, d'abord analogiques, sont désormais numériques et se présentent sous forme de plug-ins ou de décodeurs spécifiques ; ils sont adaptés au nombre et à la position des haut-parleurs de restitution (de la monophonie à l'écoute 3D).

Sur ces décodeurs, le format B permet également à l'ingénieur du son de modifier de nombreux paramètres liés à la spatialisation, tels que la directivité des capsules, la largeur de l'image sonore, l'angle utile de prise de son ou encore l'orientation du microphone.

Aux fréquences basses, nous noterons cependant la faible séparation spatiale des sources sonores due à une baisse de directivité des capteurs.

Pour une écoute binaurale, Jean-Marc Jot propose un format B qui met en œuvre deux microphones ambisonic d'ordre 1 – séparés ou non par un écran de diffraction – afin d'introduire des variations de temps sur un double système qui, comme nous l'avons démontré, est uniquement basé sur des variations d'intensité.

Pour une écoute 3D, Dave Malgham (de l'université de York) propose un matriceur dit « périphonique » qui alimente à partir du format B, huit haut-parleurs disposés au sommet d'un cube selon le matriçage de la figure 13.57 :

$$Gh = W + X + Y + Z \qquad Dh = W + X - Y + Z$$
$$Gb = W + X + Y - Z \qquad Db = W + X - Y - Z$$

$$AGh = W - X + Y + Z \qquad ADh = W + X - Y + Z$$
$$AGb = W - X + Y - Z \qquad ADb = W - X - Y - Z$$

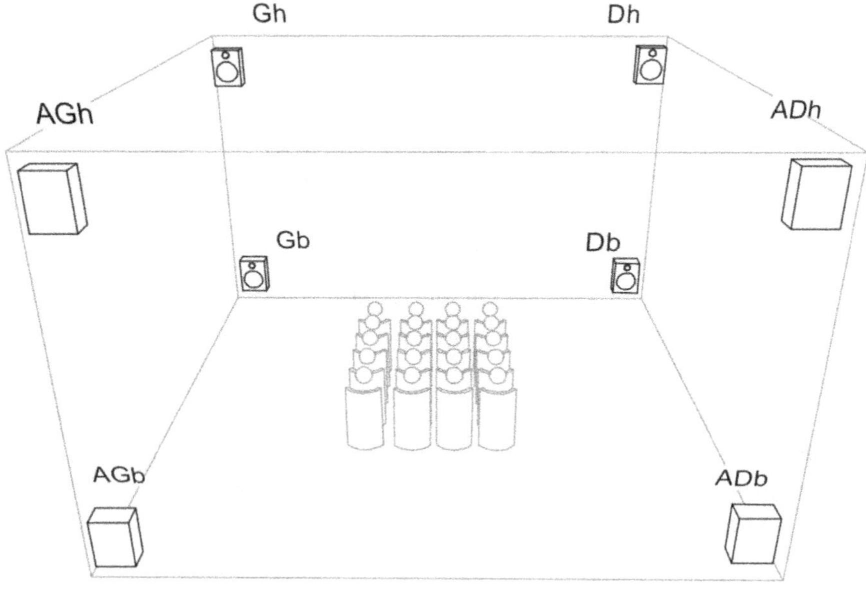

Figure 13.57 – *Situation des huit haut-parleurs périphoniques.*

Systèmes à haute résolution spatiale

Le concept scientifique, comme pour le système Soundfield, est basé sur un échantillonnage spatial du champ acoustique – par analogie à l'échantillonnage temporel – mais qui permet ici d'atteindre une haute résolution spatiale par le recours à des harmoniques sphériques plus élevés. Ces systèmes de type ambisonic – mais à un ordre élevé – répondent donc au principe HOA *(High Order Ambisonic)*.

Système Trinnov SRP

Figure 13.58 – *Capteur Trinnov SRP.*

Le procédé, dédié à l'écoute ITU 5.1, fait appel à huit microphones omnidirectionnels, montés sur un support SRP *(Surround Recording Platform)* en forme de fer à cheval, qui alimentent une unité de traitement.

Ces microphones délivrent huit signaux semblables de format A – hormis les différences de temps et de phases liées aux positions des capteurs et qui constituent l'étape d'échantillonnage spatial du champ acoustique.

Les cinq signaux du format D sont obtenus directement à partir des huit signaux du format A, par simulations informatiques (unité hardware nommée par Trinnov « filtrage matriciel total »), sans accès au format B. Ils correspondent à cinq microphones fictifs coïncidents de directivité très sélective, destinés à alimenter les haut-parleurs du système 5.0.

Les directivités recherchées de ces microphones fictifs, selon la figure 13.59, présentent les caractéristiques suivantes.

• Une forte sélectivité, afin d'optimiser la ponctualité et la stabilité des sources sonores reproduites. Les directivités des trois microphones fictifs avant ont une sélectivité spatiale d'ordre 5 et pour les deux microphones fictifs arrière d'ordre 3. Notons cependant que cette hyper-sélectivité ne s'applique pratiquement qu'à la zone spectrale 300 Hz–3 kHz et revient progressivement à l'ordre 1 au fur et à mesure que l'on atteint les fréquences extrêmes (50 Hz-20 kHz).

- Une asymétrie permettant une intensité de la source captée indépendante de sa position angulaire. Hormis la directivité du canal central, les quatre autres directivités sont en effet asymétriques. Cette caractéristique est adaptée à l'irrégularité de l'écoute 5.0 : si les haut-parleurs avaient été disposés selon un pentagone régulier (0°, ±72°, ±144°), les directivités idéales auraient été symétriques.

- Des lobes destinés à maîtriser la restitution des sources sonores en dehors du plan azimutal. Ils deviennent progressivement omnidirectionnels au fur et à mesure de l'augmentation de l'élévation afin de ne privilégier aucune direction.

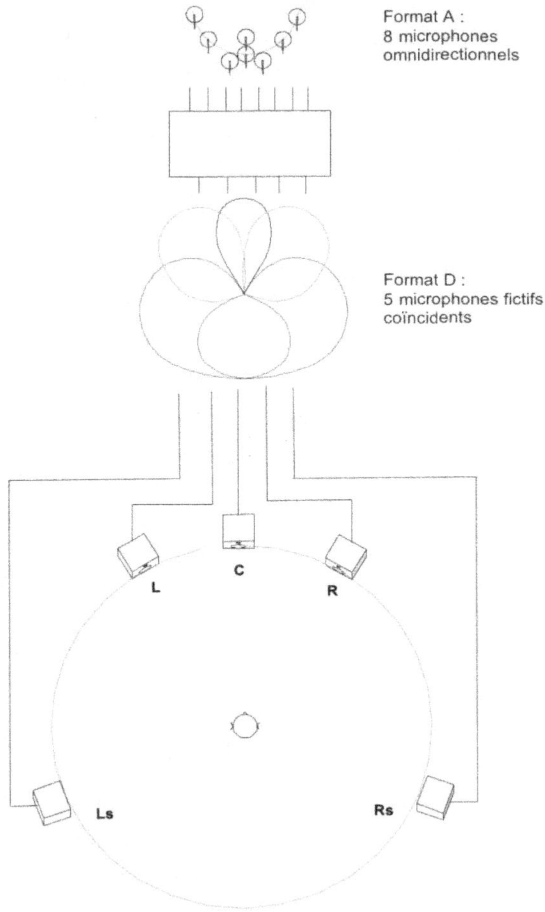

Figure 13.59 – *Principe de la prise de son Trinnov adaptée à l'écoute 5.1.*

Ce procédé présente de nombreux avantages de captation qui mériteraient d'être plus largement exploités et intégrés dans un contexte de prise de son plus traditionnel.

Comme tout système de prise son globale, pour des raisons de clarté, le Trinnov SRP gagne à être complété de microphones d'appoint.

Système HOA

Figure 13.60 – *La sphère microphonique em32 Eigenmike.*

Ce système a été développé conjointement au début des années 2000 par la société MH Acoustic, fondée par une équipe du département de recherche acoustique des Laboratoires Bell Labs, ainsi que dans le laboratoire de la société Orange Lab. Le procédé fait appel à 32 microphones omnidirectionnels montés sur une sphère rigide, aujourd'hui commercialisée avec un diamètre de 8,4 cm par MH Acoustic (fig. 13.60).

Les 32 signaux sont traités en deux étapes successives.

- La première est une étape d'encodage directionnel : les 32 signaux d'échantillonnage spatial du champ acoustique du format A sont encodés par DSP *(Digital Signal Processing)* en un certain nombre de composantes ambisonic, de directivités cardioïdes virtuelles allant jusqu'à l'ordre 4 selon les axes x, y et z et qui forment le format B.
- Dans un second temps, ces lobes directionnels sont décodés spatialement par matriçage en un format D *(beamforming)*, de directivités virtuelles correspondant au nombre et à la position des haut-parleurs.

Notons que les cinq lobes de directivité du format D présentent les mêmes avantages que ceux décrits au paragraphe précédent. Comme dans le cas du système Trinnov SRP, la directivité d'ordre supérieur des microphones fictifs des formats B et D est limitée aux fréquences basses et élevées en raison de la distance entre chaque capteur de la sphère.

De manière pratique :

- les 32 sorties microphones sont disponibles à l'entrée du PC par liaison audionumérique multiplexée ;
- les plug-ins de codage et de décodage spatial sur plate-forme PC diffèrent évidemment selon les constructeurs.

Ce procédé présente de nombreux avantages de captation qui mériteraient d'être exploités et intégrés dans un contexte de prise de son plus traditionnel. Comme tout système de prise son globale, le HOA peut être avantageusement complété de microphones d'appoint.

Signalons que ce procédé est également en cours de développement dans les laboratoires Orange Lab pour une écoute binaurale dynamique 3D avec *head tracker* (voir au chapitre 12 la section « 2. Écoute 5.1 au casque », page 249).

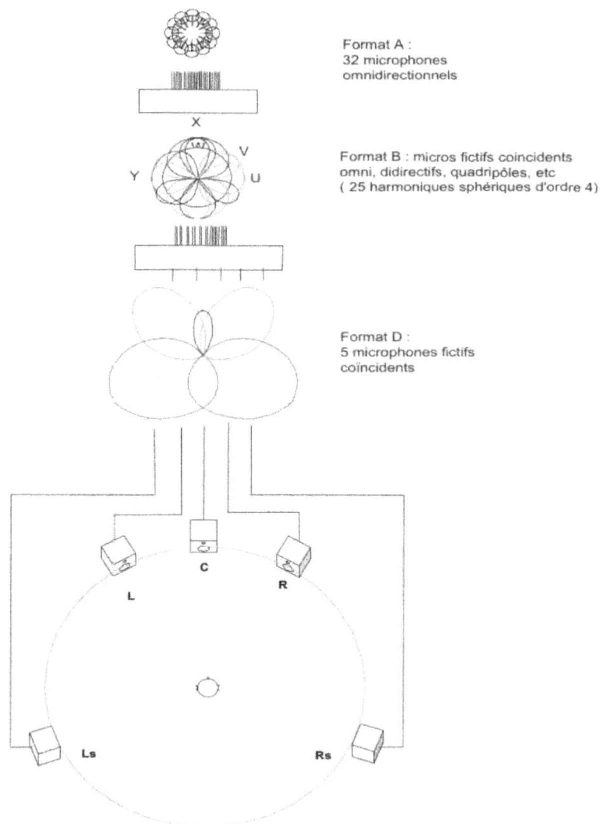

Figure 13.61 – *Principe de la prise de son HOA adaptée à l'écoute 5.1.*

Remarques générales d'exploitation

Captation

- Ces systèmes aux capsules regroupées et réunies sur un seul support sont générale-ment faciles à installer mais leur emplacement optimal en hauteur et en distance est lié à l'acoustique du lieu.
- Ils sont adaptés aux prises de son musicales et d'ambiance.

Restitution

- Hormis le Trinnov SRP, ces systèmes présentent l'avantage d'être adaptés à tous les types de reproductions en multicanal et en 3D.
- La zone optimale de l'écoute 5.1 est ramenée et élargie *(sweet area)*.
- La quasi-coïncidence des capsules entraîne une excellente compatibilité descendante.
- Le matriçage peut être avantageusement réalisé en postproduction afin d'optimiser le rendu de l'image sonore.
- Le fort degré de corrélation des signaux due à la coïncidence des capsules réduit légèrement l'effet de spatialisation et de profondeur.
- La limitation aux fréquences basses des harmoniques sphériques est un handicap.
- Ces systèmes doivent être parfaitement maîtrisés techniquement pour être exploités au mieux de leur possibilité.

6. Systèmes reposant sur la perception transaurale et le traitement des microphones d'appoint

Jusqu'à présent, nous avons décrit des systèmes principaux de prise de son multicanal tout comme nous avions décrit auparavant les couples principaux de prise de son stéréophonique.

Le plus souvent, l'ingénieur du son choisit en effet un système principal pour reproduire une image satisfaisante de la scène sonore. Mais il peut avoir besoin de compléter cette image à l'aide de microphones d'appoint s'il souhaite rapprocher, préciser ou stabiliser une source sonore. Aussi n'avons-nous abordé les microphones d'appoint qu'en termes de localisation sur 360° à l'aide de potentiomètres panora-miques d'intensité.

Rappel du principe de la synthèse binaurale et transaurale

Le but recherché est de recréer artificiellement la présence d'une source physique située en n'importe quel point dans l'espace à partir du système de restitution 5.1.

- La synthèse binaurale, destinée à l'écoute au casque, y répond par une simulation par filtrage (HRTF) de la morphologie de la tête selon la disposition de la source sonore dans l'espace. Elle permet ainsi une spatialisation tridimensionnelle des sources sonores (360° azimut, élévation, proximité). Elle procure une localisation extra-crânienne latérale particulièrement efficace mais très dépendante de la morphologie de l'auditeur (forme de la tête) quant à la restitution frontale et hors du plan horizontal. Les mixages résultants sont destinés à une écoute au casque.

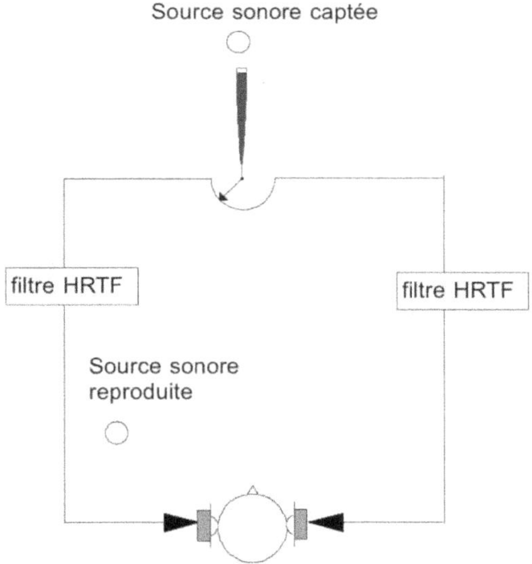

Figure 13.62 – *Principe du traitement binaural au casque.*

- La synthèse transaurale, réservée à une écoute sur haut-parleurs, est réalisée en deux temps :
  - la suppression des signaux de contournement de la tête provenant des enceintes avant gauche et droite (suppression des chemins croisés) afin de revenir sur une écoute binaurale ;
  - l'introduction, à l'image de la synthèse binaurale, d'un filtrage (HRTF) qui simule la morphologie de la tête par rapport à la disposition de la source sonore dans l'espace.

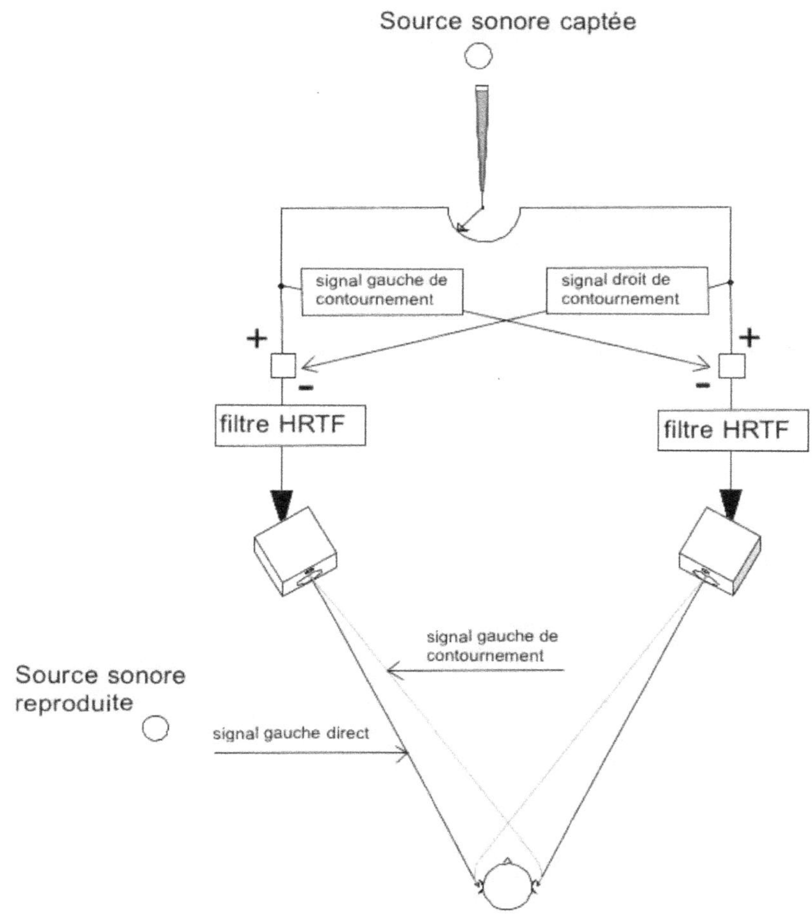

Figure 13.63 – *Principe du traitement transaural sur haut-parleurs.*

In fine, le but du traitement transaural est de restituer une source virtuelle à l'extérieur de la zone située entre les deux haut-parleurs (fig. 13.63).

Comment gérer les points faibles de la restitution 5.1 avec des microphones d'appoint ?

Nous savons que le but d'une écoute multicanale 5.1 est de procurer à l'auditeur une sensation d'immersion accrue par rapport aux techniques stéréophoniques. Cette notion d'immersion recouvre à fois la reproduction d'une ambiance globale enveloppant l'auditeur et la distribution d'événements sonores émergents, sans se limiter au seul secteur frontal. Or, les secteurs latéraux d'écoute, avec un angle d'ouverture de 80°, présentent une mauvaise localisation et une stabilité médiocre des sources sonores reproduites. Le secteur arrière, avec une ouverture très large de 140°, est extrêmement instable en localisation.

Afin de stabiliser les sources sonores sur ces différents secteurs, le recours à la perception transaurale permet de réaliser une véritable « holophonie » en associant différentes techniques de spatialisation complémentaires. Expérimentée et développée par Jean-Marc Lyzwa au sein du service audiovisuel du CNSMDP, cette approche est une combinaison de différentes « couches » de techniques de captations complémentaires.

1re phase

La première des couches est formée par le système principal de prise de son, par exemple un quintuplé microphonique. Il est possible de choisir l'un des systèmes de prise de son parmi ceux que nous avons décrits, celui qui est le mieux adapté à la scène sonore : JML Tree, OCT surround 3.2, INA 5, MMAD, WCSA ou Ambisonic. Cette première phase constitue en quelque sorte l'empreinte, la photographie de la scène sonore enregistrée en 5.0, elle doit être solide en termes de stabilité.

2e phase

Simultanément à la prise de son 5.0, la deuxième couche est formée des appoints microphoniques et de leur gestion. Tout comme en stéréophonie, on peut :
* les **spatialiser** au potentiomètre panoramique, par différence d'intensité ;
* les **retarder**, pour mieux les intégrer à l'image sonore ;
* les **réverbérer**, pour préciser les différents plans sonores.

Cependant, à ce stade, on ne stabilise pas encore l'image sonore latérale car, en se déplaçant légèrement, les sources sonores d'appoint se déplacent également.

3e phase

La troisième couche est réalisée en postproduction. Elle repose sur la gestion même des appoints microphoniques afin de stabiliser les zones latérales et arrière dites « fragiles ». C'est l'élément nouveau introduit.

Le service audiovisuel du CNSMDP et l'espace acoustique et cognitif de l'IRCAM ont mis au point un outil de traitement du signal, sous la forme d'un plug-in dédié à une station de travail type Pro-Tools ou Pyramix. Cet outil fonctionne comme un panoramique transaural des microphones d'appoint, pouvant s'étendre aux effets de proximité, d'éloignement et d'élévation. Il gère la combinaison de deux traitements transauraux :

- un premier traitement transaural est appliqué sur la zone frontale gauche et droite. Malheureusement, en tournant la tête sur le côté, les sources sonores extérieures perçues se recentrent ;
- un second traitement est alors appliqué sur la base arrière gauche et droite dans le but de fixer, de stabiliser et de limiter le repliement des sources latérales sur le secteur frontal, quelle que soit l'orientation de la tête.

Cette couche de traitement est mixée au système principal et aux microphones d'appoint panoramiques en prenant soin, évidemment, de les faire coïncider. Contrairement au panoramique d'intensité, l'image restituée en double traitement transaural reste stable par rapport aux mouvements avant et arrière dans l'axe.

4ᵉ phase

La quatrième et dernière couche est également réalisée en postproduction. Elle consiste à introduire des effets spéciaux, des réverbérations artificielles afin de renforcer la notion d'espace et d'enveloppement. D'un point de vue esthétique, l'approche recherchée consiste à placer l'auditeur au plus près de ce que perçoit le chef d'orchestre dans une acoustique réaliste, restituée ou artificielle. Selon cette approche, le compositeur peut anticiper la restitution de son orchestration spatialisée avant même de l'écrire. Cela entraîne un rapprochement constructif entre compositeur et ingénieur du son.

Remarques générales d'exploitation

En captation

- Le système principal est complété de nombreux microphones d'appoint placés à proximité des sources sonores.
- Le système est principalement adapté aux prises de son musicales.

En restitution

- Grâce au double traitement transaural des microphones d'appoint, ce système est le seul à permettre la localisation des sources sonores dans les zones latérale et arrière.
- Ce système procure un effet d'immersion sonore prononcé, en particulier pour les grands orchestres.
- La zone optimale de l'écoute 5.1 est ramenée à une zone réduite *sweet pot*.

- La compatibilité descendante est liée au type de système microphonique principal employé.
- Il est possible de réaliser à partir du plug-in un *downmix* conservant les sensations d'extra-largeur.

7. Systèmes multimicrophoniques

Ce n'est pas un système comme nous l'entendons mais davantage une suite de dispositions microphoniques différentes exigée par la programmation d'un spectacle ou imposée par le réalisateur d'un film, par exemple.

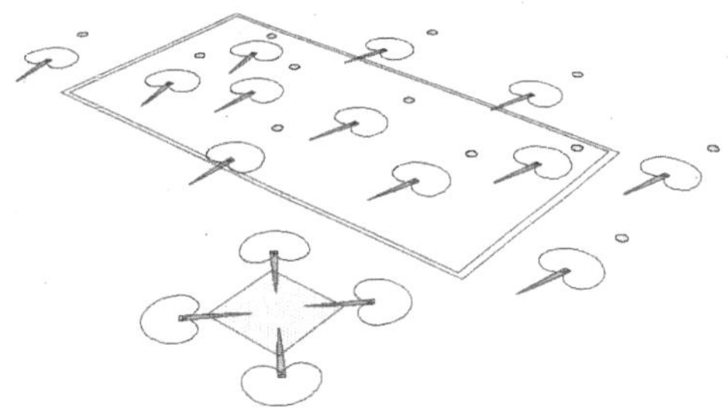

Figure 13.64 – *Prise de son multimicrophonique.*

Les microphones, placés sur différents sites, sont chargés de capter des sources différentes ou largement décorrélées. Chacune des voies microphoniques est ainsi optimisée et « adressée » pour être mixée.

En prise de son multimicrophonique, l'ingénieur du son recherche fréquemment une très grande présence, mais surtout à produire les effets sonores souhaités par le réalisateur ou le producteur, même les plus inattendus, les moins académiques…

Quelques considérations et exemples pratiques particulièrement évocateurs illustreront ces propos :

- impossibilité de suspendre un dispositif 5.1 dans le lieu, par manque de place ou gêne, de le fixer sur les tours des éclairages, des caméras, des haut-parleurs ;
- obligation de modifier l'emplacement des microphones de prise de son et de sonorisation, et de les placer hors du champ des caméras ;
- dispositions inhabituelles d'instrumentistes, volonté d'un réalisateur de placer :
  - les quatre pianos d'un concerto dans les quatre angles d'une salle avec orchestre au centre ;

- les quatre orgues – tribune, chœur et deux positifs – dans une cathédrale (si éloignés qu'ils ne joueront en mesure que grâce à un système de caméras) ;
- une chorale en cercle ;
et enfin, toutes (ou presque) les mégaproductions ;
- différenciation, dans une séquence parlée, de la voix de Dieu très présente pour qu'elle nous habite (captation « en phase ») et celle du diable, « en opposition de phase », mal localisable – ou inversement suivant les convictions… ;
- pose de microphones le long d'une piste de descente de ski, au sol tout autour d'un terrain de football ou de tennis, en complément d'un système 4.0 d'ambiance ;
- recherches d'ambiances sonores spéciales : illustration d'une couleur, du big bang, d'une descente au cœur de la Terre…

Dans tous les cas, il faudra capter parallèlement une ambiance générale avec un système de captation d'ambiance afin d'en disposer en postproduction. Il est quelquefois difficile de trancher entre un système 5.0 complété de microphones d'appoint et un groupe de microphones complété d'un système 5.0 d'appoint.

Chacun l'aura compris, l'approche multimicrophonique permet de suppléer au manque de place, au manque de matériel et tente de résoudre des situations particulières. Cette technique s'inscrit aussi dans le domaine de la recherche pure ou appliquée, des avancées technologiques et de l'expérimentation de nouveaux matériels.

Le système multimicrophonique va satisfaire un nouveau venu, le 4D, qui veut introduire une nouvelle dimension sensorielle avec :

- l'odorat : un parfum d'orange, de café, un jardin de roses, etc. ;
- le toucher : le froid, le vent, un serpent, etc. ;
- l'ouïe : des infrasons, des murs qui bougent, des tremblements de terre, etc.

La réalisation de films en 4D et les effets à reproduire en salle de projection nécessitent des investissements considérables. Le codage doit introduire les effets souhaités mais également les faire disparaître instantanément si l'on veut suivre l'image.

Les preneurs de son doivent faire preuve de beaucoup d'imagination et d'audace pour satisfaire à ces nouveaux spectacles en 4D, qui connaissent déjà un véritable succès dans certains parcs d'attraction, de Séoul à Mexico City.

Cas particulier de la prise de son multimicrophonique adaptée à l'écoute WFS

Comme nous l'avons vu au chapitre 1 (fig. 1.13), la prise de son idéale adaptée à l'écoute WFS consisterait à prendre des microphones en nombre égal à celui des haut-parleurs et situés aux mêmes emplacements (fig. 13.65).

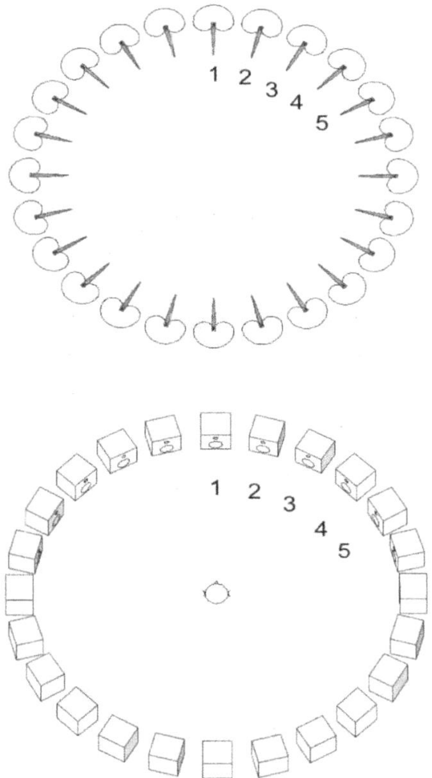

Figure 13.65 – *Prise de son idéale adaptée à la reproduction WFS sur un plan horizontal.*

Pour suppléer à cette solution peu réaliste, la prise de son multimicrophonique constitue une alternative intéressante : chaque source sonore captée par un microphone est traitée individuellement par DSP *(Digital Signal Processing)* afin d'alimenter la rampe de haut-parleurs.

Cette technique de diffusion a pour objet de recréer artificiellement dans la zone d'écoute un front d'ondes *(Wave Field Synthesis)* provenant d'une source sonore dont la localisation est choisie par l'ingénieur du son (fig. 13.66).

Nous noterons deux différences majeures avec les techniques de restitution stéréophonique ou multicanale :

• l'auditeur peut se déplacer en gardant une perception cohérente et stable de la source sonore recréée ;

- la source sonore reproduite peut être localisée derrière les enceintes mais également devant, dans la zone d'écoute.

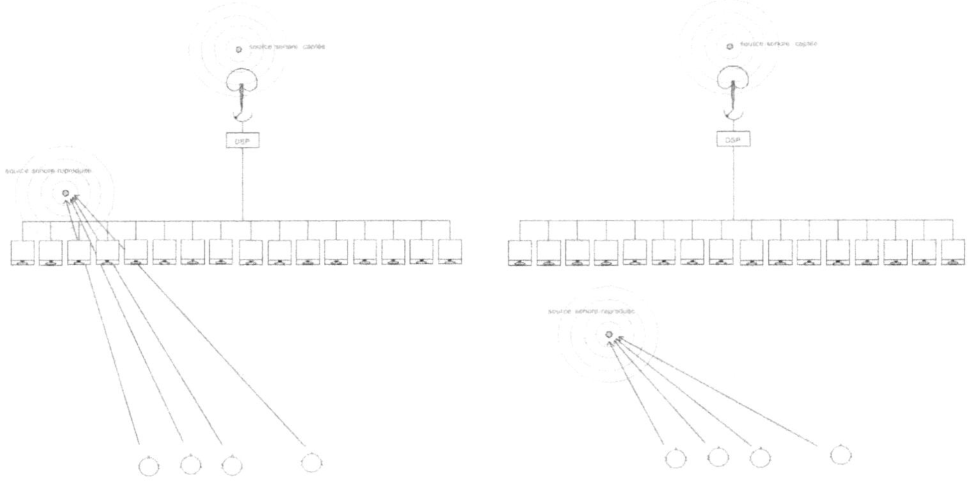

Figure 13.66 – *Prise de son et restitution WFS derrière les haut-parleurs.*

Figure 13.67 – *Prise de son et restitution WFS devant les haut-parleurs.*

Remarques générales d'exploitation

En captation

- Les différents microphones sont généralement placés à proximité des sources sonores.
- Cette approche permet de s'affranchir de l'acoustique du lieu.
- Le système est adapté à tout type de prise de son.

En restitution

- Par le recours à des effets spéciaux et des réverbérations artificielles « multicanales », situés généralement sur la console ou sur la station de travail (plug-ins), le résultat de restitution devient le fruit d'une réelle création sonore.
- La compatibilité descendante ne pose aucun problème.

Pour conclure : de la théorie à la pratique

Nous avons décrit vingt-cinq systèmes de prise de son multicanal, schématisés selon la disposition recommandée par leurs auteurs et représentés en situation pratique. En fonction de ces bases qui restent théoriques, il faudra maintenant faire le bon choix compte tenu :

* des intentions de restitution : création ou fidélité de transposition ?
* des critères d'évaluation choisis selon les œuvres, les lieux de représentation ;
* du matériel à disposition ;
* des exigences d'autres médias.

Nous sommes conscients que des contraintes supplémentaires peuvent apparaître selon le nombre de microphones fixés ou suspendus à un support plus ou moins important : comment faire accepter le dispositif au-dessus des spectateurs ? Au-dessus d'un terrain de sport ? Ou encore comment le dissimuler sur un plateau de télévision ou sur le tournage d'un film compte tenu de la multitude d'emplacements réservés aux éclairagistes dont les appareils sont parfois bruyants ?

Notre intention doit être claire quant à la nature de l'image sonore restituée désormais sur 360°. Nous devrons, par exemple, connaître le rôle donné à l'écoute centrale : la maintenir inaudible tout en lui demandant de stabiliser l'image sonore frontale, la supprimer ou la renforcer ? Nous devrons faire un choix quant à l'importance donnée aux sources discrètes latérale et arrière. Nous nous poserons en permanence la question du rapport champ direct/champ réverbéré compte tenu de l'enveloppement spatial souhaité.

Sur le terrain, nous serons demandeurs d'un accès au lieu d'enregistrement pour les réglages nécessaires entre les répétitions et les représentations, problème qui se pose dans une moindre mesure lorsqu'il s'agit de capter un piano lors d'un festival, des chorales lors d'un concours ou pour des enregistrements en studio.

De la théorie à la pratique… Un pas à franchir avec compréhension, patience, observation, intelligence et, bien évidemment, à l'écoute des autres.

Chapitre 14

Silhouette du preneur de son

1. La formation du preneur de son

Comme l'introduction l'a fait pressentir, la qualification du preneur de son est le résultat d'une formation complexe. Il existe en fait peu de filières uniques pour l'acquisition des connaissances qui lui sont nécessaires : artistiques (musicales, littéraires, Beaux-arts), technologiques, scientifiques (acoustiques, physiologiques et psychologiques) et pratiques (techniques de prise de son). Les écoles, de plus en plus nombreuses, ont généralement des objectifs adaptés aux différents marchés du travail. Elles dispensent un enseignement axé sur la musique, le théâtre, le cinéma, la vidéo, la sonorisation, le spectacle (voir annexe 6).

De nombreux preneurs de son n'ont pas suivi ces filières théoriques et ont acquis leur métier sur le tas, « par compagnonnage ». Certains ont pu acquérir les éléments de leur métier par leurs observations, leur assistanat dans une équipe, en roulant leur bosse grâce à leur passion du son, à leur persévérance et surtout en aiguisant leur sens de l'observation :

- en participant à de nombreuses manifestations artistiques (spectacles, théâtre, concerts, films) ;
- en écoutant des émissions de radio ou des disques de manière critique ;
- en (ré)écoutant des disques historiques ou actuels.

D'autres preneurs de son ont acquis les éléments de leur métier pour avoir diffusé des émissions de radio ou de télévision en tant que techniciens ou opérateurs, pour avoir pratiqué la chasse sonore ou pour avoir servi d'aide, d'arpète ou de *tea-boy* dans des studios d'enregistrement. C'est également par l'étude de revues spécialisées et surtout en participant aux expositions professionnelles que le preneur de son actualise ou réactualise constamment ses connaissances. La connaissance de la langue anglaise est, à ce stade, non négligeable.

Le preneur de son doit avoir avant tout « de l'oreille ». Selon Rousseau : « Avoir de l'oreille, c'est avoir l'ouïe sensible, fine et juste, en sorte que, soit pour l'intonation, soit pour la mesure, l'on soit choqué du moindre défaut, et qu'aussi l'on soit frappé des beautés de l'Art quand on les entend. » Une oreille que le preneur de son pourra affiner progressivement par la pratique de sa profession. Il doit posséder une bonne culture générale, une solide résistance nerveuse, de la patience doublée d'une bonne dose de psychologie, de l'imagination et de la curiosité ; autant de qualités qu'il doit développer et savoir exploiter.

Il est indispensable aussi que le preneur de son acquière des connaissances littéraires et musicales lui permettant de comprendre un texte, de lire une partition musicale, un script, un scénario. Il doit s'efforcer de collaborer activement avec les artistes qu'il enregistre, avec le chef d'orchestre, le réalisateur, le metteur en scène, sans oublier l'auditeur : il est « l'interface » entre l'artiste et l'auditeur.

Ces connaissances ne sont pas l'apanage de chacun, mais cette profession demeure à la portée de tous ceux qui ont la volonté de développer ces diverses aptitudes. Elle est et restera une profession animée par la passion et la foi que chacun peut manifester dans cette activité.

2. L'équipe de prise de son

Lors des séances importantes et complexes, deux personnes se répartissent les tâches à exécuter :

- la première assume la responsabilité de la réalisation technique de la prise de son (ingénieur du son) ;
- la seconde assume la responsabilité de la réalisation artistique littéraire ou musicale de la prise de son (directeur du son).

Pour mener à bien l'opération, il faut que ces deux personnes collaborent activement et participent à la réussite de l'enregistrement par une compréhension réciproque des exigences de chacun On peut trouver, suivant la complexité du travail :

- un(e) script(e) qui note les différentes séquences sur les textes, sur la partition ;
- un ou plusieurs aides techniques pour les diverses mises en place des microphones de grandes émissions de variétés, de festivals, d'opéras ;
- un opérateur pour manipuler les diverses machines, magnétophones, etc. ;
- un ingénieur chargé d'assurer la maintenance des divers appareils en cas de nécessité.

Ce groupe forme l'équipe, ou « pool de prise de son » et travaille souvent d'une façon autonome ou sous les ordres d'un réalisateur, d'un directeur de production, d'un producteur, d'un metteur en scène ou du preneur de son lui-même, en qualité de directeur du son. Cependant, une personne peut cumuler la double responsabilité technique et artistique d'un enregistrement.

Ces différentes activités du preneur de son ont donné naissance à des appellations diverses. Leur usage diffère selon les pays, comme le montre le tableau suivant.

Les différents titres des responsables artistiques et techniques d'une prise de son dans différents pays.

Média	France	Suisse	Belgique	Allemagne	États-Unis, Canada, Grande-Bretagne
Radio Musique	- Musiciens - Metteurs en ondes	- Régisseur musical	- Musicien modulateur	- *Tonmeister*	- *Studio Manager* - *Sound Producer* - *Music Director*
Théâtre	- Réalisateur - Metteur en ondes	- Metteur en ondes	- Metteur en ondes	- *Regisseur*	- *Producer* - *Sound Engineer*
Technique	- Chef opérateur du son - Directeur du son	- Régisseur son	- Technicien de fabrication	- *Toningenieur*	- *Audio Engineer* - *Balance Engineer*
Disque	- Ingénieur du son - Directeur artistique	- Ingénieur du son - Directeur artistique	- Technicien du son	- *Tonmeister* - *Toningenieur*	- *Sound Engineer* - *Record Producer*
Cinéma	- Ingénieur du son - Mixeur - Chef opérateur du son	- Prise de son	- Technicien du son	- *Tonmeister* - *Toningenieur*	- *Sound Engineer* - *Music Recording* - *Dubbing Mixer* - *Effects Mixer*
Télévision	- Chef opérateur du son	- Régisseur son	- Mise en ondes musicales		- *Sound Engineer* - *Audio Engineer*

À noter que certains titres se modifient et que d'autres apparaissent avec les nouvelles technologies du monde multimédia, et que le titre d'ingénieur est protégé dans certains pays, tels que le Canada, les États-Unis, l'Allemagne, la Belgique. Au Canada francophone, le responsable artistique (parlé ou musical) est un réalisateur et le responsable de la prise de son, suivant sa complexité, un preneur de son ou un technicien du son.

3. La personnalité du preneur de son

Lorsque la personnalité, la compétence, le métier et les qualités du preneur de son s'affirment, elles se reflètent dans les résultats obtenus. Elles se retrouvent dans ses réalisations, au point qu'elles constituent un véritable style et assurent sa renommée ; on peut donc parler du « style de X, de Y », ou dans le cas d'un travail en équipe, du « son du studio Z ». On constate même l'émigration temporaire de certains preneurs de son dans des studios étrangers pour réaliser un travail particulier. D'autres preneurs de son ne se déplacent qu'avec leur propre matériel.

Avant de pouvoir marquer de sa signature un enregistrement prestigieux, il faut de nombreuses années de pratique, de réels efforts pour se tenir au courant, pour réactualiser ses connaissances dans un domaine où les progrès sont aussi nombreux que rapides. Il est impensable de vouloir débuter dans cette profession, comme de nombreux jeunes nous le demandent souvent, en voulant faire d'emblée des *mix*.

Il n'y a pas de hiérarchie impérative de la profession. Il y a plutôt une spécialisation, une évolution, à la poursuite d'une perfection dont les critères ne cessent d'imposer des exigences de plus en plus poussées. Cette perfection est d'autant plus difficile à approcher que, rappelons-le, les conditions de vie et les rémunérations sont rarement idéales : fatigue auditive (on écoute fort dans les cabines de prise de son, souvent trop fort et trop longtemps, voir annexe 2), horaires irréguliers, travail de nuit, air conditionné, locaux enfumés, tensions nerveuses entre les artistes et les producteurs. Le temps passe vite, très vite, trop vite, et pour le producteur, les frais (artistes, technique, studio) sont toujours trop élevés.

Il faut avoir une grande disponibilité personnelle, de bons réflexes, une certaine humilité, une sérieuse maîtrise de soi, la connaissance et l'expérience de l'utilisation du matériel, des dispositions pour le travail d'équipe, afin de préserver un climat propice à une réalisation technique et artistique dont seule la qualité du produit final est le dénominateur commun et demeure le but essentiel.

Conclusion

On s'intéresse aujourd'hui de plus en plus aux critères subjectifs de musicalité et de spatialisation qui apportent à la prise de son de nouveaux champs de réflexion et d'expérience.

L'ingénieur du son n'est qu'un artisan et pourtant, si l'outil d'enregistrement s'est considérablement simplifié et allégé avec la numérisation, il est toujours face à un formidable terrain de recherches et d'aventures. En plus d'une bonne captation, il se doit d'améliorer encore la transparence du champ acoustique restituée et de discriminer ou d'avantager telle ou telle source sonore. La technologie offerte de nos jours évolue dans ce sens.

L'ingénieur du son se doit aussi – bien sûr – d'avoir les yeux (et les oreilles...) grands ouverts sur les technologies nouvelles et doit tout mettre en œuvre pour que le message du compositeur, de l'écrivain, de l'interprète comporte les informations fondamentales à sa compréhension.

Ce rôle, il devra l'assumer quelles que soient les circonstances ; il lui faudra posséder la volonté et les moyens de servir artistes et auditeurs, une culture et une sensibilité qu'il prendra soin de développer.

La meilleure récompense de cette collaboration résidera dans le plaisir d'écouter (et de réécouter) un enregistrement réussi.

Annexe 1

Pratique du décibel

Le décibel est une représentation mathématique qui réduit de grands nombres à deux ou trois chiffres. Il permet d'évaluer et de comparer rapidement et simplement le rapport de deux grandeurs de même nature : le gain d'un amplificateur ou d'un atténuateur, la puissance de sortie d'un appareil ou la pression acoustique perçue par un auditeur. Il ne s'agit donc pas d'une unité à proprement parler, mais d'une forme de mesure relative faisant intervenir le logarithme de base 10.

Puissance électrique : $G = 10 \log (P_2/P_1)$ (dB)

où P_1 et P_2 = puissances mesurées à l'entrée et à la sortie d'un appareil.

On multiplie la valeur par 10 pour obtenir des décibels.

Tension électrique : $G = 10 \log (U_2/U_1)^2$ (dB)

$G = 20 \log (U_2/U_1)$ (dB)

où U_1 et U_2 = tensions mesurées à l'entrée et à la sortie d'un appareil.

On multiplie la valeur par 20 pour tenir compte de la puissance au carré des unités équivalentes.

Puissance acoustique : $G = 10 \log (I_2/I_1)$ (dB)

où I_2 = intensité mesurée

et I_1 = intensité de référence = 10^{-12} W/m^2.

Pression : $G = 20 \log (p_2/p_1)$ (dB)

où p_2 = pression mesurée

et p_1 = pression de référence = 2×10^{-5} Pa.

Il s'agit de dB SPL *(Sound Pressure Level)*.

Quelques valeurs pratiques de logarithmes à mémoriser :

1	2	3	4	5	6	7	8	9	10	100	1 000	10 000	100 000…
0	0,48		0,69		0,84		0,95		1	2	3	4	5
	0,30		0,60		0,77		0,90						

Relation entre puissance et tension pour un même rapport.

Rapport	Puissance (dB)	Tension (dB)
2:1	3	6
4:1	6	12
10:1	10	20
20:1	13	26
100:1	20	40
1 000:1	30	60
10 000:1	40	80
100 000:1	50	100
1 000 000:1	60	120

Exemples pratiques

1. Quel est le gain d'un amplificateur de puissance de 50 W dont l'entrée exige 0,5 W ?

$$G = 10 \log (50/0{,}5) = 10 \log 100 = 10 \times 2 = 20 \text{ dB}$$

2. Un haut-parleur qui fournit une puissance deux fois plus grande qu'un autre haut-parleur présente une augmentation de puissance de 3 dB.

3. Un microphone délivre une tension de 2 mV et le préamplificateur de la console 2 V. Quel est le gain ?

$$G = 20 \log (2/0{,}002) = 20 \log 1\ 000 = 20 \times 3 = 60 \text{ dB}$$

On parle d'un gain de 60 dB.

4. Dans le cas d'un atténuateur (entrée 2 V et sortie 2 mV), le gain est négatif -60 dB. On parle alors d'un atténuateur de 60 dB.

5. Nous avons vu que le rapport entre le son le plus faible et le plus fort est de
1 000 milliards, soit 120 dB.

6. Dans une cabine de prise de son, on mesure 8 Pa. Quel est le niveau de la pression
acoustique ?

$$G = 20 \log (8/0{,}00002) = 20 \log 4 \times 10^{-5} = 112 \text{ dB SPL}$$

Une pression de 1 Pa correspond un niveau de 94 dB SPL.

7. Un haut-parleur délivre 80 dB, à un mètre, avec une puissance électrique de 1 W.
Quelle sera la puissance nécessaire pour obtenir 110 dB à un mètre ?

110 - 80 dB = 30 dB, soit un rapport de 1 000.

L'amplificateur doit avoir une puissance de 1 000 W (ce qui peut poser quelques
problèmes à la membrane). On comprend la nécessité d'avoir recours à des haut-
parleurs spécialement étudiés.

8. Quelle est la variation d'intensité sonore si l'on ajoute à une première source
sonore de 40 dB une seconde source identique égale, elle aussi, à 40 dB ?
La nouvelle intensité I_2 de la source a doublé ($2 \times I_1$).

$$10 \log I_2 = 10 \log (2 \times I_1) = 10 \log 2 + 10 \log I_1 = 3 + 40 = 43 \text{ dB}$$

9. Les mesures des niveaux sonores sont pondérées pour tenir compte des caractéristiques de l'oreille humaine. Les niveaux sonores faisant intervenir un filtre de
correction sont indiqués alors en dB_A, Db_B ou Db_C, comme nous l'avons vu au
chapitre 3.

Niveau d'un signal en valeur absolue

Une valeur de référence usuelle est le milliwatt. Elle correspond à une tension de
0,775 V efficace, appliquée à une résistance de 600 ohms et qui dissipe une puissance
de 1 mW : c'est le **0 dBm**.

$$0 \text{ dBm} = 0{,}775 \text{ V eff. sur } 600 \text{ ohms}$$

Lorsqu'il s'agit simplement d'une tension, on remplace le m par la lettre **u** (tension)
ou par **v** (volt) :

$$0 \text{ dBu} = 0 \text{ dBv} = 0{,}775 \text{ V eff}$$

$$+6 \text{ dBu correspondent à une tension de } 1{,}55 \text{ V}$$

$$-60 \text{ dBu à } 0{,}775 \text{ mV}$$

Dans le domaine grand public, la référence est égale à 1 V (**V** majuscule) :

$$0 \text{ dBV} = 1 \text{ V}$$

$$+6 \text{ dB V correspondent à une tension de } 2 \text{ V}$$

$$-60 \text{ dB V à } 1 \text{ mV}$$

Contrôle visuel

Sur les consoles, VU-mètres et peak-mètres indiquent à **0 dB** le niveau maximum à ne pas dépasser (zone rouge) pour éviter tout risque de saturation en entrée de magnétophone, de ligne ou d'émetteur.

La tension électrique correspondante diffère suivant les pays et les organismes. Ces tensions sont connues des techniciens de maintenance. Les preneurs de son utilisent, quant à eux, l'échelle en décibels (voir chapitre 10).

Annexe 2

Votre ouïe est-elle en danger ?

Hormis les cas spécifiques d'explosion ou de déflagration (dont les niveaux atteignent 140 à 160 dB), le risque encouru dépend de l'énergie moyenne et non pas du plus haut niveau sonore occasionnel. La durée d'écoute joue donc un rôle tout aussi important que l'intensité du signal sonore. Il s'agit de « fatigue auditive ».

Aujourd'hui, la compression de dynamique sonore appliquée sur la plupart des musiques et de la parole aggrave l'énergie perçue par unité de temps

Dans l'échelle ci-dessous, on voit que la musique d'un baladeur, à raison de 95 dBA d'intensité, peut être supportée par les oreilles pendant une durée hebdomadaire de 6 heures et qu'un concert de rock de 2 heures ne devrait pas excéder 100 dBA.

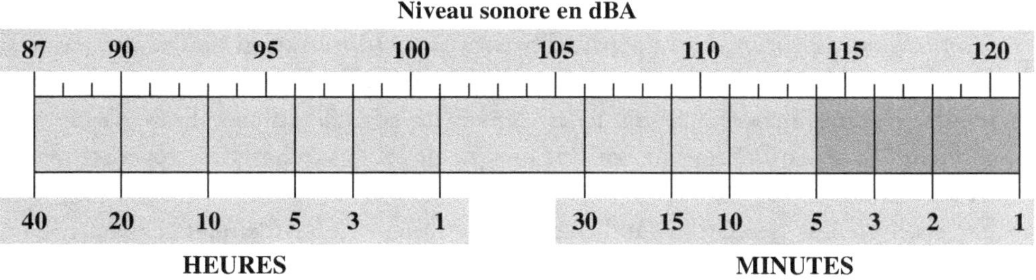

Figure A.1 – *Durée d'exposition hebdomadaire tolérée en fonction du niveau sonore, selon la CNSA (Caisse nationale suisse d'assurance).*

La fatigue auditive se traduit notamment par une perte d'acuité auditive aux fréquences supérieures à 800 Hz, donc par une variation de la perception du timbre.

> Le preneur de son est tout particulièrement concerné par ce problème. Il devra impérativement se ménager des périodes de repos auditif entre chaque enregistrement.

Le tableau qui suit donne quelques exemples de niveaux sonores dans plusieurs situations d'écoute musicale.

	Niveau dBA
Concert de rock dans la zone des auditeurs	100-115
Musique rock et jazz dans un local de répétition	90-105
Piste de danse d'une discothèque	90-105
Walkman avec casque d'écoute	80-110
Chaîne stéréo avec casque d'écoute	85-120
Chaîne stéréo avec haut-parleurs	70-100

Le niveau sonore peut être mesuré à l'aide d'un sonomètre ; on peut l'estimer approximativement en termes d'intelligibilité de la voix : deux interlocuteurs à un mètre de distance auront une discussion normale en présence d'un niveau sonore ambiant inférieur à 70 dBA. Au-delà de 90 dBA, la compréhension sera difficile et elle devient impossible à 105 dBA.

Signaux d'alarme

Il faut être attentif aux signaux d'alarme par lesquels l'ouïe proteste contre les surcharges :
- l'impression de coton dans l'oreille, l'hypoacousie (diminution de l'acuité passagère) peuvent éventuellement être accompagnées de bruits auriculaires, sifflements, bourdonnements, tintements. Suivie de périodes plus calmes, l'ouïe se régénère. La situation devient critique lorsque de telles surcharges se répètent trop fréquemment ;
- les acouphènes (sensation auditive, bourdonnement, sifflements, perçus en l'abssence de tout stimulus extérieur) apparaissent après une grande surcharge auditive. S'ils n'ont pas disparu au bout de 12 heures, il faut consulter un spécialiste. On observe, dans certains cas d'écoute prolongée à fort niveau, des lésions irréversibles dues à l'éclatement de certaines cellules ciliées de l'oreille interne.

Comment peut-on contrôler l'état de l'ouïe ?

En faisant tester votre ouïe, vous saurez si la musique ou le bruit y ont déjà laissé des traces : l'audiogramme des sons purs est comparé au seuil d'audibilité d'une personne jeune.

Si un niveau sonore plus élevé est nécessaire pour que le sujet examiné entende la fréquence émise, la différence en décibels est portée vers le bas dans l'audiogramme en tant que baisse de la sensibilité auditive. Par conséquent, plus les courbes restent élevées, meilleur est l'état de l'ouïe.

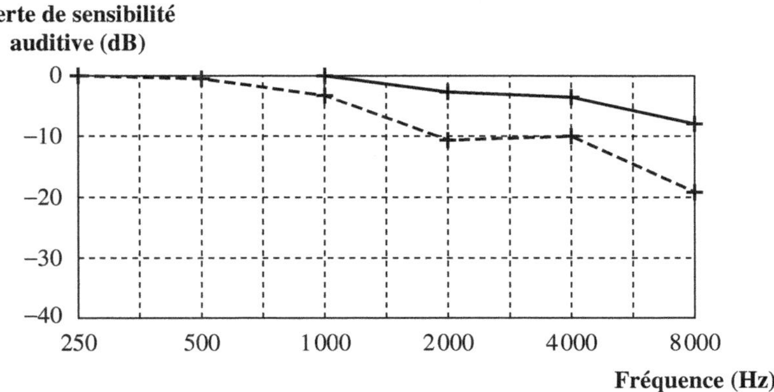

Figure A.2 – *Exemple de deux audiogrammes de personnes d'âge différent.*

La perte de sensibilité auditive aux fréquences élevées est largement liée à l'âge ainsi qu'à l'activité professionnelle de la personne : ces pertes peuvent atteindre plusieurs dizaines de décibels.

Représentation simplifiée d'un module d'entrée en ligne (*in line*) d'une console multivoie

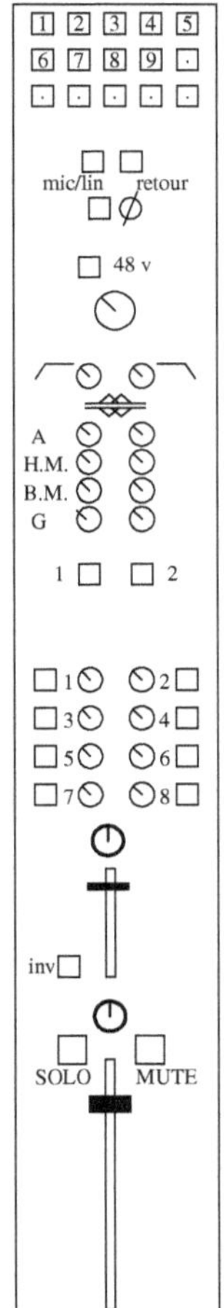

AFFECTATION
de la voie sur une entrée du magnéto multipiste

SÉLECTEUR DE SOURCES
Sélecteur d'entrée :   micro/ligne
                       retour magnétophone
Inverseur de phase
Alimentation fantôme pour microphones à condensateur
Gain d'entrée micro/ligne

FITRES
paramétriques   filtre coupe bas (passe haut)
                filtre coupe haut (passe bas)
                filtres de présence ou d'absence

INSERT
avant ou après filtrage
pour des compresseurs, expanseurs, limiteurs, portes de bruit *(noise gate)...*

SORTIES AUXILIAIRES
Extractions avant ou après potentiomètre pour :
- retours casque
- sonorisation
- mixage provisoire pour les artistes
- effets spéciaux (réverbérations, harmoniseur...)
- compresseurs

CONTRÔLE D'ÉCOUTE (monitoring)
Potentiomètre panoramique
Petit potentiomètre : prémixage, écoute cabine
Inverseur petit/grand potentiomètre

CONTRÔLE D'ENREGISTREMENT
Potentiomètre panoramique
Touche pré-écoute (PFL/SOLO) de la voie sélectionnée
Touche silence (MUTE) : coupure de la voie sélectionnée
Grand potentiomètre (à glissière) : réglage des niveaux destinés au magnétophone
                                                                    multipiste
Groupage des voies sur une voie principale

MASTER

On remarquera la nécessité, lors d'un play-back, de commuter les têtes d'enregistrement en têtes de lecture au magnétophone pour assurer une parfaite synchronisation des pistes.

Annexe 4

Technique du play-back
ou *re-recording*

Réalisation, à titre d'exemple d'une bande annonce (d'un clip) composée de textes et de musique, avec deux magnétophones analogiques (M1 et M2).

Résumé des opérations

Phase 1 : réalisation de la base

Les textes sont captés ici par quatre microphones A, B, C, D équilibrés au pan-pot à la console. Ce mixage est enregistré sur un premier magnétophone M1 et forme la base.

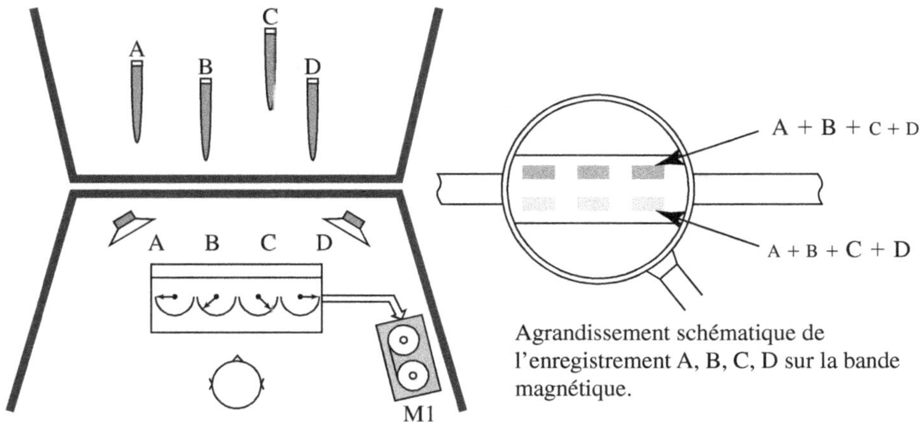

Figure A.4 – *Prise de son polymicrophonique et enregistrement sur un magnétophone deux pistes.*

Phase 2 : play-back ou *re-recording*

En régie, le magnétophone M1 reproduit cette base qui est distribuée aux musiciens soit par haut-parleurs, soit par casques. Les musiciens sont captés à leur tour par le microphone E et mixés directement sur la base M1 afin d'être enregistrés en parfaite synchronisation sur le second magnétophone M2. Notre bande annonce, notre clip, est ainsi terminée.

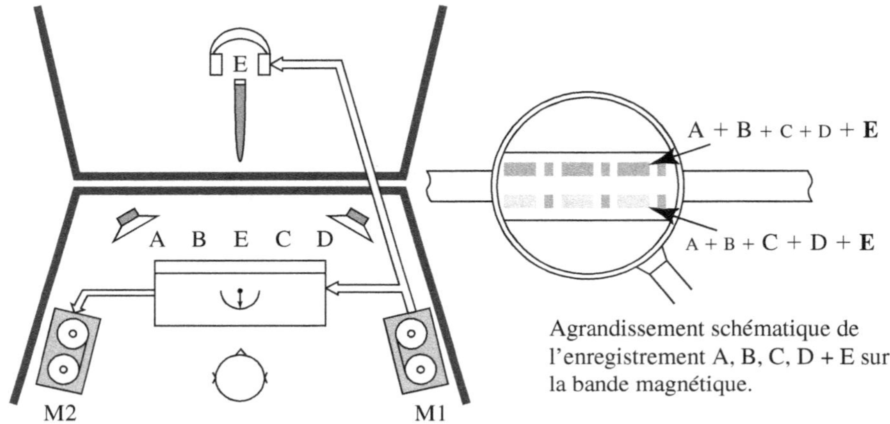

Figure A.5 – *Phase de réenregistrement.*

Phase 3 : éventuels 2e surimpression (de bruitages) et 2e mixage

Le magnétophone M1 reproduit le mixage « voix + musique » de la bande annonce ou de notre clip, sur lequel il est possible d'introduire de nouveaux éléments, des bruitages par exemple, qui seront à leur tour équilibrés et enregistrés en parfaite synchronisation sur le second magnétophone M2 et ainsi de suite...

On obtient une nouvelle bande annonce (ou un nouveau clip) plus élaborée. Cette technique présente cependant des limites évidentes :

- impossibilité de retoucher l'équilibre des premières prises de son lors des différents mixages ;
- dégradation progressive de la qualité sonore à chaque nouvelle copie (courbe de réponse, bruit de fond...).

En outre, une réserve quant aux magnétophones :

- vérifier leur bon fonctionnement,
- disposer encore de bandes magnétiques,
- s'assurer d'une bonne manipulation!

Remarques importantes

- Il est évidemment possible de réaliser un play-back avec un magnétophone analogique et un enregistreur numérique.
- Il est également possible de réaliser un play-back avec un seul enregistreur numérique, par exemple le Nagra, équipé de quatre entrées microphoniques et de deux entrées lignes.

Annexe 5

Sigles, abréviations de normes

AC-3 *(Adaptative Coding Version 3)*

AES *(Audio Engineering Society)*

AFNOR *(Association française de normalisation)*

ARD *(Arbeitsgemeinschaft der öffentlichrechtlichen)* – *Rundfunksanstalten der Bundesrepublik Deutschland* (radiodiffusion allemande)

ASCII *(American Standard Code for Information Interchange)* – Système de codage des caractères, ponctuation et signes indispensables à l'impression de textes. Il contient 128 codes, grâce à un seul octet, mais on peut l'étendre à 256 caractères.

BVU *(Broadcasting Video)* – Norme professionnelle 3/4 de pouce.

CCIR *(Comité consultatif international des radiocommunications)* – Étude des questions techniques propres à la radiodiffusion et à la télévision.

CEI *(Commission électrotechnique internationale)*

CRPLF *(Communauté des radios publiques de langue française)*

DCP *(Digital Cinema Package)*

DIN *(Deutsche Industrie Normen)* – Normes de l'industrie allemande pour assurer la compatibilité de leurs produits avec ceux d'autres marques.

DTS *(Digital Theater System)*

HRTF *(Head Related Transfert Fonction)*

IHF *(Institute of Hight Fidelity)* – Fondé par l'industrie américaine de la haute-fidélité pour définir les normes des différents composants.

IRT *(Intitut für Rundfunk Technik)*

ISO *(International Standards Organisation)*

LFE *(Low Frequency Enhancement)*

LUFS *(Loudness Unit Full Scale)*

MIDI *(Musical Instrument Digital Interface)* – Interface sérielle standard permettant la connexion de synthétiseurs, d'instruments de musique et d'ordinateurs. La norme MIDI est en partie basé sur le matériel, et en partie sur la description de la manière dont la musique et les sons sont codés et transmis entre périphériques.

NAB *(National Association of Broadcasters)* – Normes d'enregistrements magnétiques couramment utilisées aux États-Unis.

NTSC *(National Television System Committee)* – Système de télévision couleur introduit aux États-Unis en 1953, au Canada et au Japon.

PAL *(Phase Alternation Line)* – Procédé de transmission couleur en télévision créé par AEG Telefunken.

PPM *(Peak Programm Meter)*

RASTI *(Rapid Speech Transmission Index)*

RIAA *(Record Industry Association of America)* – Standard de gravure des disques en vinylite. Ils sont gravés en atténuant les graves et en accentuant les aigus. À la lecture, un correcteur doit effectuer exactement l'inverse pour assurer une réponse linéaire.

RNIS *(Réseau numérique à intégration de services)* – Système de réseau de communication auquel on peut s'abonner comme une ligne téléphonique.

RNT *(radio numérique terrestre)*

SDDS *(Sony Dynamic Digital Sound)*

SECAM *(Séquentiel couleur à mémoire)* –Procédé de télévision couleur français.

SMPTE *(Society of Motion Picture and Television Engineers)* – Standard dans l'édition des bandes audiovidéo et dans la synchronisation des machines entre elles : il identifie chaque instant par un nombre binaire enregistré sur une piste particulière d'une bande audio ou vidéo.

SPL *(Sound Pressure Level)*

SRD *(Spectral Recording Digital)*

TNT *(Télévision numérique terrestre)*

UER *(Union européenne de radiodiffusion et télévision)*

UIT *(Union internationale des télécommunications)*

WFS *(Wave Field Synthesis)*

Annexe 6

Formation

Plusieurs grandes écoles dispensent un enseignement axé sur les sciences, les techniques et la musique. L'accès est généralement à un niveau bac +2 scientifique en France (ou équivalent à l'étranger). Les débouchés sont la prise de son, le mixage, le montage, la postproduction musicale, la direction artistique.

France	- Conservatoire national supérieur de musique et de danse de Paris (CNSMDP) - Université des sciences humaines de Strasbourg (USMS)
Allemagne	- Tonmeisterschule de Detmold - Hochschule der Künste à Berlin
Grande-Bretagne	- Université de Surrey, qui délivre un diplôme de Bachelor of Music.
Pologne	- Académie Frédéric-Chopin de Varsovie
Suisse	- Haute école de musique (ex- Conservatoire supérieur de musique de Genève)
États-Unis	- New-York University - Institut of Studio Research

D'autres grandes écoles présentent un enseignement axé sur les sciences et techniques. L'accès est généralement à bac + 2 scientifique (ou l'équivalent à l'étranger). La formation est de 2 à 4 ans. Les débouchés : la prise de son, le mixage cinéma et vidéo, la radiodiffusion, la sonorisation.

France	- École nationale Louis-Lumière de Paris - Fondation européenne des métiers de l'image et du son de Paris (FEMIS)
Allemagne	- Toningenieurschule de Düsseldorf
Belgique	- Institut des arts et diffusion de Bruxelles (LAD) - Institut national supérieur des arts et du spectacle et des techniques de diffusion de Bruxelles (INSAS)

(suite tableau page suivante)

Canada	- Université McGill à Montréal, qui délivre une maîtrise en prise de son (cours majoritairement en anglais).
États-Unis	- Center for The Recording Arts en Floride
Suisse	- Cours de formation aux métiers du son (CFMS) à Lausanne, qui délivre un brevet fédéral (sur deux ans). - École du son de Lausanne (ESL) : studio Protagoras

En France, de nombreuses écoles publiques et privées ainsi que des universités recrutent à un niveau bac et dispensent une formation sur deux, trois ou quatre années. Il s'agit souvent de formations audiovisuelles plus généralistes qui abordent le son en option ou en spécialisation. Ces enseignements conduisent à :

- un certificat de prise de son : Conservatoire national de musique de Boulogne ;
- un BTS audiovisuel, option son : lycées d'Angoulême, de Toulouse, de Condé-sur-l'Escaut (Valenciennes), école privée Scaenica ;
- un BTS plateau son-lumière : École nationale supérieure d'art et de techniques du théâtre (ENSATT) ;
- une licence des techniques audiovisuelles ou de maîtrise de communication audiovisuelle : universités de Brest et de Valenciennes.

Une formation continue est dispensée à différents niveaux de la chaîne sonore par :

- l'INA (Institut national de l'audiovisuel), à Bry-sur-Marne ;
- le CFPTS (Centre de formation permanente des techniciens du son) ;
- le NOVOCOM ;
- le CREAR ;
- l'ESRA de Nice et de Paris.

Signalons également l'école privée SAE pour les techniques du son dont les cours sont organisés dans de nombreux pays.

N'oublions pas de mentionner les ateliers pratiques et le Concours annuel du meilleur enregistrement sonore et vidéo (CIMES). organisés par les « chasseurs de sons et d'images ». Renseignements auprès de:

- John Willet, président : jw@soundhunters.com
- Helmut Weber, secrétaire général : h.weber@soudhunters.com

Annexe 7

Disques de test

Vidéos 3D

- '11 VIERA 3D Demonstration Disc
- Harry Potter 3D 1re partie
- Harry Potter 3D 2e partie
- Cinq Point Hein ! avec test de *La semaine du son* 2011, rechargeable sur le site www.lasemaineduson.org

Stéréophonie

- SOUND CHECK (1993) (en anglais)
  1 CD Alan Parsons et Stephen Court
  The Professional Audio Test disc
  Mesures, instrumental et vocal, effets sonores

- DIGITAL TESTS (1988)
  2 CD Pierre Verany PV 78803112
  12 plages de démonstrations musicales
  44 plages de tests techniques

- CDV TESTS (1989)
  1 CD Pierre Verany PV 789032 (1989)
  28 plages de tests audio
  6 plages de tests vidéo

- TECHNIQUE DU SON (1989)
  1 CD AUVIDIS A 6119
  4 séries de démonstrations sonores, de prises de son, de mises en scène, d'enregistrements et de manipulations

- PHILIPS TEST SAMPLE
  1 CD 410 055 n° 3
  27 plages d'essais techniques
  1 CD 410 056-2 n° 4A
  Contrôle des défauts de surface
  1 CD 814 125-2
  Tests musicaux

- DENON AUDIO TECHNICAL (1985)
  1 CD 38 C 39-7147 ou 1 CD 39-7147 (suivant le catalogue)
  7 séries d'essais d'écoutes, de signaux
  1 série d'essais pour l'évaluation sonore

- DENON HI-FI CHECK (1992)
  1 CD CO-75046
  49 plages d'essais techniques
  12 exemples musicaux de référence

- TEST COMPACT DISC (1984)
  1 CD RCA RD 70400
  12 séries de mesures techniques
  11 extraits musicaux de référence

- DIGITAL INSPECTION TECHNICS
  CD Vol. 2 SR.CD-1003
  Extraits musicaux de référence

- STAKKATO 4 : 50 plages d'essais
  Phono – Music – Audio – Surround (1995)

Annexe 8

Manifestations diverses : rencontres, expositions, symposiums...

Parmi les nombreuses expositions, citons :

- au niveau international : AES *(Audio Engineering Society)* – Rencontres annuelles en Europe et aux États-Unis des constructeurs (exposition de matériels et d'équipements audio), des chercheurs et spécialistes (conférences et ateliers sur des sujets actuels) et des exploitants ;
- au niveau européen :
  - Expositions radio-TV de Paris, Zurich, Berlin, Londres, Milan ;
  - Salon international de l'équipement des lieux de loisirs et de spectacle (SIEL) de Paris ;
  - Salon des techniques de l'image et du son (SATIS) à Paris et
  - Forum international du son multicanal
  - International Broadcasting Convention, Amsterdam
  - Tonmeistertagung, rencontre bisannuelle des ingénieurs et directeurs du son en Allemagne ;
  - Salons de la musique de Francfort, Milan, Paris.
- aux États-Unis :
  - Convention NAB ;
  - Convention SMPTE ;
  - National Association of Music Merchants (NAMM).

Les revues et les magazines spécialisés dans le domaine du son, de l'audio, de la sonorisation publient également un calendrier, un panorama et un compte rendu de ces manifestations.

> À signaler, les rencontres grand public de *La Semaine du son,* en janvier, à Paris et dans de nombreuses villes françaises et européennes.

Annexe 9

Références bibliographiques et sites web

Histoire de l'enregistrement

Read O., Welch W., *From Tin Foil to Stereo,* Howard W. Sams & C., New York, 1976.

Sir James Jeans, *Science et Musique,* Hermann et Cie, Paris, 1939.

« 100 Years with Stereo, The Beginning »,, *Journal of the Audio Engineering Society,* vol. 29, n° 5, p. 369-70, 1981.

Valet G., *Catalogue de l'exposition « 100 ans de phonographe »,* Crédit commercial de Belgique, 1977.

La perception de l'espace sonore

Perception naturelle binaurale

Abbagnaro L. A. *et al.,* « Measurements of Diffraction and Interaural Delay of Progressive Sound Wave caused by Human Head », *Journal of the Acoustical Society of America,* vol. 58, p. 663-700, 1975.

Bernfeld B., *Écoute spatiale et stéréophonie,* thèse présentée à Strasbourg, 1975.

Blauert J., *Spatial Hearing (The Psychophysics of Human Sound Localisation),* The MIT Press, Cambridge, Massachusetts, 1983.

de Boer K., *Reproduction stéréophonique du son,* thèse, 1940.

Boff K. R. *et al.*, *Sensory Processes and Perception. Handbook of Perception and Human Performance,* vol. 1, John Wiley & Sons Inc, New York, 1986.

Butler R. A., Flannery R., « The Spatial Attributes of Stimulus Frequency and their Role in Monaural Localization of Sound in Horizontal Plane », *Attention, Perception & Psychophysics,* vol. 28, p. 449-57, 1980.

Canevet G., *Perception auditive spatiale,* Laboratoire de mécanique et d'acoustique, CNRS, déc. 1987.

Coleman R. D., « Failure to Localize the Source Distance of an Unfamiliar Sound », *Journal of the Acoustical Society of America,* vol. 34, p. 345-6, 1962.

Damaske R., Wagener B., « Investigations of Directional Hearing Using a Dummy Head », *Acustica,* vol. 21, p. 30-5, 1969.

David E. E. *et al.*, « Binaural Interaction of High-Frequency Complex Stimuli », *Journal of the Acoustical Society of America,* vol. 31, p. 774-82, 1959.

Feddersen W. E. *et al.*, « Localization of High Frequency Tones », *Journal of the Acoustical Society of America,* vol. 29, n° 9, p. 988-91, 1957.

Gardner M. B., « Distance Estimation of 0° or Apparent 0° Oriented Speech Signals in Anechoich Space », *Journal of the Acoustical Society of America,* vol. 45, p. 47-53, 1969.

Haustein B .G., Schirmer W., « A Measuring Apparatus for the Investigation of the Faculty of Directional Localization », *Hochfrequenztech. und Elektroakustik,* vol. 79, p. 96-101, 1970.

Lord Rayleigh, « Acoustical Observations », *Philosophical Magazine,* 3. 6th series, p. 456-64, 1877.

Mershon D. H., King L. E., « Intensity and Reverberation as Factors in the Auditory Perception of Egocentric Distance », *Perception and Psychoacoustics,* vol. 18, p. 409-15, 1975.

Mills A. W., « On the Minimum Audible Angle », *Journal of the Acoustical Society of America,* vol. 30, p. 237-46, 1958.

Shaw E. A. G., « Transformation of Sound Pressure Levels from the Free Field to the Eardrum in the Horizontal Plane », *Journal of the Acoustical Society of America,* vol. 56, p. 1848-61, 1974.

Sivian L. J., White S. D., « On Audible Sound Fields », *Journal of the Acoustical Society of America,* vol. 4, p. 288-321, 1933.

Toole F. E., Sayers B. McA., « Lateralization Judgements and the Nature of Binaural Acoustic Images », *Journal of the Acoustical Society of America*, vol. 37, p. 319-24, 1965.

Woodworth R. S., *Experimental Psychology*, Henry Bolt & Company, New York, 1938.

Wiener F. M., « On the Diffraction of a Progressive Sound Wave by the Human Head », *Journal of the Acoustical Society of America*, vol. 19, p. 143-6, 1947.

Perception stéréophonique

de Boer K., « Stereofonische Geluidsweergave », *Revue technique Philips*, 1940.

Harwood H. D., *Stereophonic Image Sharpness*, Wireless World, p. 207-11, 1968.

Hugonnet C., *A new concept of spatial coherance between sound and picture in TV production stereofonic and surrounding sound*, Preprint 4539 (F-l), 103rd convention, 1997, New York.

Leakey D. M., « Some Measurements in the Effects of Interchannel Intensity and Time Differences in Two Channels Sound Systems », *Journal of the Acoustical Society of America*, vol. 31, n° 7, 1959.

Further Thoughts on Stereophonic Sound Systems, Wireless World, p. 154-60, 1960.

Lipshitz S. T., « Are the Purists Wrong? », *Journal of the Audio Engineering Society*, vol. 34, p. 714-44, 1986.

Mertens H., « L'écoute directionnelle en stéréophonie, étude théorique et vérifications expérimentales », *Revue de l'UER*, Cahier Technique, n° 92, p. 146-211, 1965.

Mertens H., « L'écoute stéréophonique », *Cahiers de la rue du son*, n° 7, p. 102-16, Chiron, Paris, 1966.

Plenge G., Theile G., *Réflexions sur le rendu de différents procédés stéréophoniques*, Institut fiir Rundfunktechnik, Munich, 1986.

Le phénomène sonore

Beranek L., *Acoustics*, Mc Graw-Hill Book Company, Londres, 1954.

Beranek L., *Music, Acoustics and Architecture*, John Wiley and Sons Inc., 1962.

Knudsen V. O., Harris C. M., *Le projet acoustique en architecture*, Dunod, 1957.

Meisser M., *La pratique de l'acoustique dans le bâtiment,* Eyrolles, 1978.

Meyer J., *Acoustics and the Performance of Music,* Verlag das Musikinstrument, Francfort-sur-le-Main, 1978.

Pierce J. R., « Le son musical », revue *Pour la science,* Diff. Belin, 1983.

Raes A. C, *Isolation sonore et acoustique architecturale,* Chiron, 1965.

Risset J. C, « Son musical et perception auditive », revue *Pour la science,* nov. 1986.

Les microphones

Clouart R., *Les Microphones,* Dunod, Paris, 1955.

Eargle J., *The Microphone Handbook,* Elar Publishing, 1981, Plainview, New York.

Lehman R., *Les Transducteurs électro et mécano-acoustiques,* Chiron, Paris, 1963.

Les systèmes de prise de son stéréophoniques

Anthology of Reprinted Articles on Stereophonic Techniques, AES, 60 Reast, 42nd Street, New York.

Bernfeld B., Smith B., *Computed Aided Model of Stereophonic Systems,* Rapport IRCAM, 15/78.

Blumlein A. D., « British Patent Specification, 394.325 », application date, 1931, 14th Dec, *Journal of the Audio Engineering Society,* vol. 6, n° 2, p. 91, 1958.

Borduas M., Patenaude E., *Prise de son des émissions musicales,* Centre de formation Radio, Société Radio Canada, Montréal, 1990.

Ceoen C., *La Stéréophonie à la RTB,* Centre de formation technique RTB, septembre 1969.

Dooley W. L., Steicher R. D., « MS Stereo: a Powerful Technique for Working in Stereo », *Journal of the Audio Engineering Society,* vol. 30, n° 10, p. 707-18, 1982.

Gerzon M., « Why Coincident Microphones? », *Studio Sound,* déc. 1974.

Hugonnet C., *Systèmes de prise de son stéréophonique : étude comparée,* document INA, 1985.

Hugonnet C., Jouhaneau J., *Comparative Spatial Transfert Fonction of six Different Stereophonic Systems,* Preprint, AES Londres, 1987.

Jecklin J., « A Different Way of Recording Classical Music », *Journal of the Audio Engineering Society*, vol. 29, n° 5, p. 329-32, 1981.

Lafaurie R., « La prise de son MS », *hifi stéréo*, p. 42-50, avril 1986.

Williams M., *Le couple variable* (en vente à l'ACME ou section française de l'AES), 1991.

Le son multicanal

Ouvrages

Merlier B., *Vocabulaire de l'espace en musiques électroacoustique*, Delatour, 2006.

Haidant L., *Guide pratique du son surround*, Dunod, 2001.

Ederhof A., *Das Mikrofonbuch*, Carstensen Verlag, 2004.

Rumsey F., *Spatial Audio*, Focal Press, 2001.

Magazine

Realisason (en français)

Quelques publications

Lyzwa J.-M., *L'écoute surround*, www.cnsmdp.fr/audiovisuel/recherche/ReponsBoulez.pdf

Daniel J. *et al.*, *Further Investigations of High Order Ambisonics and Wavefield Synthesis for Holophonic Sound Imaging*, http://gyronymo.free.fr/audio3D/publications/AES114-WFS_HOA.pdf

Trinnov Audio, *La prise de son 5.0 en haute résolution spatiale*, www.trinnov.com/wp-content/uploads/downloads/Trinnov-hsr-5.0-fr.pdf

Wuttke J., *Surround Recording of Music*, preprint, AES New York, 2005.

Sites spécialisés

www.aes.org/technical/sa

www.mmad.info

www.lesonmulticanal.com

http://ingenieurduson.com

http://cahiersacme.over-blog.com

www.prosoundweb.com

Les institutions

www.tonmeister.de

www.ircam.fr

www.cst.fr

www.lasemaineduson.org

http://afsi.eu/boite-a-idees

www.cnsmdp.fr (Conservatoire de Paris)

www.cmusge.ch/cmg (Conservatoire de Genève)

Pensez également à consulter les sites des écoles d'ingénieurs et des fabricants et maisons spécialisées.

Ouvrages généraux

Borwick J., *Sound Recording Practice,* Oxford University Press, 1980.

Davis G., Jones R., *Sound Reinforcement Handbook,* Hal Leonard Publishing Corporation, 1990.

Cremer L., Müller H., *Die Wissenschaftlichen Grundlagen der Raumakustik,* S. Hirzel Verlag, Stuttgart, 1978.

Dickreiter M., *Der Klang der Musikinstrumente,* TR-Verlagsunion, 1984.

Jouhaneau J., *Notions élémentaires d'acoustique, Électroacoustique,* CNAM, collection Acoustique appliquée, Paris, 1994.

Jouhaneau J., *Acoustique des salles et sonorisation,* CNAM, Paris 1997.

Gidding R., *Audio Systems, Design and Installation,* SAMS, Indiana, États-Unis, 1990.

Hiraga J., *Les Haut-Parleurs,* Éditions Radio, 1984.

Leipp E., *Acoustique et musique,* Masson, 1971.

Leipp E., *La Machine à écouter,* Masson, 1977.

Collectif d'auteurs, dir. Mercier D., *Le Livre des techniques du son,* tomes I, II, III, 4e édition, Dunod, 2012.

Rossi M., *Traité d'électricité,* vol. XXI, Électro-acoustique, Presses polytechniques romandes, 1986.

Rumsey E., McCormick T., *Son & enregistrement,* Eyrolles, 2002.

Talbot-Smith M., *Broadcast Sound Technology,* Butterworths, 1990.

Webers J., *Tonstudio Technik,* Franzis Verlag, 1974.

Collection « Les dossiers de l'ACME », dir. Paul Snaps, ACME, Bruxelles, Belgique.

- *L'Isolation, la Correction acoustique et le Monitoring,* de P. White.
- *Le Time Code,* de J.-P. Halbwachs.
- *Lexique de l'audio numérique,* de T. Lequeux.
- *Microphones et techniques d'enregistrements,* de P. White.

Collection « Festival international du son », Dunod, 1964 à 1978, Diffusion des Sciences et des Arts, 1979 à 1983.

- *La Prise de son,* de Ceoen C., 1978.
- *La Stéréophonie,* de Condamines M., 1970.
- *La Tétraphonie,* de Condamines R., 1972, Charlin M., 1973, Moles A., 1975.
- *Le Son stéréo à la télévision,* de Keller A., 1975, Walder P., 1981, Chardonnier J., 1982.
- *Les Haut-Parleurs,* de Léon M., 1969, 1971, Foret M., 1975, Mas A., 1977, Carpantan G., 1978, Rossi M., 1980, Bondar H., 1983.
- *Lieu d'écoute,* de Leipp E., 1982.
- *Architecture spatiale et environnement sonore,* de Winckel M., 1971, Pujolle J., Laracine A., 1980, Schneider O., 1982.
- *De la perception auditive à la perception musicale,* de Philippot M., 1972.

Collection « Que sais-je ? », PUF.

- *Le Son,* de Matras J.-J., n° 293, 1948.
- *L'Audition,* de Gribenski A., n° 484, 1951.
- *La Voix,* de Garde E., n° 627, 1965.
- *Le Bruit,* de Chocholle R., n° 855, 1960.
- *L'Acoustique des bâtiments,* de Lehmann R., n° 930, 1968.

Annexe 10

Questionnez,
on vous répondra...

Il arrive fréquemment qu'un artiste, qu'un producteur ou un visiteur demande à un ingénieur du son de lui expliquer un terme « technique » ou une expression de la profession. Une réponse simple, rapide et claire n'est pas toujours évidente. Voici quelques exemples – à titre d'entraînement – de questions glanées ici ou là. Les éléments de réponse sont données en fin de liste.

1. Pourquoi les instruments à vent sont-ils toujours les premiers arrivés à un concert ?

2. Quel est l'équivalent du « 1 000 » en musique ?

3. Pourquoi les intensités sonores sont-elles données en lettres en musique et avec des chiffres en électro-acoustique ?

4. Quelle est la différence entre un écho et une réverbération de salle ?

5. Pourquoi un observateur peut situer une source sonore frontalement ou latéralement ?

6. Comment obtenir une source sonore plus présente ?

7. Qu'est-ce qu'un microphone fictif ?

8. Quelle est la différence entre monophonie dirigée et stéréophonie ?

9. Quels sont les avantages d'une prise de son MS en télévision et au cinéma ?

10. Pour quelle raison un chanteur déclenche-t-il un sifflement strident lorsqu'il empoigne à pleine main le microphone (directivité cardioïde) de la sonorisation ?

11. Quelle est la fonction du haut-parleur placé derrière l'écran de télévision ou de cinéma en écoute multicanale ?

12. Où doit-on placer une enceinte *subwoofer* LFE ?

13. Quel est l'objectif d'une prise de son multicanale ?

14. Pourquoi est-il difficile, en écoute 5.1, de situer une source sonore sur les côtés et à l'arrière de l'auditeur ?

15. Pourquoi est-il déconseillé de placer des microphones sur les tours d'éclairage d'un spectacle ?

16. Quelle précaution prendre lors de la captation d'un concert de carillon ?

17. Que représente la distance critique d'une salle ?

18. Quelle est la différence entre un matriçage et un codage,

19. Quelle est la différence entre l'angle de captation d'un microphone et l'angle utile de prise de son ?

20. Quelle est la nouveauté apportée par le 4D ?

Réponses : 1 p. 20 / 2 p. 205 / 3 p. 26 / 4 pp. 47, 49 / 5 p. 58 / 6 p. 185 / 7 p. 285 / 8 pp. 10, 117 / 9 p. 144 / 10 p. 133 / 11 p. 238 / 12 p. 246 / 13 p. 255 / 14 p. 248 / 15 p. 301 / 16 p. 88 / 17 p. 52 / 18 pp. 144, 238 / 19 pp. 110, 135 / 20 p. 298

Annexe 11
Lexiques

Lexique anglais-français

Quelques termes anglais courants dans les régies de production (et les journaux), et leur équivalent français.

ENGLISH	FRANÇAIS
AC	Courant alternatif
Acoustic wave	Onde sonore
Active	Actif
AFL (After Fader Listen)	Écoute après potentiomètre
Amplitude	Amplitude
Amplifier	Amplificateur
Analogue	Analogue
Array	Disposition
Atmosphere microphone	Microphone d'ambiance
Audibility threshold	Seuil d'audibilité
Audio Spectrum	Spectre audio
Auxiliary input	Entrée auxiliaire
Balanced	Symétrique
Bargraph	Afficheur linéaire
Bass Trap	Absorbeur-résonateur de basses
Beat	Rythme, battement
Booster	Amplificateur supplémentaire
Channel	Canal
Chassis	Boîtier
Chorus	Effet de retard
Clipping	Écrêtage
Close miking	Prise de son rapprochée
Compression	Compression
Control room	Cabine de contrôle
Critical distance	Distance critique
Critical listening	Écoute critique
Crossfade	Point de croisée, atténuation croisée

Crosspoint	Matrice
Crosstalk	Diaphonie
Cue	Repère
Cue bus	Retour musicien
Cue point	Point de repère
Data	Données
Dead studio	Studio absorbant, mat
DC	Courant continu
Decay time	Temps d'extinction
Delay	Retard
Delay line	Ligne à retard
DI box (Direct Input box)	Boîte de prise directe, d'adaptation
Digital	Numérique
Directivity index	Facteur de directivité
Distant miking	Prise de son globale
Distorsion	Distorsion
Distribution unit	Distributeur
Down mix	Réduction descendante (5.1…2.0…1.0)
Drop out	Absence temporaire de signal
Dubbing	Doublage
Dummy head	Tête artificielle
Enhancing	Amélioration, enrichissement
Edit	Monter, corriger
Editing	Montage
EDT (Early Decay Time)	Temps de décroissance primaire (10 dB)
EQ	Filtrages
Equalization	Égalisation
Equalizer	Correcteur, égalisateur, égaliseur
Erase	Effacer
Excerpt	Extrait
Expander	Expanseur
Fade	Atténuer
Fader	Atténuateur, potentiomètre
Feedback	Accrochage
Field	Champ diffus
Flanger	Flanger
Flutter	Scintillement
Flutter echo	Écho successif
Foldback	Mélange provisoire, retour H.P. studio
Full track tape recording	Enregistrement pleine piste
Fuzz	Effet voulu de distorsion
Gate	Porte électronique
Graphic equalizer	Correcteur, égalisateur graphique
Guess	Deviner
Gun microphone	Microphone canon
Harmoniser	Variateur de tonalité
Headphone	Écouteur
Home cinema	Vidéo et son 5.1 domestique
Home studio	Studio d'enregistrement domestique

Hum	Ronflement
In line	En ligne
Input channel	Voie d'entrée
Isolation booth	Cabine d'isolation acoustique
Junction box	Boîte de jonction
Keyboard	Clavier
Lay-out	Aspect de surface, ergonomie
Level	Niveau
Library	Banque de sons
Limiter	Limiteur
Loop	Boucle
Loudness	Correction physiologique du niveau
Loudspeaker	Haut-parleur
Masking	Effet de masque
Master	Bande-mère, destinée à la duplication
Matrix	Matrice
Microphone array	Disposition des microphones
Mix down	Réduction à 1-2 pistes
Mixer	Mélangeur
Mixing table	Console de mixage
Monitoring	Écoute cabine, écoute de contrôle
MS	Matriçage système MS
Multitrack	Multipiste
Mute	Silence, coupure de signal
Near field speaker	Haut-parleur de proximité
Noise	Bruit, souffle
Noise gate	Porte de bruit, barrière de bruit
Noise shaping	Répartition du bruit, façonnage
Offset	Décalage
On air	En émission
Operating level	Niveau de travail
Out of phase	Hors phase
Overdubbing	Surimpression, réenregistrement
Overload	Surcharge
Pain threshold	Seuil de douleur
PAN	Potentiomètre
Panoramic potentiometer (pan-pot)	Potentiomètre panoramique
PAN 360°	Potentiomètre surround
Patch	Connexion
Patch bay	Tableau de brassage
Peak Programme Meter (PPM)	Crête-mètre, modulomètre
Peak Value	Valeur de crête
Pitch shifter	Transposition de tonalité
PFL (Pre-Fader Listen)	Écoute avant potentiomètre
Phantom power supply	Alimentation fantôme
Phase meter	Corrélateur de phase
Phasing	Phasage
Pinch roller	Galet presseur
Pink noise	Bruit rose

Play	Marche, joue (au Québec)
Play back	Surimpression, lecture
Player	Lecteur
Plug-in	Module d'extension d'un logiciel
Point microphone	Microphone d'appoint
Polar pattern	Diagramme polaire
Popshield	Bonnette anti-vent
Post Fader	Sortie aux. après potentiomètre
Power	Puissance
Power Supply	Alimentation
Pre Fader	Sortie aux. avant potentiomètre
Preamplifier	Préamplificateur
Proximity factor	Effet de proximité
Pumping	Pompage
PZM (Pressure Zone Mike)	Micro à zone de pression
Quadraphony	Tétraphonie
Quantize	Quantification
Receiver	Récepteur
Recorder	Enregistreur
Rehearsal	Répétition
Remote control	Commande à distance
Re-recording	Réenregistrement, surimpression
Reverberation Time (R.T.)	Temps de réverbération
Rifle microphone	Microphone canon
Routing	Aiguillage, affectation
Rumble	Ronflement
Sampler	Échantillonner
Sampling frequency	Fréquence d'échantillonnage
Set up	Configurer
Sound reinforcement	Sonorisation
Speaker	Haut-parleur
Speech	Parole
SPL (Sound Pressure Level)	Niveau de pression sonore
Spot microphone	Microphone d'appoint
Splitter	Séparateur
Stage monitor	Retour de scène
Streaming	Lecture directe sur site
Surround	Environnement sonore
Sweet area	Écoute élargie
Sweet spot	Écoute ponctuelle
Switch	Interrupteur
Talk back	Retour d'ordres, interphone
Time code	Code temporel (de synchronisation)
Track	Piste
Trasmitter	Émetteur
Treble	Aigu
Up mix	Extension montante (1.0… 2.0… 5.1)
VU-meter (Volume Unit meter)	VU-mètre
Walkman	Baladeur

Wavelenght	Longueur d'onde
Workstation	Station de travail (Pro Tool, Pyramix…)
White noise	Bruit blanc
Wind shield	Bonnette anti-vent
Workstsation	Station de travail
Wow	Pleurage
Zero level	Niveau de référence

Lexique français-anglais

Quelques termes courants dans les régies de production et leur équivalent anglais.

FRANÇAIS	*ENGLISH*
Absence temporaire de signal	*Drop out*
Absorbeur-résonateur de basses	*Bass Trap*
Accrochage	*Feedback*
Actif	*Active*
Afficheur linéaire	*Bargraph*
Aigu	*Treble*
Aiguillage, affectation	*Routing*
Alimentation	*Power Supply*
Alimentation fantôme	*Phantom power supply*
Amélioration, enrichissement	*Enhancing*
Amplificateur	*Amplifier*
Amplificateur supplémentaire	*Booster*
Analogue	*Analogue*
Aspect de surface, ergonomie	*Lay-out*
Atténuateur, potentiomètre	*Fader*
Atténuer	*Fade*
Baladeur	*Walkman*
Bande-mère, destinée à la duplication	*Master*
Boîte de jonction	*Junction box*
Boîte de prise directe, d'adaptation	*DI box (Direct Input box)*
Boîtier	*Chassis*
Bonnette anti-vent	*Wind shield, popshield*
Boucle	*Loop*
Bruit blanc	*White noise*
Bruit rose	*Pink noise*
Bruit, souffle	*Noise*
Cabine de contrôle	*Control room*
Cabine d'isolation acoustique	*Isolation booth*
Canal	*Channel*
Champ diffus	*Field*
Clavier	*Keyboard*
Code temporel (de synchronisation)	*Time code*
Commande à distance	*Remote control*
Connexion	*Patch*

Console de mixage	*Mixing table*
Correcteur, égalisateur graphique	*Graphic equalizer*
Correcteur, égalisateur, égaliseur	*Equalizer*
Correction physiologique du niveau	*Loudness*
Courant alternatif	*AC*
Courant continu	*DC*
Crête-mètre, modulomètre	*Peak Programme Meter (PPM)*
Décalage	*Offset*
Diagramme polaire	*Polar pattern*
Diaphonie	*Crosstalk*
Distance critique	*Critical distance*
Distributeur	*Distribution unit*
Données	*Data*
Doublage	*Dubbing*
Échantillonner	*Sampler*
Écho successif	*Flutter echo*
Écoute après potentiomètre	*AFL (After Fader Listen)*
Écoute avant potentiomètre	*PFL (Pre-Fader Listen)*
Écoute cabine, écoute de contrôle	*Monitoring*
Écouteur	*Headphone*
Écrêtage	*Clipping*
Effacer	*Erase*
Effet de masque	*Masking*
Effet de proximité	*Proximity factor*
Effet de retard	*Chorus*
Effet voulu de distorsion	*Fuzz*
Émetteur	*Trasmitter*
En émission	*On air*
En ligne	*In line*
Enregistrement pleine piste	*Full track tape recording*
Enregistreur	*Recorder*
Entrée auxiliaire	*Auxiliary input*
Environnement sonore	*Surround*
Expanseur	*Expander*
Facteur de directivité	*Directivity index*
Flanger	*Flanger*
Fréquence d'échantillonnage	*Sampling frequency*
Galet presseur	*Pinch roller*
Haut-parleur	*Loudspeaker*
Haut-parleur	*Speaker*
Haut-parleur de proximité	*Near field speaker*
Hors phase	*Out of phase*
Interrupteur	*Switch*
Lecteur	*Player*
Lecture directe sur site	*Streaming*
Ligne à retard	*Delay line*
Limiteur	*Limiter*
Longueur d'onde	*Wavelenght*
Marche, joue (au Québec)	*Play*

Matrice	*Crosspoint*
Matrice	*Matrix*
Mélange provisoire, retour H.P. studio	*Foldback*
Mélangeur	*Mixer*
Micro à zone de pression	*PZM (Pressure Zone Mike)*
Microphone canon	*Gun microphone, rifle microphone*
Microphone d'ambiance	*Atmosphere microphone*
Microphone d'appoint	*Point microphone, spot microphone*
Montage	*Editing*
Monter, corriger	*Edit*
Multipiste	*Multitrack*
Niveau	*Level*
Niveau de pression sonore	*SPL (Sound Pressure Level)*
Niveau de référence	*Zero level*
Niveau de travail	*Operating level*
Numérique	*Digital*
Onde sonore	*Acoustic wave*
Parole	*Speech*
Phasage	*Phasing*
Piste	*Track*
Pleurage	*Wow*
Point de croisée, atténuation croisée	*Crossfade*
Pompage	*Pumping*
Porte de bruit, barrière de bruit	*Noise gate*
Porte électronique	*Gate*
Potentiomètre panoramique	*Panoramic potentiometer (pan-pot)*
Préamplificateur	*Preamplifier*
Prise de son globale	*Distant miking*
Prise de son rapprochée	*Close miking*
Puissance	*Power*
Quantification	*Quantize*
Récepteur	*Receiver*
Réduction à 1-2 pistes	*Mix down*
Réenregistrement, surimpression	*Re-recording*
Répartition du bruit, façonnage	*Noise shaping*
Repère	*Cue*
Répétition	*Rehearsal*
Retard	*Delay*
Retour de scène	*Stage monitor*
Retour d'ordres, interphone	*Talk back*
Retour musicien	*Cue bus*
Ronflement	*Hum*
Ronflement	*Rumble*
Rythme, battement	*Beat*
Scintillement	*Flutter*
Séparateur	*Splitter*
Seuil d'audibilité	*Audibility threshold*
Seuil de douleur	*Pain threshold*
Silence, coupure de signal	*Mute*

Sonorisation	*Sound reinforcement*
Studio absorbant, mat	*Dead studio*
Surcharge	*Overload*
Surimpression, lecture	*Play back*
Surimpression, réenregistrement	*Overdubbing*
Symétrique	*Balanced*
Tableau de brassage	*Patch bay*
Temps de décroissance primaire (10 dB)	*EDT (Early Decay Time)*
Temps de réverbération	*Reverberation Time (R.T.)*
Temps d'extinction	*Decay time*
Tête artificielle	*Dummy head*
Tétraphonie	*Quadraphony*
Transposition de tonalité	*Pitch shifter*
Valeur de crête	*Peak Value*
Variateur de tonalité	*Harmoniser*
Voie d'entrée	*Input channel*
VU-mètre	*VU-meter (Volume Unit meter)*

Index